2019 China Biotechnology Base and Platform Report

2019中国生物技术基地平台报告

中国生物技术发展中心　编著

科学技术文献出版社
SCIENTIFIC AND TECHNICAL DOCUMENTATION PRESS
·北京·

图书在版编目（CIP）数据

2019中国生物技术基地平台报告 / 中国生物技术发展中心编著. —北京：科学技术文献出版社，2019. 12

ISBN 978-7-5189-6389-8

Ⅰ. ① 2… Ⅱ. ①中… Ⅲ. ①生物工程—管理信息系统—研究报告—中国—2019 Ⅳ. ① Q81-39

中国版本图书馆 CIP 数据核字（2019）第 287682 号

2019中国生物技术基地平台报告

策划编辑：郝迎聪　　责任编辑：张　红　　责任校对：王瑞瑞　　责任出版：张志平

出 版 者　科学技术文献出版社
地　　址　北京市复兴路15号　邮编 100038
编 务 部　(010) 58882938，58882087（传真）
发 行 部　(010) 58882868，58882870（传真）
邮 购 部　(010) 58882873
官方网址　www.stdp.com.cn
发 行 者　科学技术文献出版社发行　全国各地新华书店经销
印 刷 者　北京时尚印佳彩色印刷有限公司
版　　次　2019 年 12 月第 1 版　2019 年 12 月第 1 次印刷
开　　本　787×1092　1/16
字　　数　261千
印　　张　16.25
书　　号　ISBN 978-7-5189-6389-8
定　　价　158.00元

《2019中国生物技术基地平台报告》编写人员名单

编写委员会

编 委 会 主 任： 张新民

编委会副主任： 沈建忠　范　玲　孙燕荣

主　　　　编： 孙燕荣

副　主　编： 李萍萍

编　　　　委：（按姓氏笔画排序）

马　涛　王　晶　巩　玥　汤黎娜　李　菲
李海英　吴函蓉　汪艳芳　张　鑫　张一平
张俊祥　武瑞君　徐阳阳　黄　鑫　曹　越
董　华　董兰军　潘子奇

学术委员会

主任委员： 张学敏　金　力　王广基　陆　林　王军志

委　　员：（按姓氏笔画排序）

王晓民　韦东远　卢阳旭　田亚平　刘彦君　许洪彬
李亦学　李储忠　李路明　李蔚东　杨国梁　沈　琳
张先恩　张宏翔　郝红伟　段黎萍　侯爱军　徐　峰
程　苹　熊　燕

前　言

当前，生物技术因其“引领性、突破性、颠覆性”及与其他高新技术交叉融合的显著特点，正加速成为世界新一轮科技革命和产业变革的核心。近年来，中国生物技术发展取得了长足进步，作为战略性新兴产业的重要组成部分，生物产业正发展成为国民经济的支柱产业之一，成为践行《国家创新驱动发展战略纲要》的重要支撑。

生物技术基地平台是开展生物技术研究、生产和服务的重要科技创新主体，定位于前沿基础创新、成果转化与产业化、基础支撑与条件保障等方向。将中国建设成为生物技术强国，提升国际竞争力，必须加强生物技术基地平台的建设。党的十九大以来，中国进一步加快实施创新驱动发展战略的部署，高度重视科技创新与基地平台的建设工作，先后出台《“十三五”国家科技创新基地与条件保障能力建设专项规划》《关于促进新型研发机构创新发展的指导意见》等重要政策引导性文件，以支持科技创新基地平台发展，中国生物技术基地平台呈现蓬勃发展态势。与此同时，世界典型发达国家在生物技术基地平台建设方面也进行了积极部署，成效显著。美国在生物技术领域处于全面领先地位，其生物技术基地平台呈现全面均衡发展的态势；日本在医药与生物科技产业的研发投资规模居全球第2位，逐步形成以“政府牵头，政产一体”为特点的生物技术基地平台发展模式；瑞士是全球最具创新力的国家之一，以企业为创新主体的生物技术基地平台占据主导地位。借鉴主要发达国家生物技术基地平台建设的先进经验，提升中国生物技术基地平台的整体实力显得尤为迫切。

2018年，中国生物技术发展中心（以下简称生物中心）组织编写了《2018中国生物技术基地平台报告》，首次较为系统地对中国生物技术基地平台的发展现状进行了梳理。报告指出，中国生物技术基地平台建设在很多方面已经取得了长足的进步，但尚存在诸多不足。2019年，生物中心联合中国科学院文献情报中心在分析中国生物技术基地平台发展现状的同时，立足全球总体发展情况，选择美国、日本和瑞士 3 个代表性国家进行重点调研，形成了《2019 中国生物技术基地平台报告》。

本书立足于分析中国生物技术基地平台的发展现状，归纳梳理了全球生物技术基地平台的特点；结合典型案例介绍，系统剖析了美国、日本和瑞士生物技术基地平台的发展现状及建设经验；提出了完善中国生物技术基地平台体系的建议。本书首次分析国外生物技术基地平台情况，为了数据的可追溯性，本书囊括了国外生物技术基地平台的历史发展数据，以期更完整地呈现这些典型国家生物技术基地平台的特征及发展特点。

本书可为生物技术领域的科学家、企业家、管理人员和关心生命科学、生物技术与产业发展的各界人士提供参考。但由于数据来源所限，以及各国对基地平台的定义和分类尚无统一标准，本书在全面性及系统性方面仍有不足之处，且一些新兴交叉机构未包含进来，我们将在以后的工作中进一步完善。此外，由于编写人员水平有限，本书难免有疏漏之处，敬请读者批评指正。

编　者

2019 年 12 月

目　录

第一章　总论

21 世纪以来，生物技术迅猛发展，成为继信息技术之后新一轮科技革命和产业变革的核心引擎。生物技术及其催生的战略性新兴产业也成为全球经济增长的重要动力。生物技术科技创新基地平台是生物技术创新能力建设的重要组成部分，是提高生物技术创新综合竞争力的关键。目前，中国正处于由生物技术大国向生物技术强国转变的关键时期。面对新的形势，借鉴主要发达国家的先进基地平台建设经验，完善中国基地平台建设，对提升中国生物技术产业的国际竞争力具有重要意义。本书系统收集、分析了全球典型发达国家（美国、日本和瑞士）定位于前沿基础创新、成果转化与产业化、基础支撑与条件保障 3 个方向的基地平台数据，并通过对典型案例的剖析，总结了各类基地平台的发展现状和主要特点。

第一节　概述

为尽可能全面地呈现中国及典型发达国家生物技术基地平台布局现状，并进行对比分析，本书在明确生物技术基地平台范畴的基础上，收集整理相关数据，并对其规模和特点进行了系统梳理和分析。

一、生物技术基地平台范畴

生物技术基地平台是根据生物技术领域前沿发展、国家战略需求及产业创新发展需要，开展生物技术基础研究、行业产业共性关键技术研发、科技成果转化及产业化、科技资源共享服务等科技创新活动的重要载体。世界各国对生物技术基地平台的分类各异，为更好地与中国生物技术基地平台进行对比分析，在本书的编写过程中，关于国际基地平台的类型和定位主要参考了中国《“十三五”国家科技创新基地与条件保障能力建设专项规划》（国科发基〔2017〕322 号）中的分类原则，按以下 3 种类型对各国生物技术基地平台进行分类。

（一）科学与工程研究类基地平台

科学与工程研究类基地平台定位于瞄准生物技术国际前沿，聚焦国家战略目标，围绕重大科技任务和大科学工程，开展战略性、前沿性、前瞻性、基础性、综合性科技创新活动。主要包括国家实验室、国家重点实验室、国立 / 州立科研中心等。

（二）技术创新与成果转化类基地平台

技术创新与成果转化类基地平台定位于面向经济社会发展和创新社会治理，开展共性关键技术和工程化技术研究，推动应用示范、成果转化及产业化，提升国家自主创新能力和科技进步水平。主要包括国家工程研究中心、国家技术创新中心、医学研究中心、企业研究中心等。

（三）基础支撑与条件保障类基地平台

基础支撑与条件保障类基地平台定位于发现自然规律、获取长期实地调研观测研究数据等科学研究工作，提供公益性、共享性、开放性基础支撑和科技资源共享服务。主要包括资源共享平台、种质资源库等。

二、生物技术基地平台数据来源

（一）中国

本书关于中国生物技术基地平台的数据主要来源于以下 5 个方面：一是来源于中国生物技术发展中心，主要包括国家重点实验室、国家临床医学研究中心、国家中药现代化科技产业基地、人类遗传资源库、国家高新技术产业开发区等基地平台的相关数据；二是来源于中国科学技术交流中心，主要包括国际创新园、国际联合研究中心、示范型国际科技合作基地、国际技术转移中心 4 类国家国际科技合作基地的相关数据；三是来源于文献检索，主要包括动物、植物、微生物等生物资源共享平台的相关数据；四是来源于科技部官网、基地平台官网等开源信息，主要包括国家工程技术研究中心、国家工程研究中心、国家大型科学仪器中心等基地平台的相关数据；五是来源于部分基地平台依托单位提供的相关数据。

（二）其他国家

本书关于全球生物技术领域基地平台的数据主要来源于以下 2 个方面：一是来源于文献检索及 Incites、Wind 等数据库；二是来源于各国政府官网、基地平台官网等开源信息。

全球生物技术基地平台遴选主要参考了 Incites 数据库的相关数据，遴选了具有一定科研实力（SCI 发文量≥ 50 篇，近十年来具有同领域发文的高被引论文，近两年来具有同领域发文的热点论文）和 / 或具有一定转化成果（专利数量≥ 20 项，具有代表性的产品）、经济实力、研发规模的实体平台。在此基础上，本书对各类基地平台进行了调研与分析，力求全面展示当前全球生物技术基地平台的发展现状。各类基地平台的筛选标准如下。

1. 国家（重点）实验室

包括国家实验室和国家重点实验室。国家实验室是指按国际一流标准建立的，代表国家最高水平，跨学科、大协作、高强度支持的研究基地，聚焦战略必争领域；国家重点实验室是国家组织高水平基础研究和应用基础研究、聚集和培养优秀科学家、开展高层次学术交流的重要基地。国家实验室和国家重点实验室均以国家现代化建设和社会发展的重大需求为导向，开展基础研究、竞争前沿高技术研究和社会公益研究，并积极承担国家重大科研任务，经费主要来源于政府财政资金。

2. 国立 / 州立研究中心

以科学研究为主要目的社会企事业机构，由政府主导建设，经费主要来源于政府的研究机构。

3. 医学研究中心

由一家或多家医院针对某一疾病领域共同成立的研究中心，或是由大学成立的附属医学研究中心，致力于打造成相关领域的临床医学和转化研究的高地。

4. 企业研究中心

在国民经济主要产业中，技术创新能力较强、创新业绩显著、具有重要示范作用的企业技术中心，符合以下指标：SCI 发文数量≥ 50 篇、专利数量≥ 10 项、具有代表性的成果、具有一定研发规模的实体研究中心。

5. 产业园区

由政府或企业为实现生物技术转化和产业发展目标而创立的特殊区位环境，园区内集聚科研机构（高校、研究所等）、孵化机构、生物领域相关企业，开展生物技术产品生产的全链条运作。

6. 资源共享平台

主要指与生物技术相关的仪器设备或数据资源共享平台，包括实体平台和依托于实体机构建立的数据共享平台。

第二节　全球生物技术基地平台发展基本情况

一、总体规模

近十年来，伴随着各国对生物技术领域资助的不断增加，生物产业得到了迅速发展，全球生物技术基地平台的规模也日渐扩大。截至 2019 年 6 月，全球主要生物技术大国已建成各类国家级生物技术基地平台 2748 家，包括科学与工程研究类基地平台 595 家（21.7%）、技术创新与成果转化类基地平台 1550 家（56.4%）、基础支撑与条件保障类基地平台 603 家（21.9%）（表 1–1）。

表 1–1　2019 年全球重点国家生物技术基地平台分布

单位：家

基地平台类型		美国	加拿大	英国	德国	法国	瑞士	日本	中国	总计
科学与工程研究类	国家（重点）实验室、国立 / 州立科研机构等	254	74	50	60	7	21	55	74	595
技术创新与成果转化类	国家（临床）医学研究中心、企业研究中心、产业园区等	314	137	146	127	117	41	145	523	1550
基础支撑与条件保障类	资源共享平台等	142	—	9	4	—	2	45	401	603
总计		710	211	205	191	124	64	245	998	2748

二、领域分布

根据 ESI 学科分类方法，全球生物医药基地平台可以分为临床医学、生物学与生物化学、药理学和毒理学、分子生物学与遗传学、免疫学、神经科学与行为学、精神病学 / 心理学、农业科学、植物与动物科学，微生物学和环境 / 生态学等 11 个细分领域。

中国生物技术基地平台领域布局日趋完善，基本实现了全领域覆盖，并重点加强了基础生物学（32.4%）和农业科学（32.4%）的布局。美国生物技术基地平台覆盖了全部领域，且布局最为均衡，其中最具竞争优势的前三大领域分别为临床医学（11.2%）、生物学与生物化学（10.4%）、药理学和毒理学（10.1%）；日本生物技术基地平台覆盖最多的领域为分子生物学与遗传学（65.4%），其次是临床医学（61.2%）及生物学与生物化学（60.8%）；瑞士基地平台中涉及药理学和毒理学、临床医学的最多，分别占比 31.3%、29.7%，主要集中在单克隆抗体药物、基因治疗、质子治疗等方向；加拿大生物学与生物化学领域的平台数量最多，达到 84 家；英国在人类基因研究和遗传学等领域处于世界领先水平，前三大领域分别为生物学与生物化学（41.4%）、分子生物学与遗传学（40.9%）、药理学和毒理学（40.9%）；德国生物基地平台关于药理学和毒理学类的数量最多（62 家），占比 32.5%；法国临床医学领域的平台数量最多，约 90 家。

三、地域分布

重点生物技术基地平台多分布在典型发达国家和地区，如北美（美国、加拿大）、欧洲（英国、德国、法国、瑞士）、东亚（日本）。同时，作为发展中国家的代表，中国生物技术基地平台布局也初具规模。此外，金砖国家如俄罗斯、印度，“一带一路”沿线国家如以色列、新加坡等也拥有不少生物技术基地平台。

（一）北美区域

北美是全球最大的生物技术基地平台集聚区。北美的生物技术平台的空间布局具有聚集性，较多分布在沿海和研究机构密集、经济发达、研究实力雄厚的地区。

1. 美国

美国是现代生物技术的超级大国，拥有约 710 家生物技术基地平台。其中，科学与工程研究类基地平台 254 家、技术创新与成果转化类基地平台 314 家、基础支撑与条件保障类基地平台 142 家。各类基地平台分布在美国九大行政区划内，尤以中大西洋地区（27.8%）、太平洋海岸区（19.5%）和新英格兰地区（14.1%）布局最为集中。位于新英格兰地区的马萨诸塞州核心——波士顿地区是全球最具活力的生物产业集聚区，既有麻省理工学院、哈佛大学等世界一流的高校资源，又有麻省总医院、新英格兰医学中心等优质临床医学研究机构，以及众多在生命科学、新材料和化学等相关研究领域引领世界的优势学科群和实验室。

2. 加拿大

加拿大拥有生物技术基地平台共 211 家[①]，其中包括科学与工程研究类基地平台 74 家及技术创新与成果转化类基地平台 137 家。根据加拿大工业部、统计部的统计数据显示，这些基地平台主要聚集于安大略省、魁北克省、卑诗省3省，在草原省份(曼尼托巴省、萨斯喀彻温省和阿尔伯塔省）和大西洋区也有少量分布。其中生物医药、基因工程、生物农业、生物能源和纳米技术是其优势领域[②]，特别是基因工程领域处于世界领先水平[③]，因而加拿大也成为全球转基因油菜研发及推广最为成功的国家[④]。

（二）欧洲区域

欧洲区域生物技术基地平台发展水平仅次于北美区域。其中，英国、德国、法国、瑞士分别拥有 205 家、191 家、124 家和 64 家生物技术基地平台。英国基地平台主要位于剑桥、牛津、伦敦等区域；德国主要集中在慕尼黑、海德堡、莱茵兰、耶拿等区域；法国主要分布在巴黎、里昂、阿尔萨斯等区域；瑞士主要分布在日内瓦、洛桑、巴塞尔、苏黎世和提契诺等区域。

1. 英国

英国是在生物技术领域创新活力仅次于美国的国家，拥有共计 205 家基地平台。

---

① 韩艳旗，王红玲 . 加拿大农业生物技术研发特点及对中国的启示 [J]. 科技进步与对策 , 2010, 27(14)：55-59.

② 付红波，李玉洁，苏月，等 . 加拿大生物科技及产业发展现状及特点 [J]. 中国生物工程杂志 , 2010(5)：149-152.

③ 仿寺邦 . 加拿大生物技术及农业信息技术 [J]. 全球科技经济瞭望 , 1997(9)：36-38.

④ 同①。

其中，科学与工程研究类基地平台 50 家、技术创新与成果转化类基地平台 146 家、基础支撑与条件保障类基地平台 9 家。基地平台主要位于剑桥、牛津、伦敦等世界顶级生物科技研发集群区域内。例如，英国剑桥桑格研究院是世界上最重要的生物技术研发中心之一，同时也是基因研究转化和产业化的重要基地；爱丁堡是新兴的农业生物技术研发和制造中心；肯特郡、约克郡和曼彻斯特的生物技术工业水平也较为发达。

2. 德国

德国作为欧洲生物技术的“发动机”，拥有共计 191 家生物技术基地平台。其中，科学与工程研究类基地平台 60 家、技术创新与成果转化类基地平台 127 家、基础支撑与条件保障类基地平台 4 家。以亥姆霍兹国家研究中心、马克斯·普朗克协会、莱布尼茨科学联合会为代表的著名研究机构是德国的主要生物技术基地依托机构，这些机构分布于慕尼黑、海德堡、莱茵兰、耶拿等区域[①]。德国作为欧洲第一经济大国，其生物技术产业整体发展较为全面，尤其是传统的生物制药领域在全球占有举足轻重的地位[②]。目前，德国的生物技术基地平台在创新药物相关的专利数量和新药上市数量等方面都处于国际领先水平。

3. 法国

法国是生物技术产业的后起之秀，拥有共计 124 家生物技术基地平台，其中包括科学与工程研究类基地平台 7 家和技术创新与成果转化类基地平台 117 家。这些基地平台主要分布在 8 个以生物技术和健康产业为主的技术开发区，分别是里昂生物技术开发区、医药学技术开发区、阿尔萨斯生物谷、营养—健康—长寿开发区、大西洋生物治疗技术开发区、生产创新技术开发区、欧洲生物医疗技术开发区及癌症—生物—健康技术开发区[③]。这些开发区为法国的生物技术产业发展不断注入活力，尤其是在促进科研机构（公共实验室）和产业界之间的交流与合作中起了重要的作用。

4. 瑞士

瑞士是全球最具创新力的国家，拥有共计 64 家生物技术基地平台。其中，科

① 白春礼 . 世界主要国立科研机构概况 [M]. 北京：科学出版社 , 2013.

② 李碧花 , 董瀛飞 . 创新型区域的形成路径与运行机制：以生物技术产业的国际比较为例 [J]. 山东社会科学 , 2011(7)：152-155.

③ 法国生物技术产业市场活力无限 [N]. 中国医药报，2010-07-27.

学与工程研究类基地平台 21 家、技术创新与成果转化类基地平台 41 家、基础支撑与条件保障类基地平台 2 家。瑞士的生物技术基地平台主要集中在日内瓦—洛桑（BioAlps）、巴塞尔（BioValley Basel）、苏黎世（Zurich's Life Science Cluster）和提契诺（BioPolo Ticino）4 个生物科技产业聚集区。日内瓦—洛桑是享誉欧洲的生物科技园区，园内有瑞士西韦尔（BioArk）、Biopole、Neode 等 5 个产业孵化器，200 家生物技术相关企业（包括默克雪兰诺 Merck Serono、美敦力 Medtronic、欧姆制药 OM Pharma 等世界级生物医药和技术公司），以及众多著名大学和科研院所，依托这些企业、院校机构，日内瓦成为欧洲生物技术研发的领先之地。巴塞尔科技园区位于瑞士西北部，诺华（Novartis）和罗氏（Roche）等全球排名前十的生物制药公司及其他著名公司总部均位于此地。

（三）东亚区域

东亚区域生物技术基地平台大国主要包括中国和日本，分别拥有 998 家和 245 家生物技术基地平台，均主要分布在沿海等经济发达、研究机构密集、研究实力雄厚的地区。

1. 中国

中国在发展中国家生物技术基地平台的建设水平处于领先地位，已建成各类国家级生物技术基地平台 998 家。其中，科学与工程研究类基地平台 74 家、技术创新与成果转化类基地平台 523 家、基础支撑与条件保障类基地平台 401 家。这些基地平台主要位于京津冀环渤海地区、长三角地区、珠三角地区和东北地区。中部地区的河南、湖北，西部地区的四川、重庆也有较多基地平台分布。

2. 日本

日本作为世界第二大生物技术市场国，拥有 245 家生物技术基地平台。其中，科学与工程研究类基地平台 55 家、技术创新与成果转化类基地平台 145 家、基础支撑与条件保障类基地平台 45 家。这些基地平台主要分布在东京、北海道、大阪、神户等生物技术产业集聚区内。其中，大阪北部地区彩都生命科学园内拥有大量医疗企业和具有顶尖水平的研究机构，产业集群优势显著，其生物医药产业产值在日本全国位居前列。

（四）金砖国家和“一带一路”沿线国家

金砖国家，如印度，拥有印度科学研究院（IISc）、国家细胞科学中心和细胞分子生物学研究中心等基地平台 160 多家，主要分布在海得拉巴、孟买、班加罗尔等产业集聚区。

“一带一路”沿线国家，如以色列，拥有 12 家医学和生物技术产业转移中心及数十家企业研发中心，主要分布在以希伯来大学、特拉维夫大学、本—古里安大学、以色列理工大学和魏茨曼科学研究所等研究机构为核心的耶路撒冷等区域内。

新加坡拥有 12 家国立研究机构，包括新加坡基因组研究所（GSI）、生物工程和纳米技术研究所（BIN）、分子细胞生物研究所（IMCB）等，除此之外，还有 7 家企业公共研究中心（葛兰素史克、诺华等），主要分布在启奥生物医药研究园和大士生物医药园等产业园区内。

四、经费投入

鉴于目前尚无各国对生物技术基地平台的经费投入数据，但生物技术基地平台是生物技术相关活动发生的主要载体，本书尝试通过各国对生物技术领域的总体投入情况来反映基地平台所获得的经费支持。

中国在生物技术领域的投入持续增加，“十三五”以来，中国生物技术经费年均投入超过 2000 亿元[①]。美国生物技术经费投入处于全球领先水平，年投入约 1400 亿美元[②]，企业在生物医药产业的经费投入达到 911.49 亿美元，政府研发投入达 420 亿美元，同比增长 5.5%。日本将生物技术领域作为重要资助领域，其经费投入一直保持在 3 万亿日元左右，2017 年日本政府投入生物科技相关经费的预算约 3170 亿日元，占总研究经费的 16.7%[③]。瑞士生物技术领域研发年均投入超过 30 亿瑞士法郎[④]。加拿大年度研发经费投入超过 20 亿加元，主要投向安大略省、魁北克省和

---

① 数据来源：国家统计局，《2016 年全国科技经费投入统计公报》《2017 年全国科技经费投入统计公报》《2018 年全国科技经费投入统计公报》。

② National Science Foundation. National center for science and engineering statistics, national patterns of R&D resources (annual series)[R]. 2019,8.

③ 中国科协创新战略研究院 . 创新研究报告 [R].2018,6.

④ OECD. Key biotechnology indicators[EB/OL].[2019-07-20]. https://www.oecd.org/innovation/inno/keybiotechnologyindicators.htm.

卑诗省 3 省，用于生物医药、农业生物技术、植物生物技术、生物医疗设备产业研发，以及加拿大生物科技管理体系的完善[①]。德国政府在"健康研究和健康产业""生物经济"领域的研发投入不断增加，一直稳定在 GDP 的 14% ~ 16%[②]，年度总经费投入超过了 25 亿欧元。英国政府自 2010 年起每年对生物科技领域的投入高达 10 亿英镑[③]。

五、人员投入[④]

人才是科技创新的第一要素，也是各类基地平台开展创新活动的核心力量。各国基地平台在人员投入上的主要特征包括：一是高水平人才汇聚，如日本拥有约 9 万名高水平研发人员；瑞士拥有约 5 万名高素质生物相关研发人员；新加坡经济发展局（EDB）从全球聚集了约 5000 名领军型生物技术专家；德国生物技术研发人员全时当量在欧盟 28 国中增长最多，约 7.9 万人年。二是青年人才储备充足，如日本生物技术基地平台具有较多青年生物技术人才储备，且这些人才多集中于国立科研机构和大学。三是产业就业人数规模大，如 2016 年，美国生物产业直接就业人数达到了 174 万人，间接就业人数为 276 万人，联动就业人数为 347 万人；加拿大共有生物技术研发人员 3 万多名。

六、政策环境

"十三五"以来，中国政府陆续出台多项生物技术规划和政策，以支持生物技术产业各环节尤其是基地平台的发展。欧美等发达国家及新兴经济体也持续加强生物技术战略部署，抢占生物经济战略高地。

（一）中国发布多项生物技术产业国家政策规划

2017 年，科技部出台《"十三五"国家科技创新基地与条件保障能力建设专

① 付红波，李玉洁，苏月，等．加拿大生物科技及产业发展现状及特点 [J]. 中国生物工程杂志，2010(5)：149–152.

② 吴函蓉，夏凡，杨力，等．德国生物技术发展的经验及启示 [J]. 科技中国，2018, 255(12)：33–35.

③ 中国社会科学院人事教育局．发达国家人才战略与机制 [M]. 北京：中国社会科学出版社，2016.

④ 鉴于目前各国生物技术基地平台的人员投入数据获取渠道有限，本书力求通过各国生物技术领域的总体人才投入情况来反映基地平台所获得的人员投入，美国、日本、瑞士的具体统计详见相应章节。

项规划》，旨在到2020年形成布局合理、定位清晰、管理科学、运行高效、投入多元、动态调整、开放共享、协同发展的国家科技创新基地与科技基础条件保障能力体系。2019年，科技部出台《关于促进新型研发机构发展的指导意见》，鼓励设立科技类民办非企业单位性质的新型研发机构，符合条件的科技类民办非企业单位，按照规定可享受税收优惠。此外，中共中央、国务院及相关行业管理部门陆续印发多项与生物技术发展密切相关的规划，重点包括《"十三五"生物产业发展规划》《"健康中国2030"规划纲要》《中国制造2025》《关于促进医药产业健康发展的指导意见》《医药工业发展规划指南》《"十三五"国家战略性新兴产业发展规划》等，从新产品研发、技术进步、体系建设等不同角度对生物技术产业发展提出了任务和要求，对中国生物技术发展具有重要的引导作用。

（二）美国发布系列计划推动产业发展

2012年，美国发布《国家生物经济蓝图》，确定了推动生物经济发展的目标，以及为实现这一目标正在采取的行动；能源部、农业部在综合生物炼制、创新生物能源开发等方面分批次投入逾亿美元研究资金；国家科学基金会资助半导体合成生物学研究，探索利用合成生物学原理增强信息处理和存储能力。2015年，宣布拟投资2.5亿美元启动"精准医疗计划"，开创以患者为中心的研究新模式，加快医学发现并为临床医生提供新的工具、知识和疗法；2016年，启动"癌症登月计划"，旨在显著降低癌症的发病率和病死率；同年启动"国家微生物组计划"，提出对微生物组进行全面深入的研究，并将研究成果广泛应用于医疗、食品生产及环境保护等重点领域。

（三）加拿大制定国家生物技术及生物经济战略

1983年，加拿大制定了促进生物科技发展的《国家生物技术战略》(National Biotechnology Strategy，NBS)，将生物科技作为科技发展的重点方向。1998年，由加拿大工业部牵头，会同农业部等7个部门升级了《国家生物技术战略》，并重命名为《加拿大生物技术战略》(CBS)。与此同时，加拿大成立了生物技术顾问委员会（CBAC)、生物技术部长协调委员会，共同推动加拿大生物产业的发展。2019年5月，加拿大发布了首个国家生物经济战略《加拿大生物经济战略——利用优势实现可持续性未来》，对加拿大生物经济的基础与现状进行了介绍，并提出了4项关键优先领域的行动计划。报告提出，加拿大生物经济战略的愿景是实现加拿大生物质能及其残余物的最高利用率，同时减少碳排放，实现有效管理自然资源的目标①。

（四）欧盟加强生物经济研发和技术投资

2012年欧盟委员会通过了《欧洲生物经济战略》，加大与生物经济相关的研发和技术投资力度，增强生物经济的竞争力；2013年，启动“人脑工程计划”，探索人类大脑工作机制，绘制脑活动全图，最终开发出针对大脑疾病治疗的有效疗法；2014年，启动“地平线2020”（Horizon 2020）计划，将低碳转化微生物平台、高附加值平台化学品开发等作为优先研究方向。2015年，欧洲工业生物技术研究与创新平台中心发布的《推动生物经济——面向欧洲不断繁荣的工业生物技术产业路线图》指出，到2030年，欧盟的工业生物技术产品市场将增长至500亿欧元。

（五）英国重视生物技术战略

2011年，英国政府发布《英国生命科学战略》；同年，英国生命科学年投入3.19亿英镑用于发展生物科技，以应对人口增长、化石能源替代和老龄化等全球挑战；2016年，发布《英国合成生物学战略计划2016》，提出在2030年实现英国合成生物学达到100亿欧元产值。此外，为促进生物技术产业的发展，英国对税制进行了改革，对小型生物技术企业的投资减免20%的公司税。2018年，英国发布《2030年国家生物经济战略》，指出生物经济意味着利用生命科学的经济潜力，利用可再生的生物资源来替代化石资源②。

（六）德国支持发展绿色与可持续生物经济

2009年，德国发布《德国国家生物质能行动计划》，提出持续推进生物质开发利用的总体战略设计及行动领域，重点扩大生物质在发电、供热和燃油生产3个领域的应用；2010年，启动了《2030年国家生物经济研究战略》科研项目，在2011—2016年投入24亿欧元用于生物经济的研发和应用，旨在通过整合能源研发计划、国家生物质行动计划等其他相关战略，共同发展可持续生物经济；2012年，发布《德国生物炼制路线图》，用于支持德国糖与淀粉、植物油脂和木质纤维素（纤

① BIC. Canada's bioeconomy strategy: leveraging our strengths for a sustainable future[R]. 2019.

② 英国商业、能源与工业战略部（BEIS）. 发展生物经济，改善我们的生活、强化我们的经济：2030年国家生物经济战略[R]. 2018.

维素）等的生物炼制技术等重点技术领域；2013 年，发布《国家生物经济战略》，积极融入欧盟的生物经济战略；2014 年，发布《国家生物经济政策战略》报告，报告目标为通过大力发展生物经济，提高德国在经济和科研领域的全球竞争力。在德国教育和研究部主导下，创新药物集群培育方案将获得 4000 万欧元的资助。同时，通过集群管理机构将生物医药领域的企业、高校院所有效整合，在基础研究、临床前开发和临床试验等环节发挥协调促进作用，并提供人才招聘、公共实验室建设、大数据信息平台等服务。2019 年，发布《国家工业战略 2030》，在保障扶持重点工业领域的基础上，改善政策环境，加强对人工智能、生物科技、纳米技术等新兴科技和产业的投入，稳固并重振德国经济和科技水平，深化工业 4.0 战略，推动德国工业全方位升级，保持德国工业在欧洲和全球竞争中的领先地位。

（七）法国发展创新基金和融资服务等支持模式

针对生物技术开发区，法国制定了一系列创新扶持政策和服务措施，如研究费用抵税（CIR），这是为开发区里的研发合作项目提供的融资服务，还有青年创新企业支持机制（JEI）、中小企业金融服务机构的目标企业支持措施和国家研究署的项目招标措施等。2009 年，法国建立国家生命科学与健康联盟（Aviesan），负责各研究机构之间的协调工作。2009 年 10 月，法国战略投资基金（FSI）与相关药学实验室合作成立了生物技术创新基金，基金规模达 1.4 亿欧元，专门为创新企业提供支持，有效促进企业研究中心的发展。2018 年 2 月，法国政府发布《法国生物经济战略：2018—2020 年行动计划》，试图通过推广以生物基产品、清洁电力、生物燃料等为代表的生物技术促进经济结构从化石资源经济向基于碳再生的可持续发展经济转型。此外，法国先后出台《法国基因组医学计划 2025》《国家卫生健康战略 2018—2022 年》《农业—创新 2025 计划》等多项政策纲领性文件，以助推本国生物技术的发展。

（八）瑞士实施系列科技战略计划

1992—2001 年，瑞士制定了《生物技术重点规划》，将 6 个面向应用的研究关键领域确定为重点，这些领域包括医用蛋白质的制造、提纯方法及技术，生物工程与物质转换，神经信息学，生物电子学，生物安全研究及高级植物的生物技术。重点规划支持了一系列研究项目，建立了 18 个新的生物技术企业技术研发中心，促进了生物基地平台的发展。2013 年 12 月，瑞士联邦委员会批准了为促进生物医学研究和技术发展而制定的总体规划，有效保证了瑞士作为生物技术研究基地的长期吸引力。2017 年，瑞士联邦委员会通过了《瑞士生物多样性战略行动计划》，以期实现生物多样性战略目标。2018 年 12 月，瑞士联邦和各州通过实施“瑞士电子健康策略 2.0”来加强医疗保健领域的数字化推广。此外，瑞士在税收方面对生物领域给予支持，化工和医药产品适用降低 2.5% 的增值税税率，初创企业和落户瑞士的外国企业可获得州级长达 10 年的企业和资本税全免或部分减免。

（九）日本连续五期将生物技术纳入科学技术基本计划

自 1971 年以来，日本政府在制定科技基本政策与计划时均将生命科学作为重点推进的领域①，并辅以专项计划来实现持续稳定的投入。一系列政策与规划的实施，促进了日本生物技术基地平台的发展。2002 年，日本出台生物产业立国的国家战略，力争把生物产业培养成国家支柱产业②。2007 年，发布了《创新 25 战略》，提出建立世界卓越的研究基地③。日本第二期科学技术基本计划（2001—2005 年）将生命科学确定为研发的重点领域之一；第三期科学技术基本计划（2006—2010 年）提出了“世界顶级研究基地形成促进计划”④；第四期科学技术基本计划（2011—2015 年）重点突出将包含转基因生物技术等在内的技术领域确定为研发方向⑤；在第五期科学技术基本计划（2016—2020 年）中，围绕生物技术等能够创造新价值的核心优势技术，日本设定了富有挑战性的中长期发展目标并投入了巨额的资金⑥，有效促进了基础研究属性生物技术基地平台的发展。2019 年，日本“政府综合创新战略推进会议”又发布了《集成创新战略 2019》，并在附件中正式推出《生物战略 2019》，再次确认生物技术战略地位，强调“力争通过发挥日本的工业制造优势并融合 IT 技术，为开拓和扩大市场、解决社会问题及实现可持续发展目标等做贡献”。

---

① 吴松 . 日本生物科技与产业的发展动向 [J]. 全球科技经济瞭望 , 2016,31(9)：48-59.

② 张治然 , 刁天喜 , 高云华 . 日本生物医药产业发展现状与展望 [J]. 中国医药导报 , 2010,7(1)：141-143.

③ 王玲 . 日本出台创新 25 战略 [J]. 全球科技经济瞭望 , 2007(11)：6-7.

④ 李丹琳 . 日本科技创新研究 [D]. 长春：吉林大学 , 2017.

⑤ 努力以科技创新实现未来可持续增长和社会发展：关于日本“第四期科技基本计划”的解读题目 [EB/OL].[2019-07-20].http://www.doc88.com/p-9327127057520.html.

⑥ 王玲 . 日本发布《第五期科学技术基本计划》欲打造“超智能社会”[EB/OL]. (2016-05-08)[2019-07-20]. http://news. sciencenet.cn/htmlnews/2016/5/345385.shtm.

第三节　生物技术发展现状和趋势

生物技术及其相关产业是21世纪最为活跃、影响最为深远的领域之一，并与当代高新技术迅速交叉融合，成为世界新一轮科技革命和产业变革的核心。随着第三次科技产业革命浪潮的方兴未艾，生物技术系统化和工程化理念日益深入，数据融合和知识网络化的趋势逐渐凸显，新技术与新方法广泛应用于生物医药、生物农业、生物能源等各领域，并通过改变传统工业、农业和经济的性质、结构、模式和价值取向，深刻影响着新时代人类的生产和生活方式。

一、前沿生物技术持续取得新突破，颠覆性成果不断涌现

基因组学技术不断突破，CRISPR/Cas9的出现引领了整个基因编辑领域的发展，将人类带入“精确调控生命”的时代；CAR-T疗法等免疫疗法突破了传统的肿瘤治疗手段，并伴随着适应证的不断拓展，进入了更加精准、联合、广谱的2.0阶段；合成生物技术研究推进认识、利用和改造自然的进程，人工设计细胞定时输送药物、基因设计控制昆虫发育性别、基因编辑提升育种速度等技术的突破使合成生物学的产业化发展迎来一个爆发期；以干细胞和组织工程为核心的再生医学将原有疾病治疗模式突破到“制造与再生”的高度；新药研发和治疗手段更聚焦于个性化精准医疗，以mRNA药物和RNAi药物为代表的核酸药物针对目标蛋白的靶向疗法及针对DNA突变的基因疗法不断突破；基因育种等技术引领传统农业向现代农业转变；微生物、酶等生物催化剂的功能更加智能高效，有望带来化学品和绿色制造的新变革。

二、生物技术与新兴技术交叉融合，孕育新的发展方向

伴随着人工智能技术、大数据技术的快速发展，生物技术与包括3D打印、人工智能、云计算、大数据、物联网、区块链、智能制造、机器人等在内的新技术交叉融合，孕育出数字医疗、基因疗法、CAR-T等新技术。生物工程与互联网、高性能计算、人工智能和自动化技术交叉融合，大大提升了生物设计和筛选的效率，以及工业过程定制管理的科学性和安全性，有效驱动相关产业技术革新。数据融合和知识网络的发展为“精准医学”从生物分子数据、个人病史的收集到社会和物理环境信息及健

康状况信息的综合利用提供了核心支撑，对实现生命科学、医学、行为学、社会学和系统科学的互相渗透具有重要意义，或将成为生命与健康领域发展的必要条件。

三、生物技术产业总体规模保持快速增长，带动趋势日趋明显

随着新一轮工业革命的到来，生物技术领域技术创新为产业的发展与变革创造新机遇，生物医药、生物农业、生物能源、生物化工等领域重大成果频频涌现，在重塑未来经济社会发展格局中的引领性地位日益凸显。其中，生物医药方面，以单抗药物、疫苗、蛋白药物、基因药物和小分子药物等为代表的产品发展迅速。数据显示，2018—2022 年，全球医疗保健支出以每年 5.4% 的速度增长，相比于 2013—2017 年 2.9% 的增速，提速明显。生物农业方面，2018 年全球范围内共有 87 项关于转基因的作物被批准，涉及 70 个品种，包括 9 个新品种。在生物能源方面，2018 年全球燃料乙醇生产能力为 285.7 亿 gal①，预计 2050 年全球生物燃料的产量达到每年 11 200 亿 L。此外，生物医药及生物科技企业在资本市场备受瞩目。以中、美证券市场（美股、A 股及港股）计，2018 年相关 IPO 总募资规模达 115 亿美元，实现上市企业共 74 家，创 10 年来新高，同时，2018 年全球并购市场维持强劲势头，公布的交易金额达到 4.1 万亿美元，为历史第三高的年份。

四、新技术应用速度加快，各国高度关注生物安全和伦理风险

近年来，随着合成病毒、基因筛查、胚胎干细胞等新兴生物技术加速走向应用，引发全社会对生物安全、生物伦理的关注。各国加快生物安全体系建设，通过加强对新生生物技术监管的立法、建立国家级生命科学与生物技术伦理委员会、健全伦理审查机构、加强媒体监管等措施应对全球生物安全的严峻形势。美国、英国和澳大利亚纷纷发布国家级生物安全战略，加强对国内外生物安全治理力量的统筹协调，建立全流程生物防御体系；多国通过支持生物医学基础研究，加强生物安全能力建设。例如，美国国防威胁降低局、国土安全部、海军陆战队等政府部门合作开发了多项病毒监测和预警新技术，以期实现对生化威胁的及时响应，澳大利亚国

① 1 gal=3.785 L。

防部和墨尔本大学联合开发出可实时评估疾病危害程度和可能传播路径的两套疾病检测系统 EpiDedend 和 EpiFX。

五、生物技术发展日新月异，生物技术基地平台的战略地位日益凸显

进入 21 世纪以来，伴随着颠覆性技术、跨学科技术的创新，系统化、工程化在生命与健康领域研究和开发中的作用日益明显，生物技术基地平台对各国开展生命科学前沿基础创新、促进生物技术成果转化与产业化、提供基础支撑与条件保障等具有战略意义。纵观世界主要发达国家，均把国家科技创新基地、重大科技基础设施和科技基础条件保障能力建设作为提升科技创新能力的重要手段。美国联邦政府并先后发布《美国创新战略》（2011）和《美国创新战略》（2015），突出了建设生物技术基地平台的战略地位与作用，并建设了规模庞大、种类丰富的生物技术基地平台体系，为美国抢占生物技术竞争制高点、全面实现领跑发展发挥了重要作用；日本政府在其第三期科学技术基本计划中提出“世界顶级研究基地形成促进计划”，建设了一批能够提升日本基础研究能力、推动国家持续创新的生物技术基地平台，并形成了以“政府牵头，政产一体”为特点的生物技术基地平台发展模式，有效促进了日本生物技术领域研究的持续创新；瑞士是全球最具创新力的国家之一，以企业研究中心（如诺华、罗氏等）为创新主体的生物技术基地平台在推动本国乃至全世界的医药领域的创新中扮演着重要角色。

中国生物技术基地平台作为生物技术创新发展的重要载体，在促进国民经济和国家健康发展中发挥着重要作用。中国高度重视科技创新与基地平台的建设工作，先后出台一系列重要政策引导性文件，推动生物技术基地平台建设。截至 2019 年 6 月，中国共建成基地平台 998 家，紧密围绕国家目标开展了基础前沿研究、重大关键技术研究和产业化共性技术研究，为解决生物技术重大科学问题及促进生物产业的发展、实现国家级战略性目标提供了有力支撑。

第二章　中国生物技术基地平台发展现状

自20世纪90年代以来，中国生物技术基地平台发展取得了长足进步，总体水平已经在发展中国家处于领先地位，但与美国等发达国家仍有较大差距。本章客观地展示了中国生物技术基地平台的发展现状，并选取了部分典型案例进行介绍。

第一节　生物技术基地平台概况

本节对当前中国生物技术领域的科学与工程研究类、技术创新与成果转化类、基础支撑与条件保障类三大基地平台类型进行了系统梳理和分析。

一、基本情况

中国生物技术各类基地平台皆有布局，且已初具规模（图2-1）。截至2019年6月，中国已建成各类国家级生物技术基地平台998家（表2-1）。其中，科学与工程研究类基地平台即国家重点实验室74家；技术创新与成果转化类基地平台包括国家工程技术研究中心94家、国家工程研究中心25家、国家临床医学研究中心50家、生物技术相关国家高新技术产业开发区165家、国家中药现代化科技产业基地25家、国家国际科技合作基地163家（包括国际联合研究中心58家、国际创新园5家、示范型国际科技合作基地99家、国际技术转移中心1家）、国家技术创新中心1家；基础支撑与条件保障类基地平台包括生物种质资源库179家（包括动物资源库35家、植物资源库110家及微生物资源库34家）、人类遗传资源库76家、高等级病原微生物实验室128家、国家大型科学仪器中心11家及国家重大科技基础设施7家（转化医学国家重大科技基础设施5家、模式动物表型与遗传研究国家重大科技基础设施2家）。

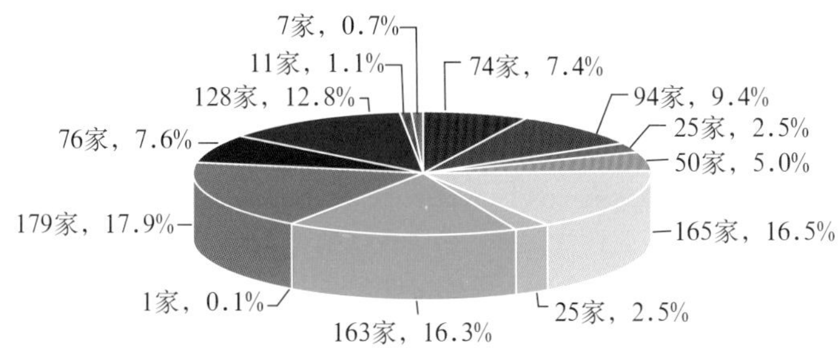

图 2-1　中国生物技术基地平台类别及数量

表 2-1　2019 年中国生物技术基地平台分布

序号	基地类型	基地名称	数量 / 家
1	科学与工程研究类	国家重点实验室	74
2	技术创新与成果转化类	国家工程技术研究中心	94
3		国家工程研究中心	25
4		国家临床医学研究中心	50
5		国家高新技术产业开发区	165
6		国家中药现代化科技产业基地	25
7		国家国际科技合作基地	163
8		国家技术创新中心	1
9	基础支撑与条件保障类	生物种质资源库	179
10		人类遗传资源库	76
11		高等级病原微生物实验室	128
12		国家大型科学仪器中心	11
13		国家重大科技基础设施	7
		总计	998

二、领域分布

中国生物技术基地平台研究领域布局日趋完善。基本实现了基础生物学、医学、药学、生物工程、生物遗传资源、农业生物技术、食品生物技术、海洋生物技术、环境生物技术等研究领域在科学与工程研究、技术创新与成果转化、基础支撑与条件保障等方面的布局（表 2-2）。

表 2-2　中国生物技术基地平台主要研究领域布局

主要研究领域	具体细分领域
生物学领域	蛋白质与基因研究、代谢分子遗传学细胞与染色体工程、生理学与生物化学、生物安全研究、基因组学、系统与进化学等
医学领域	心血管系统疾病、神经系统疾病、呼吸系统疾病、消化系统疾病、血液系统疾病、代谢性疾病、感染性疾病、儿童健康与疾病、出生缺陷与罕见病、眼耳鼻喉疾病、免疫与皮肤疾病、中医、恶性肿瘤等
药学领域	化学药、中药、生物药、天然药物、药用辅料等的研发及药物检测等
生物医学工程领域	组织工程、细胞工程、辅助生殖、医学材料、诊断试剂的研制等
农业生物技术领域	经济作物育种、农业生物技术、动物繁育、家畜疫病病原生物学、农业微生物学、动物营养学、作物遗传改良、兽医生物技术、作物遗传与种质创新、作物逆境生物学、杂交水稻研究等
食品生物技术领域	食品生物技术及功能性食品的技术研发等

科学和工程研究类基地平台即国家重点实验室研究领域包括基础生物学（24 家，32.4%）、农业科学（24 家，32.4%）、医学（21 家，28.4%）和药学（5 家，6.8%）（图 2-2）。

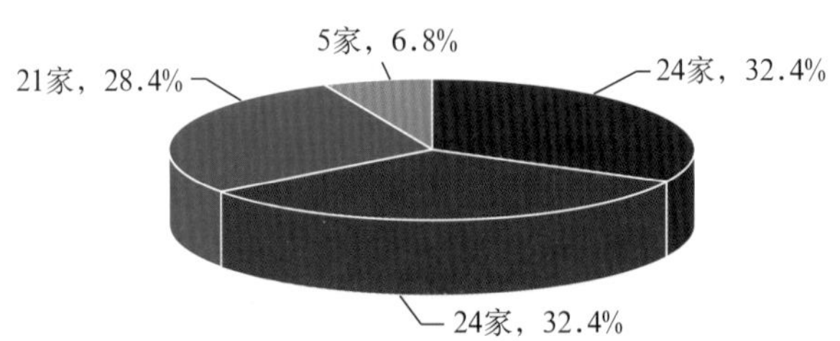

图 2-2　国家重点实验室研究领域分布

技术创新与成果转化类基地平台中，国家工程技术研究中心研究领域主要包括农业科学（38 家，40.4%）、药学（20 家，21.3%）、食品科学（12 家，12.8%）和生物医学工程（10 家，10.6%），其他领域如医学、林学、水产学等（14 家，14.9%）（图 2-3）；国家工程研究中心研究领域主要包括药学（11 家，44%）、生物技术与生物工程（7 家，28%）、农业科学（5 家，20%）和生物医学工程（2 家，8%）（图 2-4）。国家国际科技合作基地平台中，国际联合研究中心研究领域主要包括医学（36 家，62%）、药学（6 家，10.3%）、生物医学工程、生物学及食品科学（均各 4 家，6.9%）等领域（图 2-5）；示范性国际科技合作基地研究领域主要包括药学（36 家，36.4%）、医学（30 家，30.3%）、食品科学（7 家，7.1%）和农业科学（6 家，6.1%）等（图 2-6）。国家临床医学研究中心建设已有心血管系统疾病、神经心态疾病、慢性肾病、恶性肿瘤等 20 个领域的总体布局，其中老年疾病占比最高（6 家，12%）。

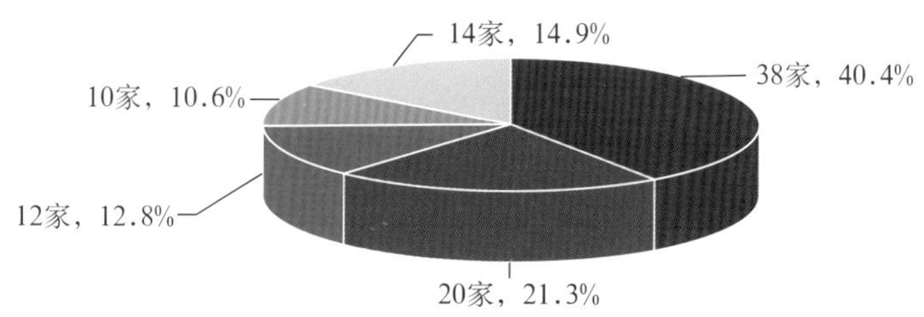

图 2-3　国家工程技术研究中心研究领域分布

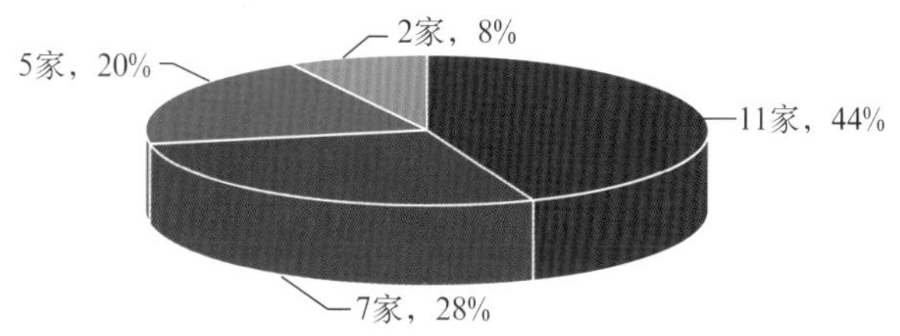

图 2-4　国家工程研究中心研究领域分布

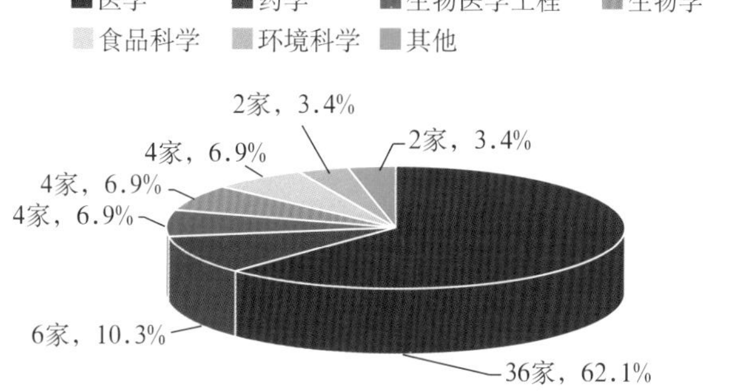

图 2-5　国际联合研究中心研究领域分布

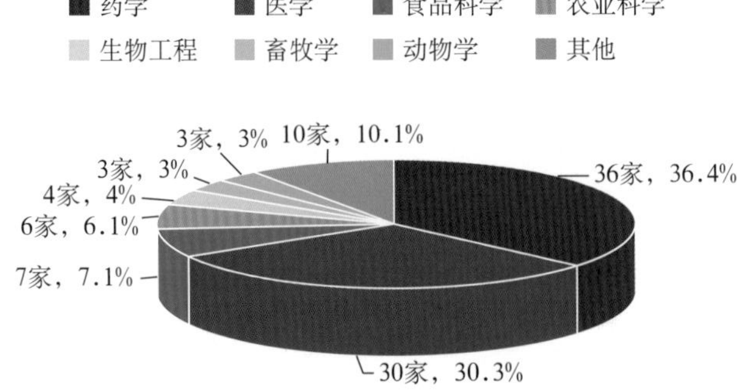

图 2-6　示范型国际科技合作基地研究领域分布

三、地域分布

中国生物技术基地平台主要布局在京津冀环渤海、长三角和珠三角地区。此外，东北地区、中部地区的河南、湖北，西部地区的四川、重庆也有不少基地平台。从区域来看，华东（28.4%）、华北（27.4%）布局较为集中，其次是华中（11.0%）、华南（10.0%）、西南（9.1%）、东北（7.8%）及西北（6.3%）等区域。

（一）科学与工程研究类

科学与工程研究类基地平台即国家重点实验室共有 74 家，主要分布于华北（31 家）和华东（21 家）地区，其后依次为华南（8 家）、华中（5 家）、西南（4 家）、西北（4 家），东北地区布局最少（1 家）（图 2-7）。

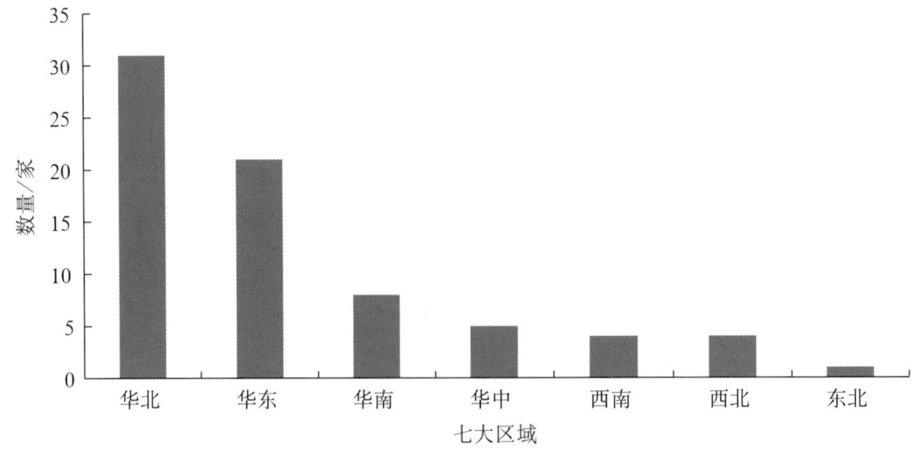

图 2-7　科学与工程研究类基地平台区域分布

（二）技术创新与成果转化类

技术创新与成果转化类基地平台共有523家，在华东（157家）和华北（115家）地区分布最多（图2-8），其后依次为华中（66家）、西南（52家）、华南（49家）、东北（47家）和西北地区（37家）。其中，华北地区主要以国家国际科技合作基地为主，其次为国家临床医学研究中心和国家工程技术研究中心；华中、西北、东北地区均以国家高新技术产业开发区为主，其次为国家国际科技合作基地和国家工程技术研究中心；西南、华南地区均以国家国际科技合作基地为主，其次为国家高新技术产业开发区和国家工程技术研究中心。

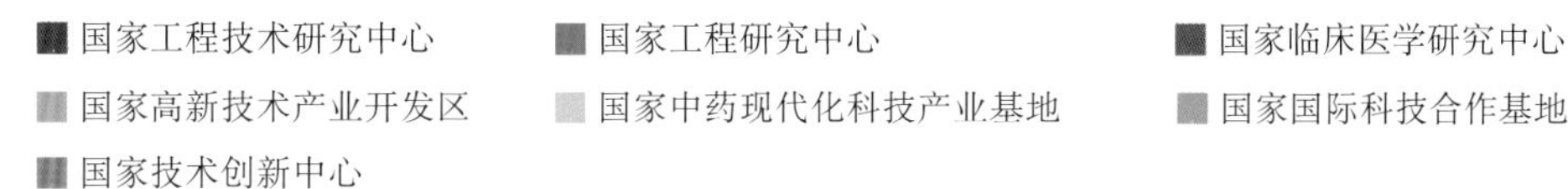

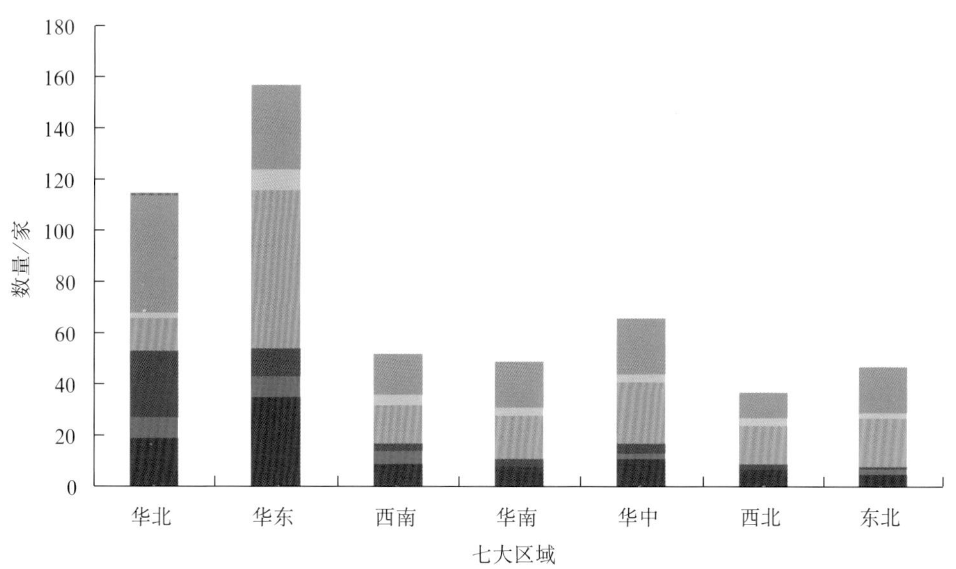

图2-8　技术创新与成果转化类基地平台区域分布

1. 国家工程技术研究中心类基地平台地域分布

国家工程技术研究中心类基地平台共有94家，主要分布于华东（35家）和华北（19家）地区，其后依次为华中（11家）、西南（9家）、华南（8家）、西北（7家），东北地区布局最少（5家）（图2-9）。

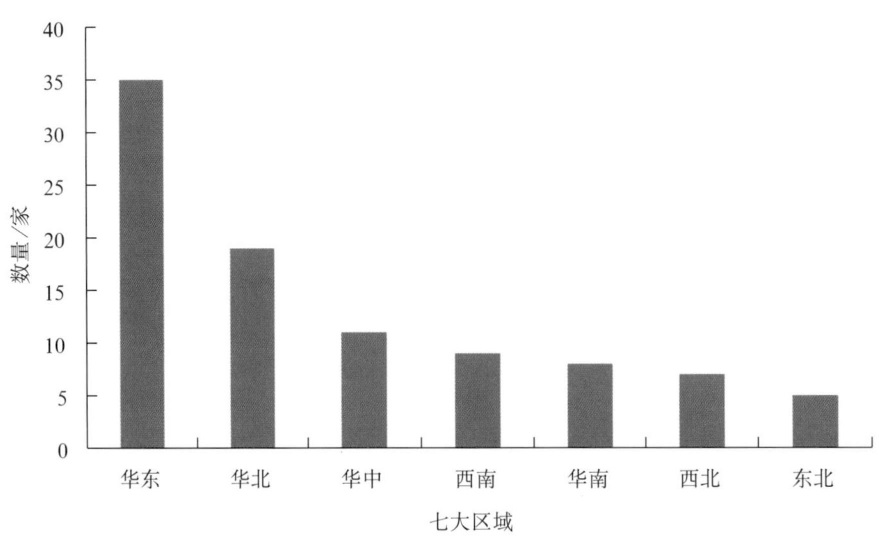

图 2-9　国家工程技术研究中心类基地平台区域分布

2. 国家工程研究中心类基地平台地域分布

国家工程研究中心类基地平台共有 25 家，主要分布于华东及华北（均各 8 家）地区，其后依次为西南（5 家）、东北及华中（均各 2 家），西北及华南地区均没有布局（图 2-10）。

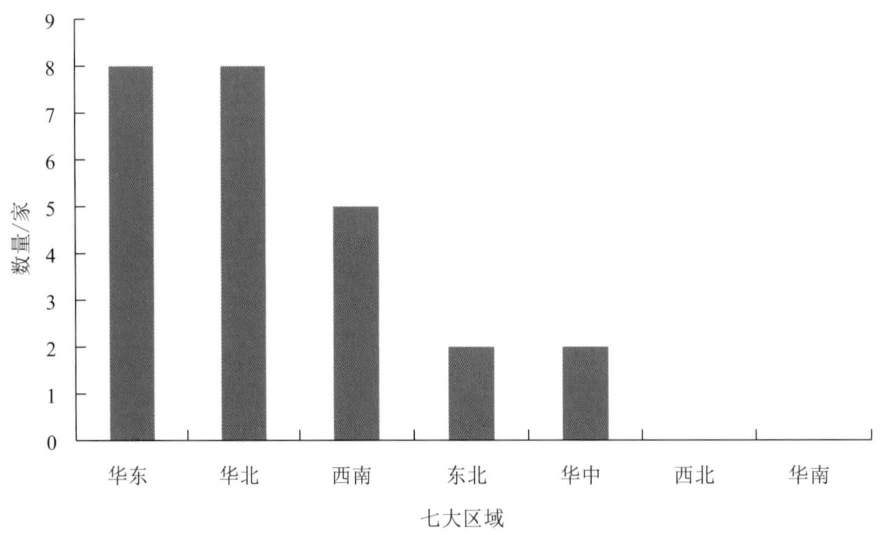

图 2-10　国家工程研究中心类基地平台区域分布

3. 国家临床研究中心类基地平台地域分布

国家临床研究中心类基地平台共有 50 家，主要分布于华北（26 家）和华东（11

家）地区，其后依次为华中（4 家）、华南（3 家）、西南（3 家）、西北（2 家），东北地区布局最少（1 家）（图 2-11）。

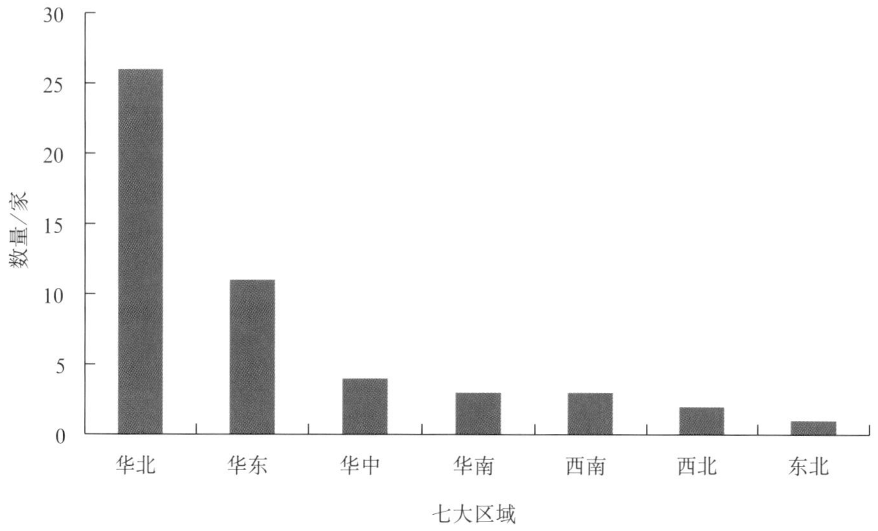

图 2-11　国家临床研究中心类基地平台区域分布

4. 国家高新技术产业开发区类基地平台地域分布

国家高新技术产业开发区类基地平台共有 165 家，主要分布于华东（62 家）和华中（24 家）地区，其后依次为东北（19 家）、华南（17 家）、西北（15 家）、西南（15 家），华北地区布局最少（13 家）（图 2-12）。

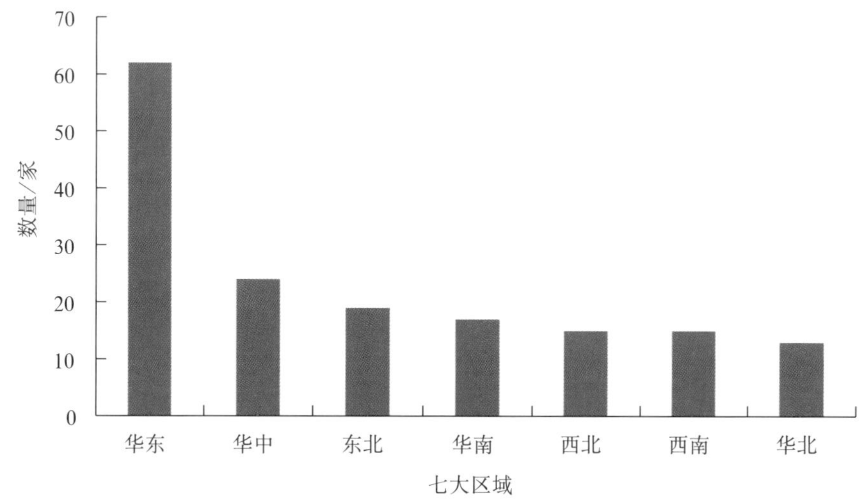

图 2-12　国家高新技术产业开发区类基地平台区域分布

5. 国家中药现代化科技产业基地类基地平台地域分布

国家中药现代化科技产业基地类基地平台共有25家，主要分布于华东（8家）和西南（4家）地区，其后依次为华中（3家）、华南（3家）、西北（3家），华北及东北地区布局最少（均为2家）（图2-13）。

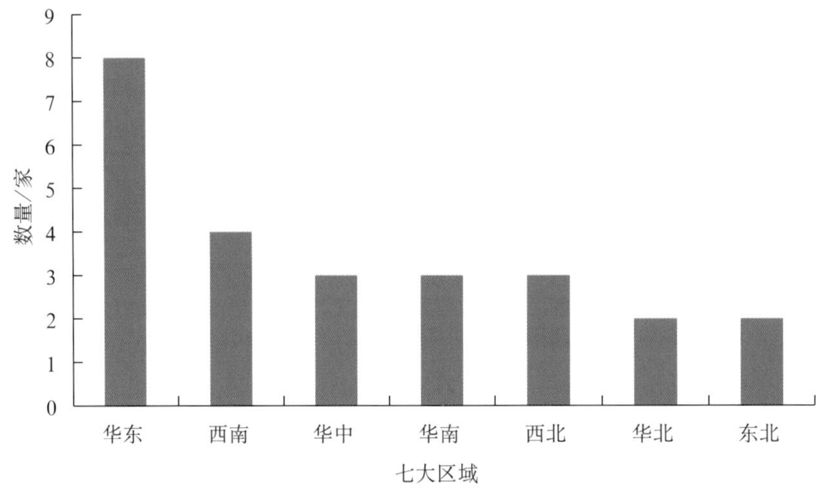

图2-13 国家中药现代化科技产业基地类基地平台区域分布

6. 国家国际科技合作基地类基地平台地域分布

国家国际科技合作基地类基地平台共有163家，主要分布于华北（46家）和华东（33家）地区，其后依次为华中（22家）、华南（18家）、东北（18家）、西南（16家），西北地区布局最少（10家）（图2-14）。

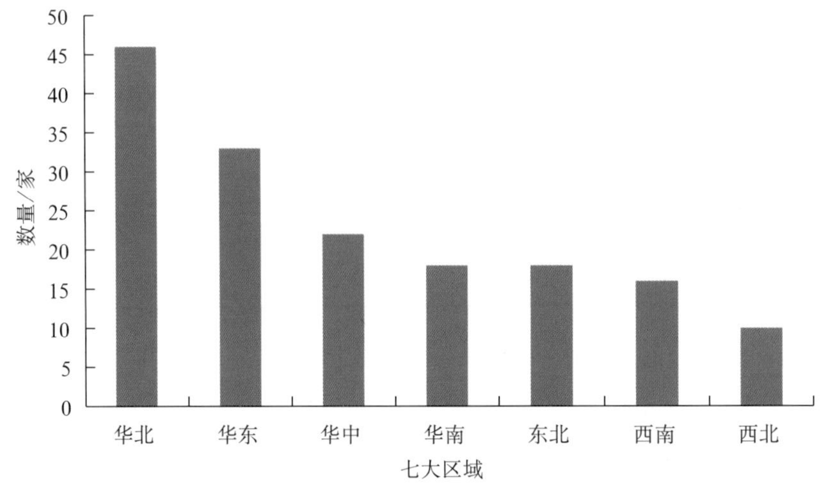

图2-14 国际科技合作基地类基地平台区域分布

7. 国家技术创新中心类基地平台地域分布

生物技术相关国家技术创新中心类基地平台共有 1 家，即国家合成生物技术创新中心，位于华北地区，其他地区暂无布局。

（三）基础支撑和条件保障类

基础支撑和条件保障类基地平台（不包括种质资源库）有 222 家，在华北地区分布最多（82 家），其次依次为华东（46 家）、华南（23 家）、西南（20 家）、华中（18 家）、东北（18 家）和西北（15 家）地区（图 2-15）。各区域基础支撑和条件保障类基地平台主要以高等级微生物实验室和人类遗传资源库为主，国家大型科学仪器中心和国家重大科技基础设施占比较少。

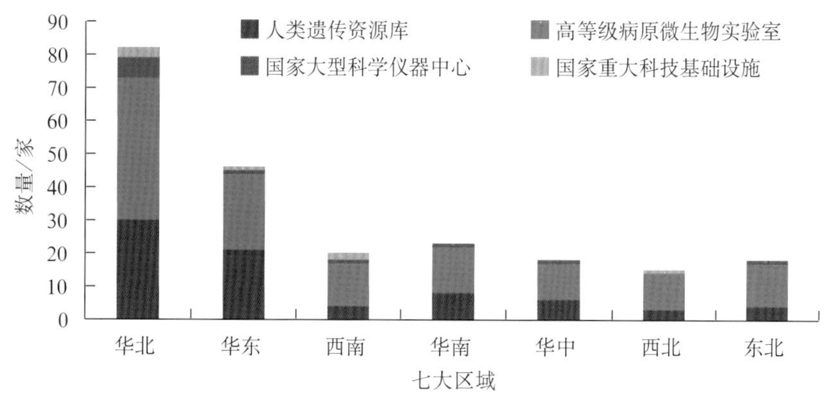

图 2-15　基础支撑与条件保障类基地平台区域分布

1. 人类遗传资源库类基地平台地域分布

人类遗传资源库类基地平台共有 76 家，主要分布于华北（30 家）和华东（22 家）地区，其后依次为华南（8 家）、华中（5 家）、西南（4 家）、东北（4 家）地区，西北地区布局最少（3 家）（图 2-16）。

2. 高等级病原微生物实验室类基地平台地域分布

高等级病原微生物实验室类基地平台共有 128 家，主要分布于华北（43 家）和华东（23 家）地区，其后依次为华南（14 家）、西南（13 家）、东北（13 家）地区，华中及西北地区布局最少（均各 11 家）（图 2-17）。

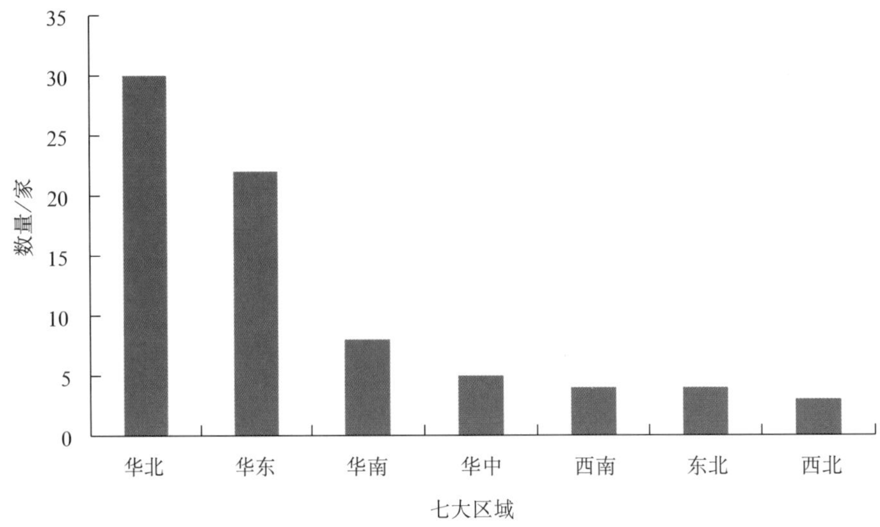

图 2-16　人类遗传资源库类基地平台区域分布

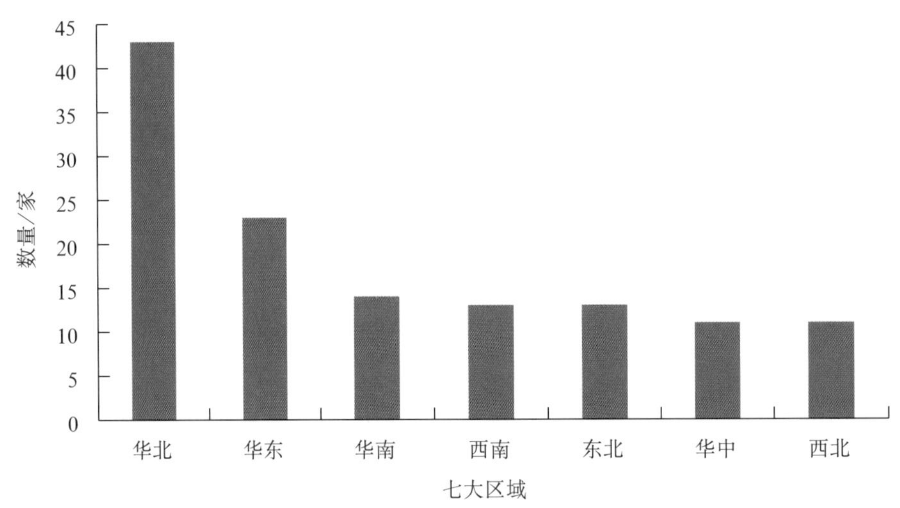

图 2-17　高等级病原微生物实验室类基地平台区域分布

3. 国家大型科学仪器中心类基地平台地域分布

国家大型科学仪器中心类基地平台共有 11 家，主要分布于华北（6 家）地区，其后为华东、华中、东北、西南、华南（均各 1 家）地区（图 2-18）。

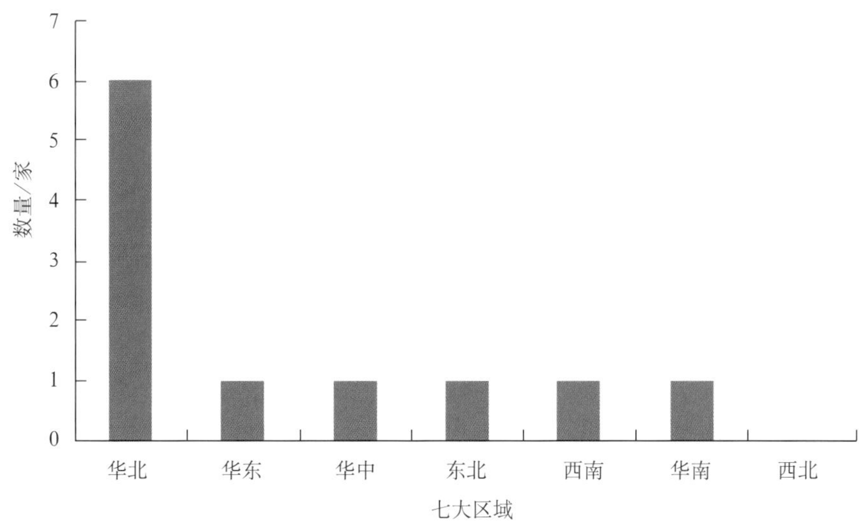

图 2-18 国家大型科学仪器中心类基地平台区域分布

4. 国家重大科技基础设施类基地平台地域分布

国家重大科技基础设施类基地平台共有 7 家，主要分布于华北（3 家）和西南（2 家）地区，其后为华东、西北（均各 1 家）地区（图 2-19）。

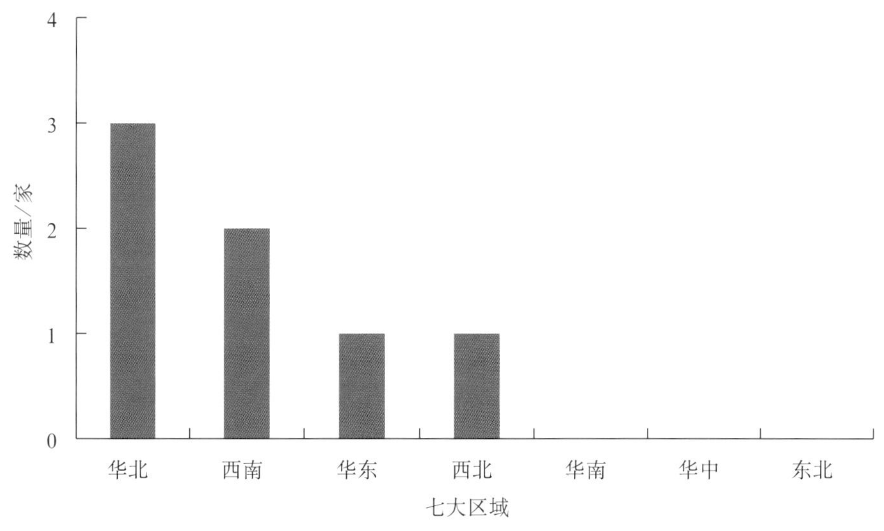

图 2-19 国家重大科技基础设施类基地平台区域分布

四、政策措施

“十三五”以来，中国陆续出台多项生物技术领域相关规划和政策。从基地平台建设、产业发展、新产品研发、技术进步、体系建设等不同角度对生物技术产业发展提出了任务和要求，对中国生物技术发展具有重要的引导作用。

（一）国家基地平台建设相关政策

2017 年，为落实《国家创新驱动发展战略纲要》和“十三五”国民经济社会发展的各项任务，实现国家创新建设目标，科技部发布了《“十三五”国家科技创新基地与条件保障能力建设专项规划》，对国家科技创新基地平台的建设提出了指导性意见，为国家科技创新能力建设提供科技基础条件保障。该政策基于“十二五”以来中国的发展现状和当前形势，充分发挥国家科技创新基地平台在孕育重大原始创新和解决共性关键技术问题、推动学科发展和科技成果转化产业化、提高资源有效利用、支撑保障国家科技创新发展等方面的重要作用，目标是建设形成布局合理、定位清晰、管理科学、运行高效、投入多元、动态调整、开放共享、协同发展的国家科技创新基地与科技基础条件保障能力体系。重点任务为推动国家科技创新基地体系建设，加强科技基础条件保障能力建设，从而为进一步提高中国自主创新能力、实现中国科学前沿的革命性突破、重大颠覆性技术的攻克及科研主体的协同创新提供重要的创新生态环境。

同年，为认真贯彻党的十九大关于“建立以企业为主体、市场为导向、产学研深度融合的技术创新体系”重大决策部署，全面落实习近平总书记在全国科技创新大会上关于“支持依托企业建设国家技术创新中心”重要指示精神，加快推进国家技术创新中心建设，优化国家科研基地布局，科技部发布了《国家技术创新中心建设工作指引》。该指引提出“十三五”期间在合成生物学、微生物组、精准医学、现代农业等若干重点领域布局建设一批国家技术创新中心，以攻克产业前沿引领技术和关键共性技术研发应用为核心，应对科技革命引发的产业变革，抢占全球产业技术创新制高点，形成满足产业创新重大需求、具有国际影响力和竞争力的国家技术创新网络，聚焦产业，建立以企业为主体、市场为导向、产学研深度融合的技术创新体系，培育具有国际影响力的行业领军企业，带动科技型中小企业的成长壮大，催生发展潜力大、带动作用强的创新型产业集群，推动若干重点产业进入全球价值链中高端，提升中国在全球产业版图和创新格局中的位势。

2019 年，为深入实施创新驱动发展战略，推动新型研发机构健康有序发展，提升国家创新体系整体效能，科技部印发了《关于促进新型研发机构创新发展的指导意见》。指导意见指出，新型研发机构聚焦科技创新需求，主要从事科学研究、技术创新和研发服务。促进新型研发机构的发展要突出体制机制创新，强化政策引导保障，注重激励约束并举，调动社会各方参与。具体措施包括鼓励设立科技类民办非企业单位、事业单位和企业性质的新型研发机构，设立地方科技发展专项资金以引导地方鼓励支持新型研发机构建设运行，推动企业向新型研发机构购买创新服务，从而进一步优化科研力量布局，强化产业技术根基，促进科技成果转移转化，推动科技创新和经济社会发展深度融合，促进中国创新体系的进一步发展。同时，中国发布了生物技术产业发展相关的政策措施，助力生物技术基地平台建设快速发展。一是《“健康中国 2030”规划纲要》提出统筹布局国家生物医学大数据、生物样本资源、实验动物资源等资源平台，建设心脑血管、肿瘤、老年病等临床医学数据示范中心；二是《“十三五”国家战略性新兴产业发展规划》提出构建生物医药体系，推动生物医药行业跨越升级，加快基因测序、细胞规模化培养、靶向和长效释药、绿色智能生产等技术研发应用，支撑产业高端发展，开发新型抗体和疫苗、基因治疗、细胞治疗等生物制品和制剂，支持生物类似药规模化发展，发展海洋创新药物，形成一批海洋生物医药产业集群，创新生物医药监管方式；三是《“十三五”生物产业发展规划》提出加快生物技术药物等新产品与新工艺开发和产业化，做大做强生物医药产业；四是《关于促进医药产业健康发展的指导意见》提出用现代生物技术改进传统生产工艺，大力推广基因工程、生物催化等生物替代技术，积极采用生物发酵方法生产药用活性物质，建设绿色工厂，实施清洁生产；五是《医药工业发展规划指南》提出围绕生物技术药物和化药制剂，鼓励建设若干个从事合同生产为主的高标准药品生产基地，加快临床急需的生物类似药和联合疫苗的国产化，加快生物类似药国际注册，鼓励发展生物技术服务。

此外，中国还发布了一系列研发费用加计扣除、税收优惠等政策，促进企业参与创新研发。2016 年，财政部和国家税务总局下发的《关于落实降低企业杠杆率税收支持政策的通知》中规定“重组行为、非货币性资产投资”等降杠杆行为可享受相关税收优惠政策。2017 年，财政部、国家税务总局和科技部共同下发了《关于提高科技型中小企业研究开发费用税前加计扣除比例的通知》。通知中指出，2017 年 1 月 1 日至 2019 年 12 月 31 日，科技型中小企业研发费用，未形成无形资产计入当期损益的，在按规定据实扣除的基础上，再按照实际发生额的 75% 在税前加计扣除；形成无形资产的，在上述期间按照无形资产成本的 175% 在税前摊销。

（二）各地区发布响应政策和指导方针

北京[①]、上海[②]、深圳、天津、山东、陕西、云南、甘肃、武汉等多地政府积极响应国家政策，发布了指导方针。其中，北京、上海、深圳等地基地平台发展迅速，科研投入力度大，成为中国生物医药、医疗领域创新的重要载体。

2016 年，国务院印发《北京加强全国科技创新中心建设总体方案》，明确了北京加强全国科技创新中心建设的总体思路、发展目标、重点任务和保障措施。2017 年，北京市政府发布了《北京市加快科技创新发展医药健康产业的指导意见》，对北京市医药产业发展提出了指导意见；2018 年颁布了《北京加快医药健康协同创新行动计划（2018—2020 年）》，进一步落实加快构建产学研医协同创新体系。

2014 年，上海市政府制定了《上海市生物医药产业发展行动计划（2014—2017 年）》和《关于促进上海生物医学产业发展的若干政策（2014 版）》。在此基础上，2017 年发布了《关于促进本市生物医药产业健康发展的实施意见》，明确优先发展生物制品，加快免疫细胞治疗、干细胞、基因治疗相关技术研究。2018 年，上海印发了《促进上海市生物医药产业高质量发展行动方案（2018—2020 年）》，加快推动上海生物医药产业高端化、智能化、国际化发展。在该政策指导下，上海加快建设全球领先的生物医药创新研发中心和完整产业链生态，确保实现创新能力，保持全国领先地位，形成具有国际影响力的生物医药创新策源地和生物医药产业集群。

深圳市政府在 2009 年发布了《深圳生物产业振兴发展政策》，重点打造生物医药产业集群，设立阶段性发展目标，对生物产业技术创新体系、产业组织体系、政策法规体系、行业管理体系和创新服务体系的发展等均做出了规划；2013 年出台了《深圳市生命健康产业发展规划（2013—2020 年）》，对生命信息、高端医疗等领域的生命健康服务业及其提供支撑的数字化健康设备等生命健康制造业发展进行指导，努力打造中国生命健康产业发展的领先城市；2013 年深圳市发展改革委发布了《深圳国际生物谷总体发展规划（2013—2020 年）》，通过指导深圳国际生物谷发展，带动东部沿海地区向生态、生命、生物科技和产业与城市相融合的世界级滨海旅游区迈进，推动深圳产业转型升级和科学发展迈上新台阶。这些政策大力促进了深圳生物医药产业的快速发展，成为深圳经济增长的主要驱动力之一。

---

① 北京市政府 . 北京加强全国科技创新中心建设总体方案 [R]. 2016.

② 上海市政府 . 上海科技创新“十三五”规划 [R]. 2016.

第二节　典型生物技术基地平台

中国生物技术基地平台建设已初具规模，且平台功能定位清晰。本节遴选了科学与工程研究、技术创新与成果转化、基础支撑与条件保障三大类别共计 15 个典型生物技术基地平台，对其研究领域、人才队伍、建设成效等情况进行阐述（表 2–3）。《2018 中国生物技术基地平台报告》[①] 中已有详细介绍的部分典型生物技术基地平台在本书中不再重复。

表 2–3　典型生物技术基地平台

基地平台类型	典型案例	遴选背景
科学与工程研究类	新药研究国家重点实验室	该实验室是解决中国药物基础研究与应用基础研究重大科学问题和创新药物产出的重要基地，在中国药物科学加速发展和医药领域自主创新方面发挥骨干和引领示范作用
	生物反应器工程国家重点实验室	迄今为止中国高等院校中生物化工领域唯一的国家重点实验室，面向国家战略需求、国民经济主战场和生物工程学科前沿，致力于研究和解决生物技术工程化与产业化中的关键科学与技术问题
	张江实验室脑智院 / 上海脑科学与类脑研究中心	该中心聚焦脑和类脑智能交叉研究等前沿领域，聚集国内外脑智科技一流人才，推进脑智领域多学科交叉协同创新，推进具有全球影响力的科技创新中心和国家科学中心建设，力争在脑智研究领域的若干理论、关键技术和系统集成等方面实现系列性突破
技术创新与成果转化类	国家人体组织功能重建工程技术研究中心	该中心为国家公益类科技创新与工程技术转化平台，建有国内首个生物医用材料与组织修复国家创新引智基地，以建立“医—工—研—企”协同创新机制为目标，是服务国家“健康中国”战略需求及“粤港澳大湾区”战略部署的重要载体
	生物芯片北京国家工程研究中心	该中心在生物芯片若干关键技术领域取得了一批具有自主知识产权的原创性技术成果，培养了大批生物技术领域相关人才，从技术引领、产业发展、人才培养等角度推动了生物芯片行业的发展
	粮食发酵工艺与技术国家工程实验室	该实验室为国内粮食发酵领域第一个国家工程实验室，已成为产学研合作重要载体，为实验室成果转化、企业人才培养及技术升级提供了重要支撑和坚实保障

① 中国生物技术发展中心 . 2018 中国生物技术基地平台报告 [M]. 北京：科学技术文献出版社 , 2018.

续表

基地平台类型	典型案例	遴选背景
技术创新与成果转化类	国家恶性肿瘤临床医学研究中心	该中心为中国首批 13 个国家临床医学研究中心之一，构建了包括 30 余家网络成员单位，覆盖全国 31 个省（区、市）的临床研究网络，致力于推进中国肿瘤领域科技发展和科研成果临床转化
	空天生物工程国际联合研究中心	该中心为引领空天生物技术和医学工程领域的国际科技合作基地，具有国际一流水平的航空航天生物技术和医学工程基础研究、关键技术研发中心和高端人才培养基地
	生物催化技术国际联合研究中心	国内领先、体系完善及综合实力突出的酶制剂研发中心，依托于企业，拥有国际化创新团队，多项酶制剂与微生态创新技术产品打破国际垄断
	现代人类学国际科技合作基地	该基地在中国的人类学领域处于领先地位，是中国生物人类学研究和高层次专业人才培养的重要基地，目标是建设成为人类学与遗传学领域知识创新的策源地、世界一流水平的学科群、拔尖创新人才的培养基地、国际科技合作的示范基地、国际大科学计划的发祥地、扩大国际影响的桥头堡
	基因组学国际科技合作基地	该基地是中国全球基因科学研究和产业发展的杰出代表，已经发展成为全球基因组学研究巨头，业务覆盖了科技、健康、农业等多个领域，是业内具有全产业链、多平台、多组学优势的基因测序龙头基地
	泰州医药高新技术产业园区	该园区为中国首家国家级医药高新区，以建成“中国第一、世界有名”的医药健康名城为目标，努力建设成为体制机制创新的示范区和全国加快发展战略性新兴产业的先导区。园区内人才、产业聚集，承担项目、创新技术硕果累累，落地申报 2100 多项“国际一流、国内领先”的医药创新成果
	成都高新技术产业开发区	国家高新区生物医药产业综合竞争力名列前茅，正在形成具有国际竞争力和区域带动力的现代化生物产业体系，生物医药产业生态圈和分级诊疗体系各具特色
基础支撑与条件保障类	北京脑血管病临床数据和样本资源库	该资源库为集临床数据与生物样本于一体的资源管理平台，是脑血管病临床研究的重要支撑平台，已收集来自全国多中心的 9 万人次临床生物样本，大力支撑脑血管病临床研究的发展

续表

基地平台类型	典型案例	遴选背景
基础支撑与条件保障类	华西生物样本库	该样本库为“国家生物治疗转化医学重大基础设施建设”项目中的重要支撑平台，在西部地区牵头建立有区域特色的、统一规范的实体样本库，其样本预处理及质控自动化与批量化、数据管理智能化，以及软硬件配套设施均处于全国一流水平

一、科学与工程研究类

科学与工程研究类基地平台依托于国家实验室和国家重点实验室，瞄准国际前沿，聚焦于国家战略目标，是中国开展战略性、前沿性、前瞻性综合基础科技创新活动的重要载体。

（一）新药研究国家重点实验室

新药研究国家重点实验室依托于中国科学院上海药物研究所，是解决中国药物基础研究与应用基础研究重大科学问题和创新药物产出的重要基地，在中国药物科学加速发展和医药领域自主创新方面发挥骨干和引领示范作用。

1. 基本情况

新药研究国家重点实验室是上海药物研究所唯一一家将化学和生物学两大学科紧密结合的综合性实验室，于 1988 年开始筹建，1990 年 10 月批准对外开放，1995 年 6 月完成建设并通过国家验收。实验室包含天然产物化学、计算机辅助药物分子设计、药理学和毒理学 4 个方面的科研骨干，采用各学科最新的理论和实验技术，在中草药和天然产物中寻找发现新药的先导化合物，进行临床前研究，同时开展药学领域的理论研究，形成了药物发现和研究的合理体系，并依托研究所的总体研究实力，将先导化合物开发成新药。

2. 研究领域

新药研究国家重点实验室瞄准国际生命科学和医学发展的领域前沿，围绕药物研究的重要科学问题，开展创新药物基础和应用基础研究。实验室的四大研究方向包括：①药物研究的新方法和新技术发展；②药物作用新靶标、新机制和新标志物的发现和功能确证；③药物先导化合物的发现与优化；④针对重大疾病的新药创制。

3. 人才队伍

新药研究国家重点实验室现有固定人员 150 人，课题组 38 个，研究员 66 人、副研究员 45 人。包括“两院”院士 6 人，发展中国家科学院院士 1 人，国家杰出青年基金获得者 20 人，国家重点基础研究发展计划（973 计划）首席科学家 5 人，何梁何利基金科学与技术进步奖获得者 6 人。丁健院士和蒋华良院士分别担任国际药理学术期刊《中国药理学报》（APS）主编、国际药学权威期刊 *Journal of Medicinal Chemistry* 副主编。

4. 建设成效

近年来，新药研究国家重点实验室更加聚焦新药研究的源头创新，把握学科发展最新动向，加强与新药研发密切相关的基础和应用基础研究，取得了一系列原创性的重要基础研究成果，发表在 *Nature*、*Cell*、*Advanced Materials*、*Cell Research*、*Journal of the American Chemical Society*、*Nature Communications*、*Angewandte Chemie International Edition* 等国际著名学术杂志上。

此外，新药研究国家重点实验室被科技部授予“国家重点实验室计划先进集体”称号（2004 年），获金牛奖；连续 4 次（2001 年、2006 年、2011 年、2016 年）在全国国家重点实验室评估中被评为优秀实验室。“国家 1.1 类新药盐酸安妥沙星”获 2017 年度国家技术发明奖二等奖。

近年来，实验室充分发挥多学科交叉和综合性新药研发平台协同创新的优势，牵头实施多项国家重点基础研究发展计划（973 计划）、重大科学研究计划、国家科技重大专项定向委托课题及中科院个性化药物战略性先导科技专项等，与各科研院所共同开展多学科交叉基础研究、各类疾病领域先导化合物的发现和优化、候选新药的临床前评价研究等，成效显著。

与此同时，实验室努力推动与国际及港澳地区的交流合作，与国际知名的大型跨国公司阿斯利康（AstraZeneca）共建“新药安全性评价联盟实验室”；与法国施维雅制药公司（Servier）共建“早期药物代谢和安全性评价联合实验室”并合作开发多个抗肿瘤药和抗糖尿病新药；与香港中文大学共建“促进中药全球化”联合实验室，承办“第三届国际纳米药物大会”（2018）、“泛巴尔干地区天然产物与新药发现联盟成立大会暨学术研讨会”（2019）等国际会议。

以产出具有国际重大影响的新药为目标导向，实验室更加重视新药基础研究与产业化的紧密结合，实验室研发的28个品种获批开展临床研究，治疗阿尔茨海默病新药GV-971于2019年11月2日有条件获批上市。另外，实验室积极与国内企业建立产学研联盟战略合作，2016—2018年实现新药成果转让15项（合同金额20亿元），提供技术服务284项，为中国制药企业由仿制转变为创新发展提供了有力支撑。

（二）生物反应器工程国家重点实验室

生物反应器工程国家重点实验室是迄今为止中国高等学校中生物化工领域唯一的国家重点实验室，主要从事生物反应器工程的基础与应用研究。

1. 基本情况

实验室1989年经国家计委批准立项，依托华东理工大学，于1991年开始筹建，1995年通过验收并正式对外开放。2001年、2006年和2011年3次通过国家评估，成绩良好；2017年第4次通过国家评估，成绩优秀。

2. 研究领域

实验室聚焦生物分子工程、生物过程工程和生物系统工程3个主要方向，围绕生物反应器工程的核心科学内涵，面向医药、资源、能源、食品安全等国家重大需求开展研究，凝练出了分子智能化、细胞智能化、过程智能化和途径智能化“四个智能化平台”，以及农用制品、生物医药、生物材料、功能食品、环境资源“五类重要生物产品”。

3. 人才队伍

实验室现有固定研究人员75人，包括中国工程院院士1名、中国科学院院士1名、国家杰出青年科学基金获得者5名、“学者奖励计划”青年学者2名、国家优秀青年基金获得者6名、国家百千万人才工程人选2名、国家重点基础研究发展计划（973计划）首席科学家3名、国家高技术研究发展计划（863计划）主题专家1名、科技部中青年科技创新领军人才入选者4名、国家现代农业技术体系岗位科学家1名、教育部新世纪/跨世纪优秀人才支持计划入选者12人次、上海市领军人才

3 名、上海市特聘教授 2 名。

4. 建设成效

（1）科研成果与获奖情况

实验室面向生物工程学科前沿，面向国家战略需求，面向国民经济主战场，以生物反应器智能化为核心，促进基础科研的原始创新和产业化集成创新，致力研究和解决生物技术工程化与产业化中的关键科学与技术问题，进行生物制造的全链条集成创新。

工业发酵调控与放大技术切实服务了国民经济主战场和国家经济社会重大需求；绿色生物催化技术为驱动中国化工、医药产业的转型升级做出重要贡献。实验室实行全方位开放，丰富了生物反应器的形式和内涵，将生物反应器工程原理成功运用于鱼用疫苗和生物医学等崭新领域，取得了如骨生物反应器、鱼用疫苗创制、细胞荧光传感成像等新成果。

实验室 2018—2019 年共承担科研任务 138 项，实到总经费 1.02 亿元，主持或参与的国家重点研发计划项目 13 项、国家自然科学基金面上项目 42 项、国际合作项目 6 项、省部级项目 24 项、横向项目 53 项。获得国家自然科学奖二等奖 1 项、国家技术发明奖二等奖 1 项，国家科技进步奖二等奖 5 项，省（部）级自然科学奖、技术发明奖和科技进步奖等多项政府奖励，在国家经济建设、科技发展和社会进步中发挥了不可替代的作用。

（2）国际合作

实验室设立的开放课题面向世界，与哈佛大学等国际知名高校合作研究的成果发表于 *Immunity*、*Cell Metabolism*、*PNAS* 等一流期刊上。5 年来邀请美国、加拿大等国院士讲学 160 人次，实验室与 Springer 出版集团合作，自主创办了英文学术期刊 *Bioresources and Bioprocessing* 和 *Synthetic and Systems Biotechnology*。微生物药物的高效“智”造学科创新引智基地顺利建设，进一步加快了实验室的国际化进程。

（三）张江实验室脑智院／上海脑科学与类脑研究中心

张江实验室脑智院/上海脑科学与类脑研究中心聚焦前沿领域研究方向，推进具有全球影响力的科技创新中心和国家科学中心建设，组织承接和开展国家及地区重大战略任务。

1. 基本情况

张江实验室位于上海张江科学城，是为推进具有全球影响力的科技创新中心和张江综合性国家科学中心建设，着力推进国家实验室建设，于 2017 年由上海市政府与中国科学院共同建立的。张江实验室下设脑与智能科技研究院（简称脑智院，Institute of Brain-Inteligence Technology，BIT）。为承担国家“科技创新 2030– 脑科学与类脑研究”重大项目的组织和实施任务，上海市于 2018 年 8 月又设立了上海脑科学与类脑研究中心（简称上海脑中心），与脑智院共同组成了张江实验室的重要组成部分。

2. 研究领域

张江实验室脑智院聚焦脑和类脑智能交叉研究方向，以类脑智能和脑机融合等智能科学研究和核心技术开发为主要目标，组织生物智能信息技术研发等重大学科交叉研究，促进相关成果转移转化。上海脑科学与类脑研究中心主要组织开展脑科学与智能科技研究，把握脑科学与类脑研究发展趋势，提出重大战略任务建议。

3. 人才队伍

张江实验室采用全职聘用和双聘等多种方式，聚集了一批优秀科学家和技术专家。已引进 10 余支研究团队，围绕类脑计算系统研究设立了认知智能理论、人工神经科学和智能计算系统、类脑芯片设计与实现等研究组，与中国科学院计算技术研究所成立了类脑计算技术联合实验室，与美国 Skymind 公司成立了软脑联合实验室。已有 40 余名科研骨干全职工作，另外，还有 30 余名来自中国科学院各研究所、大学、医院及高新科技企业的人才被聘为特聘研究员。

4. 运行机制

张江实验室有健全的组织构架和内设部门，从管理决策、科研管理、人才管理、预算编制等方面制定了管理制度，并拥有扁平、高效的管理团队。在上海市科技两委的直接领导下，上海脑中心实行“三不一综合”（不设行政级别，不定编制，不受岗位设置、工资总额限制，中心财务收支实行综合预算）试点，积极探索新型研究机构的体制机制创新，在中心内部机构设置、经费使用、成果处置、人员聘用、薪酬分配激励、出国审批、设备采购等方面享有充分自主权，这将为科研体制机制创新提供新的思路。

5. 建设成效

（1）科研成果

张江实验室依靠学术委员会和国际咨询专家组，围绕国家脑科学及类脑智能科技的战略发展需求和国际科学前沿，以需求和目标为导向，加强顶层设计和重大选题策划。聚焦脑科学和类脑智能科技重大创新目标，统筹“中心＋节点”的研究网络优势资源，提高执行力和效率，以在重大创新思想、引领学科发展、核心关键技术等方面取得新的突破。目前，上海脑中心和脑智院为作者单位之一，已在 *Nature*、*Neuron*、*Nature Neuroscience* 等期刊发表论文 10 余篇，并在脑成像技术、类脑计算和脑机接口等智能技术方面取得重要进展。

（2）合作交流

为加快整合和集成跨学科、跨领域的创新要素，实现高水平研究创新资源互补和协同，实验室以张江总部为核心，与以上海及南方地区为主从事脑与类脑研究的中国科学院神经科学研究所、微系统与信息研究所、计算技术所等优势科研院所，复旦大学、上海交通大学、上海科技大学、华东师范大学等高校，上海华山医院、上海精神卫生中心等医院和上海联影医疗、寒武纪科技、科大讯飞、云从科技、绿谷制药等企业资源联合构建了研究网络，围绕脑感知认知神经网络、脑认知障碍性疾病研究、类脑计算系统研究等重点研究方向组建研究团队。

二、技术创新与成果转化类

技术创新与成果转化类基地平台主要包括国家工程研究中心、国家技术创新中心和国家临床医学研究中心等，是中国开展共性关键技术和工程化技术研究，推动应用示范、成果转化及产业化的重要基地。

（一）国家人体组织功能重建工程技术研究中心

国家人体组织功能重建工程技术研究中心是 2009 年由科技部正式批准、以华南理工大学为依托单位建设的公益类科技创新与工程技术转化平台，目标是建成集科技创新、成果转化、行业高技术人才培养于一体的具有国际先进水平的科技创新平台。

1. 基本情况

中心以提高人类健康水平为目标，建立“医—工—研—企”协同创新机制，充分发挥华南理工大学多学科支撑和工程化优势，研究人体组织修复与再生的基础科学问题，开发人体组织功能重建共性关键技术，实现集成转化。2015 年，中心为加速中国生物医学工程研究与医疗器械行业发展，超前布局，经科技部批准成立了人体组织功能重建工程技术研究香港分中心（依托香港科技大学），服务于国家粤港澳大湾区发展战略。

2. 研究领域

中心主要开发人体组织功能重建高端产品与关键技术，实现集成转化，推动医疗器械与生物材料行业发展。围绕国家建设“健康中国”的战略需求及“粤港澳大湾区”的战略部署，在新一代生物医用材料、再生医学、先进生物医学装置及康复设备、精准医疗和个性化组织修复，以及生物医学信息与医学影像等方面开展前瞻性基础研究和关键技术攻关，提升中国在人体组织功能重建领域的持续创新能力。

3. 人才队伍

中心现有固定编制人员 93 人，包括全职院士 4 人、国家杰出青年科学基金获得者 7 人，国家优秀青年科学基金获得者 2 人等。研发队伍具有显著的学科交叉和专业融合特色，拥有生物医学材料、组织工程、生物医学信息、医学影像与识别、成型制造、纳米医学、再生医学、临床医学等各方面的人才。

4. 建设成效

2010 年以来，中心获国家自然科学奖一等奖、二等奖，国家技术发明奖二等奖，国家级教学成果奖一等奖、二等奖等各类科技奖励 20 余项；承担或完成国家重点研发计划、国家自然科学基金重大 / 重点项目、省部重大 / 重点项目等；建设从事医疗器械安全性评价、测试检定的医疗器械研究检验中心，获得中国合格评定国家认可委员会（CNAS）认证。

在国际合作方面，中心建有国内首个生物医用材料与组织修复国家创新引智基地，与 14 个国际顶尖的学术团队建立了国际交流机制；与新加坡南洋理工大学共建“中新国际研究院”（政府投入），与美国哥伦比亚大学、约翰霍普金斯大学，英国格拉斯哥大学等进行合作研究与联合办学，建立了多元化人才培养机制，开展生物材料与组织修复的国际合作与高水平研究。

在创新成果方面，中心与协同企业合作取得国家Ⅲ类医疗器械注册证 7 个、CE（Conformite Europeenne）认证产品注册证 2 个，推动 6 家高新企业上市。创新成果包括高活性骨再生修复植入体、血液净化器、人工角膜、抗菌植入体、数字化骨库、医学图像处理和计算机辅助诊疗系统、3D 打印个体化骨齿科医疗产品制备技术和制造设备、数字化和个性化精确修复成套技术等，相关产品产生重大社会和经济效益。

在体制机制建设方面，中心建立“开放、多元、动态、高效”的协同创新模式。2010 年联合多家科研院所、三甲医院、高新技术企业，建立广东省人体组织功能重建产学研创新联盟，并于 2018 年获批国家人体组织功能重建协同创新中心。中心与企业、医院共建多个联合实验室、临床示范基地、企业示范基地，开创了产学研医政的协同创新模式。以中心为核心牵引，通过协同创新中心、临床示范基地、孵化器、产业化基地、检测机构等的建设，通过医工研企紧密合作、多学科交叉，建设集产品和技术研发—成果转化—产业化—检验检测—临床应用的全链条，为国民健康领域的经济建设做出积极而重要的贡献。

（二）生物芯片北京国家工程研究中心

生物芯片北京国家工程研究中心在生物芯片若干关键技术领域取得了一批具有自主知识产权的原创性技术成果，培养了大批生物技术领域相关人才，从技术引领、产业发展、人才培养等角度推动了生物芯片行业的发展。

1. 基本情况

生物芯片北京国家工程研究中心是经国家发展和改革委员会批准成立，依托于博奥生物集团有限公司的研究开发机构，并于 2001 年 10 月正式授牌。中心致力于以生物芯片为平台的医学系统生物学研究与开发。

2. 研究领域

中心以生物芯片为核心技术平台，将现代医学与中国传统医学紧密结合，搭建了集健康产品、健康管理和医疗康复于一体的大健康产业版块。通过技术研究和转化，发展中国自己的生物自动化仪器、软件与数据库、生物试剂与耗材库，开发不同用途的生物自动化成套解决系统技术和相关产品，开发和提供芯片与分子诊断产品在健康保健和医疗领域应用的解决方案。

3. 人才队伍

中心拥有一批在国际生物芯片领域享有盛名的高级研究人员，其中包括高级职称人员 22 人、归国高级研究人员 7 人、院士 1 人、海聚人才 1 人。各类科研人员 140多人，其中硕士以上学历人员占47%，形成了一支涵盖生物学、医学、统计学、电子工程等多学科交融，梯队和结构合理的人才队伍。

4. 建设成效

（1）承担项目及获奖

中心先后承担并完成了国家高技术研究发展计划（863 计划）重大专项课题“生物芯片的研究与开发”，以及国家重点基础研究发展计划（973 计划）、国家自然科学基金、国家重点研发计划等重大课题和攻关项目。形成了生物芯片、生物仪器和生物自动化、生物信息和软件数据库、生物试剂与耗材、生物检测服务等技术平台。截至 2019 年 11 月底，共授权专利 367 项，其中，中国专利 259 项，国外专利 108 项，专利实施率近 50%。中心研发成果已有 2 项分获国家技术发明奖二等奖，7 项获北京市科学技术奖，2 次获得中国生物医学工程学会黄家驷生物医学工程奖。

（2）工程化成果

中心自主研发的生物芯片相关产品与服务包括各类生物芯片、生命科学仪器、软件与数据库、生物材料与试剂、对外技术服务等五大类共 70 余项，目前已陆续投放市场并远销欧美等 20 多个国家。部分工程化成果列举如下：遗传性耳聋基因检测芯片系统、呼吸道病原菌核酸检测系统、HLA 基因分型服务、白睛无影成像智能健康分析系统（目诊仪）、微量血液微流控全自动生化分析系统、基因芯片分析系统、集成化芯片工作站、恒温扩增微流控芯片核酸分析仪等。

中心获得了博士后科研工作站、国家高新技术企业、北京市知识产权示范单位等多项荣誉，同时成立了北京博奥晶典生物技术有限公司作为成果转化平台公司，其旗下的博奥医学检验所是国家首批遗传病诊断、产前筛查与诊断、植入前胚胎遗传学诊断、肿瘤诊断与治疗项目高通量基因测序技术临床应用试点单位，且现已有分布在全国的 23 家独立医学检测分中心获得发展改革委批准成为国家基因检测技术应用示范中心。中心作为中国分子诊断技术领航单位，自 2000 年以来成功举办了 10 届国际生物芯片技术大会，为中国在国际生物芯片领域奠定了一席之地。

（三）粮食发酵工艺与技术国家工程实验室

粮食发酵工艺与技术国家工程实验室依托于江南大学，是国家发展和改革委员会于2011年5月批准建立的国内粮食发酵领域第一个国家工程实验室，目标是建成国际一流的工程技术研究中心、产业技术自主创新源头、高级工程技术人才培养摇篮和粮食发酵工艺与技术学术交流的基地。

1. 基本情况

实验室始建于2010年，2011年5月获得国家发展和改革委员会批准，实验室建筑面积9860 m^2，拥有教育部功能食品工程研究中心、江苏省生物活性制品加工工程技术研究中心等省部级科技创新公共平台，同时是国家技术转移中心的主要组成部分。实行理事会领导下的实验室主任负责制。

2. 研究领域

实验室研究领域涵盖粮食精深加工工程与技术、酿造技术与工程、发酵工艺优化控制及放大技术、生物分离工程4个研究方向，开展产业核心技术攻关、关键工艺研究、重要装备研制和重大新产品开发，以突破产业结构调整和关键技术装备制约，提高企业自主创新能力和核心竞争力。

3. 人才队伍

实验室现有专职教师89名。其中，院士2人、教授57人、副教授29人，拥有国家重点基础研究发展计划（973计划）首席科学家1名，国家杰出青年科学基金获得者3名，国务院政府特殊津贴专家3名，教育部新世纪人才支持计划12名，科技部中青年科技创新领军人才1名，以及江苏省各类人才项目人选30名。96.6%以上的专职教师具有博士学位。

4. 建设成效

（1）科研成果与获奖情况

实验室注重夯实科学研究基础，全面提升科研创新能力与产业服务水平。承担国家、省部级以上科研项目310项，科研经费总量突破4.8亿元，SCI论文总数270余篇，申请专利556项，授权专利310项，已逐渐形成涵盖粮食发酵工艺与技术的专利群。先后获国家、省部级以上科研奖励83项，包括国家技术发明奖二等奖

5 项，国家技术进步奖二等奖 2 项，何梁何利科技创新奖 1 项，省部级一、二、三等奖 10 项。

（2）平台建设与合作共建

实验室已成为产学研合作重要载体，为实验室成果转化、企业人才培养及技术升级提供了重要支撑和坚实保障。已建成一系列能满足国际一流研究所需要的工程化技术平台和中试平台，总价值超过 3600 万元，包括粮食精深加工中试平台、厌氧发酵中试平台、好氧发酵中试平台、后分离提取中试平台、在线检测分析平台，其中粮食精深加工中试线和通风发酵中试线均是目前国内唯一。依托平台，实验室与粮食和发酵行业的龙头企业共建校企联合研究院和协同创新中心 20 余家，年投入运行经费 1600 余万元；160 余项专利技术服务于国内外知名企业技术创新和产业提升，与行业龙头企业共同承担国家重点研发项目 9 项，以牵头单位或副理事长单位或秘书长单位组建产业技术创新战略联盟21家，为企业培养高级技术人才600余人。

（四）国家恶性肿瘤临床医学研究中心（中国医学科学院肿瘤医院）

国家恶性肿瘤临床医学研究中心依托于中国医学科学院肿瘤医院，是中国 13 家首批国家临床医学研究中心之一，致力于推进中国肿瘤领域科技发展和科研成果临床转化。

1. 基本情况

中心按照肿瘤领域疾病防控重点和实际需要搭建疾病研究协同网络，联合国内各省级肿瘤医院，二、三级医院，基层医疗机构和早诊早治项目点，构建了包括 300 余家网络成员单位，覆盖全国 31 个省（区、市）的临床研究网络。中心将完善以病种为中心的多学科肿瘤诊疗模式，重点加强生物样本库、诊疗数据中心、质控平台、新药实验平台、统计分析和随访平台等共性技术平台建设，针对中国常见恶性肿瘤，组织开展大规模、多中心、高质量的临床诊疗规范研究和关键技术评价研究。

2. 研究领域

中心针对肿瘤防控中面临的实际研究需求，从学科领域的发展和临床实际出发，以中国常见恶性肿瘤综合防治为重点，依托协同创新网络成员单位，组织开展多个大规模、多中心、前瞻性随机对照临床研究。在重点研发计划、科技重大专项等国家级重大科技计划项目的支持下，重点开展基础资源建设、基于癌症监测信息网络的肿瘤规范化诊治、生物标志物在肿瘤早期诊断和筛查中的验证、肿瘤筛查和早诊技术方案的评价、分子分型和个体化诊治技术方法的研究和个体化规范化诊治策略等相关研究。

3. 人才队伍

中心拥有一支年龄梯次、专业结构合理的人才队伍，包括院士 5 人、国家杰出青年科学基金获得者 8 人、突出贡献专家 14 人、享受政府特殊津贴专家 70 人、教育部创新团队 2 个，以及其他各级高层次人才 17 人。此外，近 5 年间，新增科技北京百名领军人才 1 人、第十五届中国青年科技奖 1 人、北京市科技新星 6 人、北京市优秀人才 5 人、北京市青年拔尖人才 1 人、北京市青年骨干人才 1 人、北京市高校青年英才项目 1 人、首都十大杰出青年 2 人、全国卫生先进个人 1 人、“中国医学科学院北京协和医学院高端科技人才”专项支持计划顶尖人才 5 人、领军人才 3 人、优秀青年人才 2 人。据不完全统计，中心现有 25 名人员在国内外近 124 个重要学术组织和期刊中任职副主任委员 / 副主编以上职务。与此同时，中心通过具有发展潜力和创新能力的优秀博士后科研人员在站工作，达到加快高层次创新人才队伍建设的目的。近 5 年招收博士后研究人员 35 人，出站博士后 24 人，目前在站博士后 21 人。毕业硕士 282 人，博士 349 人。

4. 建设成效

（1）科研成果

中心突破食管癌规范化治疗关键技术，创建早诊早治技术体系。在国际上首次证明了食管癌高发区内镜筛查技术组合可以降低食管癌发病率和死亡率，创建治疗早期食管鳞癌和癌前病变的示范方案。发现 63 个与食管癌临床病理特征相关的分子。创建规范化诊治推广体系，研究成果广泛应用于临床。制定并正式出版了中国第一部《食管癌规范化诊治指南》和食管癌《癌症早诊早治项目技术方案》。整体 5 年生存率提高 5% ～ 10%，平均住院日缩短 1 ～ 8 天。

中心开展新药评价研究。针对小分子靶向抗癌药盐酸埃克替尼开展全球第一项两个表皮生长因子受体酪氨酸激酶抑制剂（EGFR-TKI）之间的直接对照研究。该研究是中国新药研发历史上具有里程碑意义的重大事件。完成吡咯替尼抗乳腺癌的

Ⅰ期临床研究，提供了新的TKI类药物治疗选择，其疗效可能较其他2型人表皮生长因子受体酪氨酸激酶抑制剂（HER2 TKI）更好。完成中国原创新药优替德隆（Utidelone，UTD1）Ⅲ期临床研究，为晚期乳腺癌患者提供了新的有效治疗方案。

中心改善放疗疗效。实施了全球首个头对头比较研究，揭示非小细胞肺癌同步放化疗方案可优化。研究结果在世界范围内为非小细胞肺癌（NSCLC）同步放化疗标准化提供了疾病生存率、肺部毒副反应、社会经济效益价值等重要的循证医学证据。对于中国医疗卫生资源紧张和医疗费用快速增长的现状来说，为晚期肺癌治疗提供经济有效的途径。相关结论与方案被中国临床肿瘤学会《CSCO原发性肺癌诊疗指南》（2017年更新版）引用。

中心建立基于血液的肺癌无创分子分型体系。发起了国际上首个基于循环肿瘤DNA表皮生长因子受体（ctDNA EGFR）突变决定一线EGFR-TKIs治疗的前瞻性、多中心、大样本临床研究，为ctDNA EGFR突变分型及疗效预测提供了迄今为止国内外最高级别循证医学证据，使晚期肺癌患者中位生存时间从10个月延长至30个月左右。推动美国国家综合癌症网络（NCCN）、美国临床肿瘤学会（ASCO）、欧盟肺癌指南及中国卫生健康委《原发性肺癌诊疗规范（2018年版）》将“对于不能获得组织的晚期肺癌患者，血液可作为组织替代进行EGFR检测”纳入推荐范围。

（2）成果转化

中心成立以来获得授权发明专利28项、软件著作权60余项，多项专利转化于临床应用，完成147个器械和体外诊断试剂注册研究，助力多个体外诊断试剂盒、医疗器械成功上市，包括Tandem栓塞微球、经颈静脉门体分流术（TIPS术）穿刺套件、ALK抗体体外诊断试剂盒、BRAFV600基因突变检测试剂盒。依托药物临床实验研究中心，中心新立项注册临床试验517项、药物试验442项、医疗器械/试剂盒75项。在研项目1267项，其中Ⅰ期试验128项、Ⅱ期试验225项、Ⅲ期试验241项、Ⅳ期试验19项。研究者发起的研究及试剂盒/器械临床试验654项。参与完成29种药物的临床试验，2018年，中国新批准上市抗肿瘤新药共15种，中心参与完成了其中14种药物的临床试验；2019年，中国新批准上市抗肿瘤新药共14种，中心参与完成了其中13种药物的临床试验。

（3）适宜技术/诊疗指南推广

中心依托临床研究网络和重大公共卫生项目，制定标准规范，开展推广工作。中心制定了先进适宜技术质量控制/效能评价指南/使用规范，在肿瘤规范化诊治质控工作的基础上，制定了《胃癌医疗质量控制指标》（共16项指标）等多项诊疗规范，通过国家卫生健康委发布推广。中心建成了基本满足基层医疗卫生机构服务需求的适宜技术推广应用体系和网络，建设了一批以省属医疗卫生机构为主体的省级卫生健康适宜技术推广基地，根据实际需求面向县级医疗卫生机构开展适宜技术推广。同时，在中心建设的过程中，依托临床医学研究网络构建，中心面向全国开展医务人员和科研人员培训。

（五）空天生物工程国际联合研究中心

空天生物工程国际联合研究中心目标成为引领空天生物技术和医学工程领域的国际科技合作基地，成为具有国际一流水平的航空航天生物技术和医学工程基础研究、关键技术研发中心和高端人才培养基地，成为航空航天生命保障、健康保障、人因工程等领域和航空航天产业新技术源泉，航空航天生物与医学工程技术地面产业化推广基地。

1. 基本情况

空天生物工程国际联合研究中心依托北京航空航天大学生物与医学工程学院，于2012年获得科技部认定批准。在科技部国际合作项目、国家自然科学基金等多种项目的支持下，中心的科研成果显著，在基础科学及前沿技术领域的研发实力不断提升。

2. 研究领域

中心以空天生命保障和生物安全、航空航天生物医学为主要研究方向，主要内容包括：空间基地生物再生生命保障系统理论和技术的研究，空间舱室中蔬菜高效培养技术和设备及其有关基础理论研究，密闭舱室微生物防治理论与技术研究，空间舱室中化学污染物的生物安全评价，星际生物安全，超重和微重力生理学改变及其适应、对抗方法和技术，飞行员弹射、跳伞着陆、抗荷技术等飞行防护，航空航天人因工程，航空航天重力生物学，辐射生物学，航空航天心理学。

3. 人才队伍

中心所依托建设的北京航空航天大学生物与医学工程学院拥有一支结构合理、年轻卓越的高水平人才队伍。学院共有专任教师79人，100%具有博士学位，85%

以上具有海外留学经历；学术带头人中包括院士1名、国家杰出青年科学基金获得者2名、国际宇航科学院空间生命学部院士2名、俄罗斯自然科学院外籍院士1名等；中心拥有科技部创新团队1个、国家自然科学基金创新团队1个。

4. 建设成效

中心承担多项国家和地方国际科技合作项目，科研成果显著。中心刘红教授团队研制出中国第1个、世界上第3个空间基地生命保障基地综合实验装置“月宫一号”，在世界上首次成功实现了“人—植物—动物—微生物”四生物链环生命保障系统的长期稳定运行。2019年，月宫一号团队获评“中国青年五四奖章集体”，刘红教授荣获“全国五一巾帼奖章”“全国优秀教师”“北京市有突出贡献的科技人才”称号。中心樊瑜波教授团队的骨肌损伤与康复生物力学研究成果获教育部2015年自然科学奖一等奖，李晓光教授团队在脊髓损伤修复领域的研究获得2018年教育部高等学校科学研究优秀成果奖（科学技术）自然科学奖一等奖。

中心与国际著名大学和重要研究院所在航空航天生物技术领域进行合作研究，在空间生命保障技术、生物力学与力生物学、脊髓损伤与修复等方向取得了重大成果，研究成果得到国际同行的认可。中心与欧空局的多个研究单位在重力生物学领域开展了密切的科研合作。国际著名空间生物学和外空生物学学者Gerda Horneck教授等多次来访并开展合作。中心在重要国际会议“世界空间科学大会”和“‘人在太空’国际学术会议”上做主题会场口头报告10余次，并且多次担任生保分会场主席。本学科教师多次参加国际联合科学研究活动，如参加第10次德国航天局抛物线飞行实验，开展微重力对免疫系统细胞和内皮细胞黏附分子表达和迁移的影响研究等。

（六）生物催化技术国际联合研究中心

生物催化技术国际联合研究中心致力于酶制剂关键技术及应用体系开发工作，承担了多项包括国家国际科技合作专项在内的酶制剂领域研究项目，已成为国内领先、体系完善及综合实力突出的酶制剂研发中心。

1. 基本情况

中心于2013年获得科技部批复成立，依托单位为青岛蔚蓝生物集团有限公司，中心目前总面积达近2000 m^2，设有分子微生物育种、发酵工艺、微生态技术、生物炼制、代谢工程、分析检测等多个独立实验室及研究小组，拥有先进的实验、测试仪器设备 70 余台，具备从菌种开发—工艺放大—应用产业化的“一站式”独立系统产品开发能力。

2. 研究领域

中心研究领域为工业生物催化技术领域，涵盖分子生物学、微生物学、分析检测，以及生产工艺优化与技术应用工作，具体包括海洋生物酶、生物质能源及生物化工领域、酶制剂和微生态领域。

3. 人才队伍

中心拥有国际化创新团队，由海归高层次人才领军，现拥有专职研发人员 108 人，其中博士 7 人、高级工程师 7 人、硕士 41 人，本科以上学历人员占 88%。同时，中心从世界优秀企业引进外籍特殊专业人才，与世界优秀高校建立引才平台，及时引进海外优秀留学人才，以此打造国内领先的工业生物技术国际科技合作平台。

4. 建设成效

中心承担国家高技术研究发展计划（863 计划）4 项，承担国际合作专项 5 项。申请发明专利 174 项，参与行业标准制定 7 项，获得科技奖励 6 项，其中国家科技进步奖 1 项。2016 年获得“轻工业科技创新先进集体”称号，2019 年获得青岛市重点人才工程“先进单位”奖。

中心通过与国外科研院所及企业开展国际合作，引进多项关键技术，通过技术创新开发多项酶制剂与微生态产品，打破国际垄断，如国家国际科技合作专项项目—生物法生产虾青素的技术引进、造纸清洁生产关键用酶制剂的开发、具有生防促生秸秆降解功能的微生物菌剂开发、酶与硅胶藻组合对动物饲料的促进功效开发等。中心积极开展 CRO（contract research organization）技术外包服务，为美国 JBS 等国际著名企业提供 10 项 CRO 服务，针对纺织、饲用及科研用酶制剂进行开发，实现技术服务收入 459 万元。同时，中心积极开展自主科技创新，开发具有自主知识产权的蛋白质高效表达体系，实现对外提供技术输出与技术服务能力，如与印尼生物产业技术中心签订“酶制剂和生物肥生产技术联合研发及技术转移的合作执行协议”，围绕酶化工和生物肥料产业开展研发和技术转移合作。

另外，中心与美国 ADM 公司在中国与美国分别共建联合研发机构，在青岛成立“酶制剂联合研究中心”，在美国成立蔚蓝生物－ ADM 酶制剂联合研发中心。中心还积极开展国际交流，与 8 个国家 14 个合作单位建立合作关系，与俄罗斯、白俄罗斯、乌克兰、印尼等“一带一路”沿线国家的科研机构与企业建立定期交流互访，就有关抑制线虫的生防菌、针对土传病害的微生物菌株、木霉表达系统的开发进展、植物抗虫和抗病毒保护，以及环境微生物技术等内容进行了深入探讨。

（七）现代人类学国际科技合作基地

现代人类学国际科技合作基地在中国的人类学领域处于领头地位，是中国生物人类学研究和高层次专业人才培养最重要的基地，目标是建设成为人类学与遗传学领域知识创新的策源地、世界一流水平的学科群、拔尖创新人才的培养基地、国际科技合作的示范基地、国际大科学计划的发祥地、扩大国际影响的桥头堡。

1. 基本情况

基地依托复旦大学现代人类学教育部重点实验室，于 2012 年获科技部认定。从事人类学跨领域研究，在人群多样性的形成和进化规律、人类体质—生理—病理特征差异的生物学机制、人群的历史和语言的源流、遗传资源的保护和利用、人类学的应用性研究等方面开展了广泛的国际合作。

2. 研究领域

基地主要研究方向如下。

①人群的遗传结构和进化机制：揭示人群多样性的形成和进化规律；②体质特征的遗传与发育机制：解析人类体质特征差异的生物学机制；③遗传与文化特征的交叉研究：探索人群的历史和语言的源流；④人类遗传资源的开发利用：遗传资源的保护和利用；⑤人类学的应用性研究。

3. 人才队伍

基地现有教授及研究员 27 人、青年研究员 2 人、副教授及副研究员 13 人、青年副研究员 3 人、高级工程师 2 人、讲师 2 人、工程师 1 人，其中包括中国科学院院士 1 名、国家杰出青年科学基金获得者 7 名、国家优秀青年基金获得者 4 名、中央组织部青年拔尖人才 1 名、教育部新世纪人才 2 名、国务院特殊津贴获得者 5 名、外籍全职复旦大学特聘教授 1 名、兼职教授 8 名。全职人员中 17 人任职于 18 个国际和 67 个国内学术组织，13 人担任 31 个国际刊物的主编、副主编或编委。

4. 建设成效

基地在疾病遗传学、人类群体遗传学、分子流行病学、计算生物学等研究领域处于国际前沿水平，取得了一系列重要的研究成果，在 *Science*、*Nature*、*Cell* 等国际著名及重要专业期刊上连续发表了一系列高质量的论文，并获得多个国家自然科学奖和省部级科技进步奖。

基地长期承担着国家重要的科研项目及国际合作项目，发起或领导了影响巨大的基因地理组计划（2005—2012）、泛亚 SNP 计划（2005—2010）、HapMap 计划、MAQC/SEQC 联盟（组学质量控制与标准化国际联盟，2014—）和 InSCAR 联盟（硬皮病临床与研究国际协作网，2011—）、RECO 计划、国际人类表型组研究计划等国际高端合作项目。基地签订了多个国际合作协议，推动复旦大学与美国贝勒医学院（2015）、德国莱布尼茨环境医学研究所（2016）、日本国立成育医疗研究中心（2016）签订了校际合作备忘录。成立了多个联合研究机构或协作组，共同获批多项国际合作项目，在精准医学、人类表型组学等研究中成果显著，在人类基因组结构性变异突变机制和致病机制等方面取得了系列创新成果。建设分子表型组国际联合中心、复旦—张江临床基因组学联合研究中心、表观基因组学研究中心，提高产学研整合度，提高海外人才集聚能力和全球科技显示度。

（八）基因组学国际科技合作基地

基因组学国际科技合作基地是中国全球基因科学研究和产业发展的杰出代表，已经发展成为全球基因组学研究巨头，业务覆盖了科技、健康、农业等多个领域，是业内具有全产业链、多平台、多组学优势的基因测序龙头基地。

1. 基本情况

基地依托于华大基因，总部位于中国深圳，在欧洲、美洲、亚太等地区设有海外中心和核心实验室。其创始团队曾作为中国代表与美、英、德、法、日 5 国共同参与国际人类基因组计划，承揽其 1% 的测序任务。基地作为全球领先的生命科技机构，在基因科研、基因检测、测序设备等多方面有着独特优势，其自主平台测序技术与数据质量得到了更多领域内的行业权威人士和主流基因组学科研机构认可。

2. 研究领域

基地以“产学研”一体化的发展模式引领基因组学的创新发展，核心业务覆盖全产业链，上游测序仪和配套试剂自主可控，中游在全球范围内运行超过 200 个基因组学实验室，下游基本涵盖了当前精准医学的主要应用，包括生育健康领域、肿瘤防控领域、病原感染检测领域，并与之配套建设了系列数据库。

3. 人才队伍

基地核心管理团队在基因组学相关行业平均从业年限超过 10 年，积聚了一批高学历、高专业水平的年轻化优秀员工，引领了行业人才标准。其中以中国香港为核心的境外交付及研究中心，工作人员接近 200 人，硕士以上超过 30%，本科以上占比为 85%，70% 以上有海外学习背景。

4. 建设成效

（1）科研成果

基地累计参与发表 1306 篇论文（其中 SCI 论文 1183 篇，CNNS 论文 110 篇），累计影响因子为 10 950.7。与芝加哥大学、亚利桑那大学等团队合作在 *Nature Ecology & Evolution* 上发表了迄今为止最大的高质量新蛋白质数据集的成果。联合香港中文大学等多家机构在 *Nature Communications* 上发表了全球首个野生大豆高质量参考基因组解析研究成果。与国际半干旱地区热带作物研究所等单位在 *Nature Genetics* 发表了迄今最大规模鹰嘴豆群体重测序研究成果。

2016 年，*Nature* 发布自然指数年度榜单，基地名列中国产业机构首位、全球产业机构第 13 名，在双边科研合作指标中，超过安进、葛兰素史克、Illumina 等英美著名生物技术及生物制药公司，荣膺全球第一。2019 年 6 月，在 *Nature* 发布的自然指数年度榜单（Nature Index 2019 Annual Tables）中，基地连续第 4 年位列亚太地区生命科学产业机构第 1 位；同年 11 月，自然指数发布了 2015—2018 年遗传学机构排名，基地居亚洲第 1 位、全球第 15 位。

（2）国际合作

基地与全球多国有着良好的合作。在欧洲、美洲、亚太等地区合作的海外医疗和科研机构超过 3000 家，2018 年海外收入约为 5 亿元人民币。在生育健康领域，在海外投资的代表性公司有英国 Congenica、澳洲 Pryzm health，同时自主开发变异致病性判断及表型匹配等多个助力自动化分析和解读的软件，并实现海外临床全自动化解读报告产品孵化。在肿瘤防控领域，与 Natera 公司就肿瘤复发监测等技术进行合作，并对现有产品进行优化整合。成立海外质谱中心——美国圣何塞质谱中心。

在科技合作领域，基地参与了全球最综合的全民基因组计划——阿联酋国家基因组计划。负责建设高通量测序平台，提供综合服务，同时参与相关科研。此时，基地为南非医学研究理事会（SAMRC）基因组学中心提供设备和技术，支撑其成为非洲首个高通量基因组测序中心；和巴西 Fiocruz 基金会签订了合作协议，在中国深圳和巴西里约热内卢打造联合病原研究和防控的核心平台，开展中巴传染病基础研究、教研培训与技术转化的广泛合作；与盖茨基金会开展合作，完成了疾病控制与预防、农业等领域的 25 个相关项目，包括与传染病研究中心创始人肯·斯图尔特（Ken Stuart）的合作等；与泰国朱拉蓬皇家学院、EEC 办公室合作建立泰国精准医学国家平台。联合“一带一路”国家和地区的 70 多家政府部门、科研院所、医疗机构、大学、商协会和领军企业的代表成立“一带一路”生命科技促进联盟；紧跟国家“一带一路”倡议，开展海外创新中心项目，2017 年 5 月华大基因全球创新中心——西雅图 & 圣何塞，成功入选成为深圳市第一批海外创新中心；与华盛顿大学医学院筹建联合研究院，与艾伦研究所合作推动脑科学研究。

（九）泰州医药高新技术产业园区

泰州医药高新技术产业园区是中国首家国家级医药高新区，以建成“中国第一、世界有名”的医药健康名城的目标，围绕大健康产业研发链和产业链的实际需求，科学谋划公共技术服务平台、重大创新载体和产业化基地建设，努力建设成为体制机制创新的示范区和全国加快发展战略性新兴产业的先导区。

1. 基本情况

泰州医药高新技术产业园区（又称中国医药城），地处长江三角洲重要成员城市泰州，总体规划面积 30 km^2。由科技部、卫生健康委员会、国家食品药品监督管理总局、国家中医药管理局与江苏省人民政府共同建设。园区由科研开发区、生产制造区、会展交易区、康健医疗区、教育教学区、综合配套区等功能区组成。

2. 研究领域

园区主要研究领域涵盖生物制品、化学药、中药、医疗器械、诊断试剂等，围绕分子药物、中药制剂、新型制剂、基因诊断、疫苗等细分领域，重点发展疫苗、抗体药物、体外诊断试剂及高端医疗器械、中药四大先导产业，提升发展化学药、特医配方食品、医疗健康服务三大支柱产业，积极发展特殊用途化妆品、医疗装备制造及新材料、医药生产服务、原料药、动物保健类药物等一批潜力产业，着力构建“4+3+1”特色产业平台基地。

3. 人才队伍

园区拥有海内外 3800 多名高层次人才，其中国家最高科学技术奖获得者 1 名、两院院士 8 名、国家级高端专家 55 名、国家杰出青年科学基金获得者 7 名、江苏省“双创人才”114 名、“113”高层次人才 805 名，已形成了“113 人才计划”、省“双创计划”、国家级高端专家 3 个梯度体系。2011 年，中央组织部授予泰州医药高新区“海外高层次人才创新创业基地”称号。

4. 建设成效

园区已集聚 1000 多家国内外知名医药企业，其中阿斯利康等全球知名跨国制药企业达 13 家；海王集团等一批国内知名医药企业先后加盟，涌现瑞莱生物、诺瓦立医疗等一批医疗器械小巨人企业，硕世生物、迈博太科、亚盛医药等 3 家本土培育企业已成功上市。2018 年，平台基地医药产业营业收入为 235 亿元，同比增长 32%，实现规模以上工业总产值 59.5 亿元，同比增长 45.8%。

截至 2018 年年底，园区共争取国家重大专项、国家国际合作、国家创新基金、国家高技术研究发展计划（863 计划）等国家项目 47 个，累计拨款约 2.5 亿元。目前在研和申报的 1 类新药达到 78 个，22 个 1 类新药取得临床批件。疫苗临床试验基地先后完成手足口病疫苗等多个国际首创疫苗的 I 期临床试验，研究成果发表在 *Science*、*The Lancet*、*The New England Journal of Medicine* 等国际权威期刊上。2018 年获得授权发明专利数 563 项、参与制定国际标准 3 个、参与制定国家标准 12 个。平台建设获得“国家科技企业孵化器”“国家中小企业公共服务示范平台”“中国合格评定国家认可委员会（CNAS）实验室认可”等荣誉。

园区创新成果申报总量逐年上升，累计有 2100 多项“国际一流、国内领先”的医药创新成果落地申报，近 5 年生物制品申报量占江苏省的比重达 1/4。一批填补国际国内空白的创新成果加速涌现。例如：迈博太科、亿腾药业、迈度药业 3 家企业跻身 2018 中国药品研发实力百强；复旦张江公司研发的全球首个针对鲜红斑痣的光动力药物海姆泊芬成功上市；华威特公司自主研发的“华温蓝”产品，成为世界首个猪瘟蓝耳病二联活疫苗；雀巢公司“佳立畅”成为国内首个获批的特殊医学用途全营养配方食品；中慧元通公司自主研发的国家1类新药——四价流感病毒亚单位疫苗临床试验进展顺利，研发进度与诺华公司同步，有望填补国际空白。

（十）成都高新技术产业开发区

成都高新技术产业开发区按照产业功能区建设的理念和要求，以打造“四链条一社区一体系”生物产业生态圈为发展路径，正加快形成具有国际竞争力和区域带动力的现代化生物产业体系。

1. 基本情况

截至2019年，开发区汇聚了生物企业2900余家，全区生物产业规模突破500亿元。全年新增10亿元以上工业企业3家，5亿元以上工业企业达12家，新增瞪羚企业19家。目前，园区主要包括以下几个部分。

①天府国际生物城。成都高新区管委会、双流区人民政府于2016年3月14日签署协议，合作共建成都天府国际生物城，总规划面积44 km^2。签约招引的重大项目总投资超过1100亿元。

②成都前沿医学中心。建设面积27.5万 m^2，由成都高新区与四川大学合作，建设国际一流的“医学+”创新研究、项目孵化和产业导入高地。积极探索，以共同利益为纽带，以市场化为导向，以产业创新发展为目标，构建“共建、共管、共享、共服务”四大创新合作模式，助力成都高新区生物医药产业创新，并带动全市相关产业功能区，辐射周边城市。

③天府生命科技园。建设面积22万 m^2，主要聚焦双创企业培育孵化，已聚集企业170余家，国内外一流水平项目400余个。

2. 研究领域

开发区围绕生物医药、生物医学工程、生物服务、健康新经济四大产业主攻方向，重点发展生物技术药物、新型化学药制剂、现代中（医）药、高性能医疗器械、智慧健康+精准医学、专业外包服务等六大产业细分领域。生物技术药物方面，聚焦血液制品、抗体药物、细胞治疗、基因治疗等领域；新型化学药制剂方面，聚焦首仿药、原创药、新型药物制剂（含药物递送系统研发）等领域；现代中（医）

药方面，聚焦道地药材深度开发、中成药二次开发与国际化、分子版治未病——中医药精准健康管理服务、重大疾病中西医结合防治等领域；高性能医疗器械方面，发展生物医学材料（含植入性材料、3D 打印）、体外诊断试剂（IVD）、重大诊疗装备等领域；智慧健康 + 精准医学方面，聚焦健康大数据 +、互联网 +、人工智能 +、医学美容 + 等领域；专业外包服务方面，聚焦 CRO、CMO/CDMO（contract manufacture organization/contract development manufacture organization）、CSO（contract sales organization）等领域。

3. 运行管理

2019 年，成都高新区机构改革，生物产业发展局进行内设处室调整，加速推进生物产业快速发展。设综合处、功能区建设推进处、产业研究处、招商促进处、成果转化处、健康产业处及企业服务处等 7 个处室，业务处室主要职责如下。

一是综合处：负责文会、财务、档案等机关日常运转工作；承担党建、纪检监察、宣传、目标、保密、法制、信访、政务公开、后勤、国资等工作；承办干部、人事、机构编制等相关工作。

二是功能区建设推进处：负责高新西区、南区生物产业片区及重大产业化项目建设的协调、促建等工作；负责按照《成都高新区—双流区共建成都天府国际生物城合作协议精神》，牵头协调成都天府国际生物城建设相关工作。

三是产业研究处：统筹负责全区（含国际生物城）生物产业发展规划编制；负责国家生物医药政策法规研判，国内外生物产业动态、发展趋势、前沿方向、细分领域、园区对标研究；负责生物产业转型升级、创新发展研究。牵头开展生物产业发展重大课题研究、生物产业政策制定。

四是招商促进处：统筹负责全区（含国际生物城）生物产业招商引资项目策划、包装、推介和招引；负责生物产业招商引资网络体系和项目信息数据库建设，进行招商目标分析、策略及项目可行性研究；负责组织实施生物产业重大投资促进活动。

五是成果转化处：统筹负责全区（含国际生物城）生物产业科技发展和创新能力建设；推进生物产业公共技术平台和专业孵化器、人才体系建设；加强生物产业品种研发培育；开展生物产业金融服务创新；深化校院地创新合作。牵头推进前沿医学中心建设、国家重大新药创制国家科技重大专项成果转移转化试点示范基地建设，深化与中国生物技术中心战略合作。

六是健康产业处：统筹负责全区（含国际生物城）健康医疗产业发展工作，推进国际国内高端医学医疗资源导入；负责互联网医疗、健康大数据等智慧健康产业推进；负责医美产业推进；负责高端医疗机构招引。牵头推进天府国际医疗中心建设。

七是企业服务处：统筹负责全区（含国际生物城）生物产业营商环境建设；负责生物产业经济运行分析、产业技术改造、企业梯级培育、产业拓展等工作；负责生物产业政策制定、实施、评价；负责生物产业企业数据库建设管理、企业协调服务及生物产业专业委员会等行业协会的指导联络；负责生物医药全球供应链体系建设；督促行业企业落实环保、安全生产工作要求。牵头推进全球生物医药供应链服务中心建设。

4. 人才队伍

成都高新技术产业开发区从业人员近3万人，聚集了高层次人才团队200余个、诺贝尔奖团队5个、国家级院士团队4个。

5. 建设成效

开发区突出产业生态圈构建特色，增强了产业优势。一是“四链”构建方面。产业链不断延伸拓展，新增生物产业市场主体600余家，全区生物产业市场主体共2900余家，初步形成了现代中药、化学药、生物制剂、医疗器械等重点产业集群。创新链不断优化完善，与成都市积极探讨共同筹建市临床实验技术创新联盟（GCP），推动成立全国首个药物临床试验研究者协会（PI），搭建全省临床研究平台和培训中心，形成了包括药物发现、药物开发、临床前评价、临床试验、中试生产等全过程的新药研发体系，建设了生物医药类公共技术平台20多个。供应链体系逐步健全，成都口岸成为全国第4个获批进口生物制品（含批签发品种）的口岸。艾尔建公司货值1亿元的医疗产品完成首单通关，并与成都高新区签订中国药品贸易总部项目；2019年11月14—15日举办2019成都国际生物医药供应链大会，进一步展现了成都生物医药供应链新枢纽的能力和决心。金融链积极探索发展，创新设立全国首家国际生物医药“保险超市”，全区医药企业通过125万元保险政策补贴，撬动了3亿元保险资金。二是国际社区打造方面。重点建设医疗健康创新、国际医疗服务等7个产业社区，36万m^2孵化园一期工程建成及先导药物、康诺亚等12家企业的入驻，引入人才1000余名。安特金、强新、联东U谷项目主体已封顶，P3项目正在进行主体施工。

此外，开发区突出产业功能区形态塑造，引进了京东方数字医学中心、华西质子重离子肿瘤治疗中心、四川省妇幼保健院、成都米瑞可医疗美容门诊等，分级医疗体系已然成型。

三、基础支撑与条件保障类

基础支撑与条件保障类基地平台主要包括国家科技资源共享服务平台等，是中国为科研工作提供开放共享的基础支撑和资源共享服务的重要平台。

（一）北京脑血管病临床数据和样本资源库

北京脑血管病临床数据与样本资源库由首都医科大学附属北京天坛医院自2009年承建。旨在打造一个集临床数据与生物样本于一体的资源管理平台，基于规范的临床数据及生物样本采集管理机制、严格的质量控制体系及标准的超低温保存条件，实现脑血管病临床研究资源的有效整合、管理和共享。

1. 基本情况

该资源库实行法人负责制下的团队协作运行机制。在学术委员会及伦理委员会的监督指导下，由主要研究者率领执行委员会对各职能团队实行明确职责、专人专岗的运行管理，以保障项目顺利进展。

该资源库通过一系列的平台建设工作，目前已建成脑血管病临床数据和样本库信息平台，包括集医疗、科研于一体的临床信息采集平台，同时开发了生物样本管理软件平台，保障信息资源的完整性、真实性、可靠性及可溯源性；建有完整的质量管理体系，涵盖生物样本采集、处理、存储、废弃、转运全周期标准操作流程。配套生物样本管理软件可对每一份样本进行系统管理，并可通过唯一标识码实现与临床数据库的对接。

该资源库于2018年9月底随北京天坛医院整体迁入新址。新址占地面积200 m^2，包括70 m^2样本处理空间及130 m^2样本保存空间。在原有存储设备20余台的基础上，新购60余台超低温冰箱及液氮罐等保存设备，以增加样本保存容量；投入全血自动分装仪、自动核酸提取仪等以提高样本处理效率；对原有低温保存设备温度监控系统进行升级，实现云平台实时监控各台超低温设备温度变化，以便更好地保障样本保存条件稳定。目前正在规划二期扩建工程，计划扩建 300 m^2 样本库专属区域，扩大样本存储容量可达 50 000 L，以满足未来日益增长的科研支撑资源储备需求。

2. 人才队伍

该资源库专业团队由在编及合同制人员共 7 人组成。7 人中学历构成包括博士学历 1 人、本科学历 6 人，职称构成包括高级职称 1 人、中级职称 2 人、初级职称 4 人。根据岗位职责设置分别担任运行管理、技术指导、质量控制、数据管理、物资物流等不同岗位，在相关部门的支持下全方位支撑各项研究样本的采集、处理、保存工作。

3. 建设成效

该资源库作为脑血管病临床研究的重要支撑平台，该资源库支撑包括“氯吡格雷用于急性非致残性脑血管事件高危人群的疗效研究（CHANCE Study）”“中国国家卒中登记研究Ⅲ”“多血管床评估与认知损伤和血管事件社区人群队列研究”等 15 项临床研究项目。截至 2019 年 12 月底，已收集来自全国多中心的 9 万人次临床生物样本。样本种类包括血清、血浆、核酸、尿液、脑组织等。随着研究进展及数据库锁定，部分课题样本已开展脑卒中蛋白标记物、基因多态性等研究并取得一定进展。使用生物样本衍生的研究成果已在 *The Journal of the American Medical Association*、*Neurology*、*Stroke* 等国际学术期刊上发表研究论文 10 篇。未来几年将在建立完善的临床资源质量管理体系、管理规范及资源应用与共享机制基础上，规范化采集各病种临床数据与生物样本。充分发挥北京天坛医院临床研究优势，继续支撑脑血管病临床研究的发展。

（二）华西生物样本库

华西生物样本库成立至今已获得多项国家专项经费支持，在西部地区牵头建立有区域特色的、统一规范的实体样本库。华西生物样本库样本预处理及质控自动化与批量化、数据管理智能化，软硬件配套设施均处于全国一流水平。

1. 基本情况

华西生物样本库成立于 2009 年，隶属于华西医院临床研究管理部。样本库的建设得到医院党政领导的高度重视和大力支持，目前已建成手术样本收集平台、样本预处理平台、样本储存管理平台 3 个功能单元，大容量超低温储存设备包括 −80 ℃超低温冰箱和气相液氮储存系统，具备 1000 万份样本的贮存能力。

2. 人才队伍

该样本库现有各类专职人员 23 名，其中正高级 2 名、高级实验师 1 名、实验师 1 名，专业化的研究人员和技术人员共 19 名。在人才队伍的建设方面，机构积极组织科室人员参加国际、国内样本库的交流和学习，科技部人类遗传资源管理办举办的遗传资源管理培训，并积极参与和响应生物医药技术协会生物样本库分会组织的学术交流、专业培训和信息交流等活动。

3. 建设成效

该样本库已规范化地开展复杂疾病（肿瘤及配套血液、罕见疾病等）、流行病调查和体检健康人群样本收集、预处理、储存、质控及相关信息管理工作，截至 2019 年 11 月底保存并管理各种样本 200 余万份，为华西医院 208 个课题组，包括国家高技术研究发展计划（863 计划）项目、国家重点基础研究发展计划（973 计划）项目、国家自然科学基金项目等在内的国家重大课题和科技专项提供高质量的样本和相关临床信息服务，获得良好的科研产出。

该样本库作为“国家生物治疗转化医学重大基础设施建设”项目中的重要支撑平台，以高容量、自动化、智能管理并具多种衍生功能的临床治疗型样本库作为建设目标，规划干细胞库建设，为 GCP 生物治疗和生物药物研发提供支撑；在国家科技重大专项，新型生物技术药物和生物治疗临床评价技术示范平台建设中，为 GCP 临床样本提供规范化的样本管理和信息管理，并构建相关的质量管理体系；为国家科技重大专项，重大传染病（结核、肝炎）防治示范区建设的子课题“四川绵阳重大传染病防治示范区生物标本库建设”提供标准化的样本收集及保藏服务；开展四川省“中国西部地区自然人群队列建立的研究试点”项目，构建西部地区多民族自然人群和慢性高发重大疾病人群队列。

第三节 小结

中国生物技术基地平台经过长期发展，已经取得了长足的进步。截至 2019 年 6 月，中国已经建设了 998 家生物技术基地平台，并全面覆盖科学与工程研究、技术创新与成果转化、基础支撑与条件保障 3 类功能定位，在领域和地域布局皆有优化。主要具有以下特征。

一、基地平台规模迅速增长，领域布局日趋完善

中国生物技术基地平台发展迅速，与美国、日本、瑞士相比，数量上具有领先优势。在领域分布方面，中国生物技术基地平台研究领域覆盖了基础生物学、医学、药学、生物工程、生物遗传资源、农业生物技术、食品生物技术、海洋生物技术、环境生物技术等全学科，功能定位上涵盖了包括国家重点实验室、国家工程技术研究中心、国家工程研究中心、国家高新技术产业开发区、国家中药现代化科技产业基地、国际创新园、人类遗传资源库、高等级病原微生物实验室、国家大型科学仪器中心、国家重大科技基础设施等在内的 18 个类型，基本实现了从开展基础研究、行业产业共性关键技术研发到科技成果转化及产业化、科技资源共享服务的全面布局，但仍有望在学科交叉、综合集成及前沿研究方面加强建设。

二、华北、华东地区基地平台呈集聚发展，区域布局整体协调性有待提升

中国生物技术基地平台在全国七大区域皆有布局。总体上，华东 (28.4%)、华北 (27.4%) 区域布局较为集中，其次是华中（11.0%）、华南（10.0%）、西南（9.1%）、东北 (7.8%) 及西北 (6.3%) 等区域。各类型基地平台均以华东、华北布局较为集中，西北、西南、东北等地区布局较少，区域间布局的整体协调性有待提升。在推进落实国家相关政策规划的同时，地方政府因地制宜，发布相关政策。例如，北京、上海、深圳等地快速响应，发展最为迅速，资金投入力度大，成为中国生物医药领域创新的重要地区。

三、基地平台建设成效显著，带动生物技术产业快速发展

在国家各相关政策的引导下，中国生物技术基地平台的建设通过加大经费投入、加强人才培养等措施营造了良好的发展环境，为实现国家生物技术的迅速发展奠定了坚实基础。在基础研究方面，学术论文和技术发明稳步增长，并伴随着基地平台建设的不断完善，带动相关产业尤其是医药产业迅速增长。2018 年，医药制造业主营业务收入达到 3 万亿元，预计至 2020 年，中国生物产业总值将达 8 万亿～ 10 万亿元，生物产业增加值占 GDP 的比重超过 4%。此外，中国生物技术基地平台在促进发展健康产业、推动健康科技创新方面也初见成效。截至 2019 年，中国共建成临床医学研究中心 50 家、国家中药现代化科学产业基地 25 家、高等级病原微生物实验室 128 家，此外，还包括其他与健康相关的基地平台，为国民健康提供了有力保障。总体而言，中国的生物技术基地平台已形成了覆盖全领域、聚焦生物医药等重点方向的全面布局，保障了医药、农业、畜牧等与人民健康息息相关的产业从基础研究到生产或治疗的全环节质量提升，为国民健康的发展奠定了坚实基础。

第三章　典型国家生物技术基地平台发展现状

第一节　美国生物技术基地平台

美国是全球生物技术的创新中心，其富有生机与活力的科技创新体系经过了长期积累和逐步发展，具有鲜明特色：政府始终致力于推动科技创新、促进科学技术为国家利益服务；科技管理体系采取三权分立原则，保障了政策制定、执行和监督功能相互分散和相互依存；充分利用市场机制，引导私人资本参与科技创新活动，推动科技的产业化（图 3-1）。

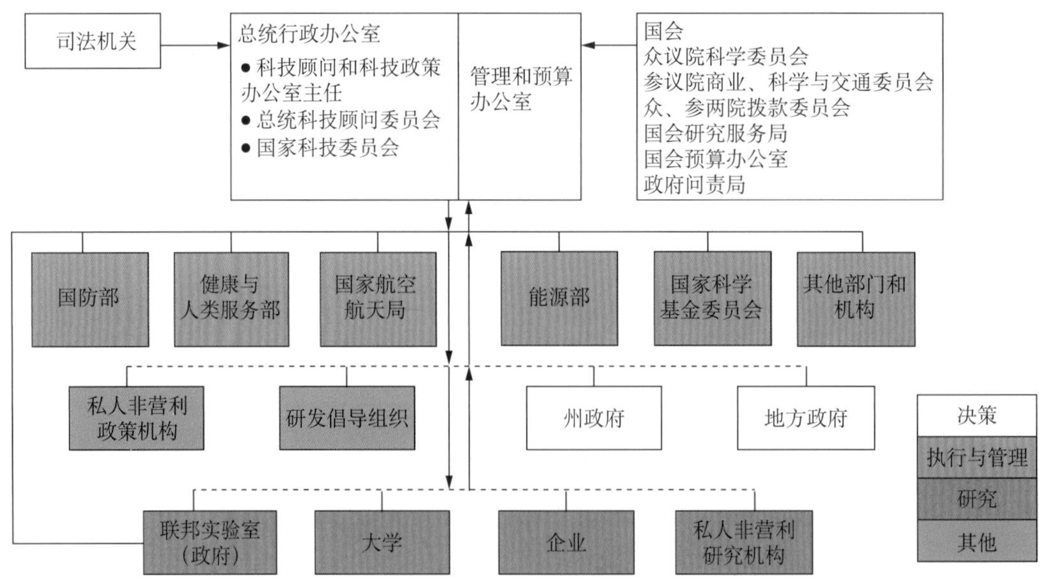

图 3-1　美国的科技创新生态系统[①]

① Europen Commission. Erawatch country reports 2012: United States of America[R/OL]. (2013-09-01)[2019-11-26]. https://rio.jrc.ec.europa.eu/en/library/erawatch-country-report-united-states-2012.

一、概况

在美国的科技创新体系中，最具特色的创新主体是其规模庞大、类型丰富的基地平台。截至 2019 年，美国的生物技术基地平台共计 710 家，在九大行政区域皆有分布[①]。这些基地平台在区域上紧密结合，功能上互相联结，形成庞大的生物技术产业集群，与其他国家之间形成代际优势。

（一）基本情况

美国生物技术基地平台全面覆盖了科学与工程研究、技术创新与成果转化、基础支撑与条件保障 3 类，包括国家（重点）实验室 18 家、国立 / 州立研究所 236 家、医学研究中心 184 家、企业研究中心 115 家、产业园区 15 家、资源共享平台 142 家（图 3–2）。

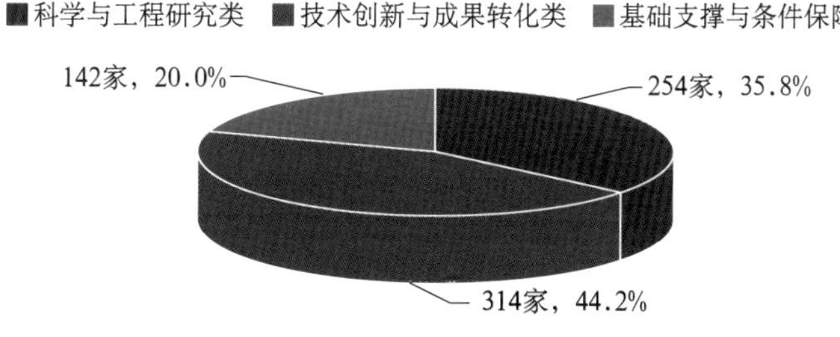

图 3–2　美国生物技术基地平台布局现状

1. 科学与工程研究类基地平台

主要包括国家实验室及国立 / 州立科研机构。美国的国家实验室作为科学研究核心力量，支撑国家的战略目标，经费主要来自联邦政府。其中，与生物技术相关的国家实验室有 18 家，多隶属于美国能源部，主要采取国有民营的管理模式，如劳伦斯伯克利国家实验室和阿贡国家实验室，均由芝加哥大学实际运营。美国的国立 / 州立科研机构主要负责生物技术领域的基础研发，是生物科技创新体系中的重要创新主体。目前，国立 / 州立科研机构共有 236 家，占全部基地平台的 33.2%，主要隶属于美国国立卫生研究院和美国农业部。

① 九大行政区域：新英格兰、中大西洋地区、东南地区、南方地区、中西部地区、上密西西比—五大湖区、落基山区、太平洋沿岸地区、西南地区。

2. 技术创新与成果转化类基地平台

主要包括医学研究中心、企业研究中心及产业园区 / 产业集群。美国的医学研究中心主要面向临床需求开展前沿研究，多隶属于美国的大学医学院。目前，医学研究中心共 184 家，每个中心承担各自特色领域的科研、教学和临床诊疗任务，如美国麻省州立大学医学中心，是麻省州立大学医学院的附属教学基地，主要研究和治疗领域为骨髓移植、烧伤和肝脏移植。企业研发在美国的创新体系中占有重要地位[①]。尤其在生物医药领域，企业研究中心是美国国家技术创新的核心力量。截至 2019 年，美国的企业研究中心共 115 家，其研究经费占基地平台总研发经费的 60% 以上。美国的产业园区是官、产、学、研共同管理的典范，极大地推动了美国科技的产业化发展。其管理模式一般由政府引导，基金会、银行及私营企业共同投资建设，高校和科研机构提供智力资源，并由专业管理团队进行运作。目前美国的生物技术产业园区共 15 家，在空间上高度集聚，形成了“企业 + 科研 + 资金 + 创业者”的著名产业集群。

3. 基础支撑与条件保障类基地平台

主要包括国家植物种质资源系统、信息中心和仪器中心，定位于为国家提供公益性、共享性、开放性的基础支撑和科技资源共享服务，经费主要来自联邦政府拨款。其中，国家种质资源系统隶属于美国农业部，包含实体资源库和信息门户 30 余家，主要经费来自农业部。信息中心包括以美国国家生物技术信息中心为代表的 5 家人类遗传资源中心，主要经费来自美国国立卫生研究院。仪器中心包括以结构生物学仪器平台为代表的仪器中心 107 家。

美国生物技术产业从业人员数量在全美各产业中排名第二，且呈增长趋势。2016 年美国生物技术产业的直接就业人数为 174 万人，间接就业人数为 276 万人，联动就业人数为 347 万人。相比于 2001 年，生物技术产业就业岗位增幅为 18.6%，是仅次于计算机软件服务行业的第二高就业率增长行业（图 3-3）[②]。

---

① 颜建周，董心月，陈永法，等. 美国医药产业创新政策环境研究及对中国的启示：基于阿法依泊汀研发的实证研究[J]. 中国科技论坛，2018(1)：182-188.

② TE Conomy/BIO. Innovation and job creation in a growing U.S. bioscience industry 2018[R/OL]. (2018-06-05)[2019-11-26]. https://www.bio.org/sites/default/files/TEConomy_BIO_2018_Report.pdf.

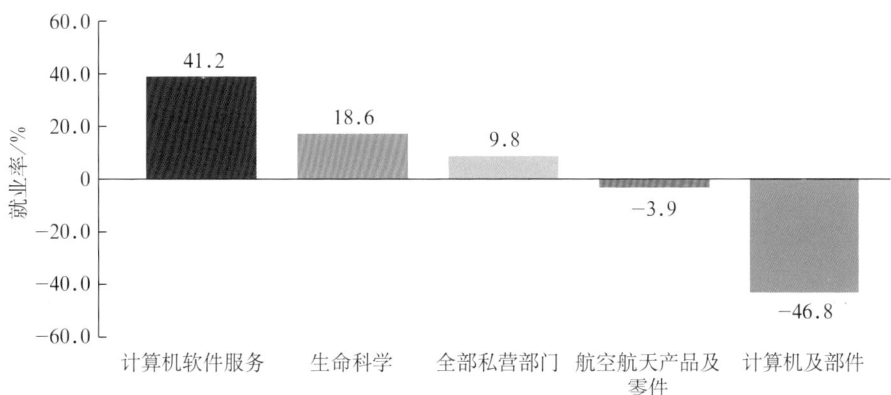

图 3–3　美国生物产业与其他技术产业就业率变化[①]

美国的生物技术研发投入全球领先，而作为研发主体的生物技术基地平台直接或间接地承担了大部分的资助经费。其经费来源主体是企业和联邦政府。自 20 世纪 50 年代以来，企业研发投入所占份额不断攀升，由 1953 年的 43% 上升到 2017 年的 70%（图 3–4）。

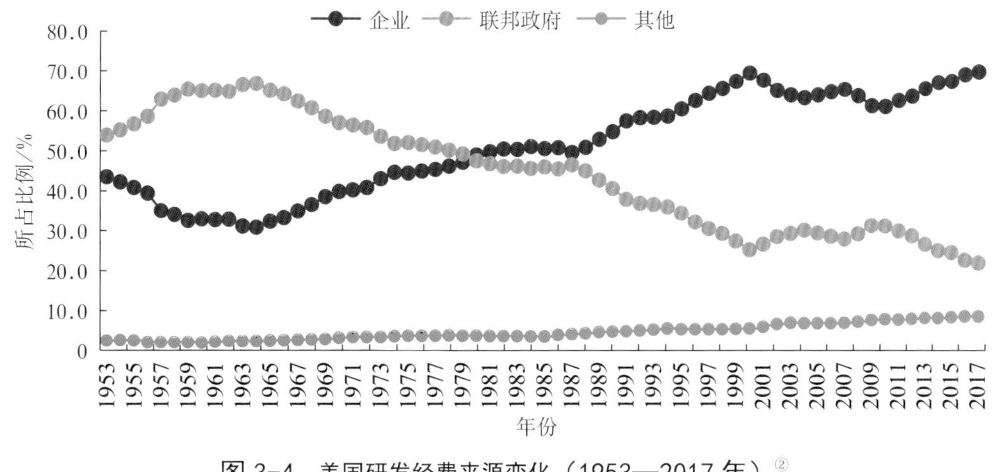

图 3–4　美国研发经费来源变化（1953—2017 年）[②]

美国联邦政府对生物技术基地平台的资助经费约占全国总经费的 1/5。美国国立卫生研究院是其最大的资助机构，此外，国家科学基金会、美国能源部、美国农业

① 就业率变化（%）= 2016 年就业率 – 2001 年就业率。

② National Science Foundation. National center for science and engineering statistics, national patterns of R&D resources (annual series)[R/OL]. (2019-02-27)[2019–11–24]. https://ncses.nsf.gov/pubs/nsf19309/#data-tables&.

部和美国环境保护部也会对相关领域的研究工作进行资助。近年来，在生物技术领域，美国联邦政府资助项目数近 30 万个，每年投入超过 300 亿美元，生命健康领域占总投入的 90% 以上①（表 3-1）。

表 3-1 美国联邦政府各部门在生命健康领域的研发投入②

单位：百万美元

部门	细分部门	2016 年	2017 年	2018 年
美国卫生部	美国国立卫生研究院	30 698	32 419	32 120
	美国疾病预防控制中心	515.20	437.00	434.90
	美国食品药品监督管理局	485.90	375.00	477.40
	美国卫生资源和服务管理局	41.70	45.80	45.80
	美国医疗保健研究与质量局	322.90	323.20	321.80
美国农业部		181.30	203.50	206.70
美国国防部		1338.60	875.80	1007.40
美国教育部		75.10	75.10	75.10
美国环境保护局		238.70	218.20	194.90
美国国际发展署		126.00	46.40	46.40
美国国家航空航天局		144.00	138.30	140.00
美国国家科学基金会		179.70	178.00	188.20
美国劳工部		4.00	4.10	4.10
美国消费品安全委员会		2.00	1.90	1.00
美国商务部		69.70	82.00	48.80
美国交通部		20.10	20.70	18.90
美国内务部		262.00	201.00	210.00
美国能源部		1.00	0.00	0.00
总计		34 743.50	35 682.00	35 577.80

① NIH.Estimates of funding for various research, condition, and disease categories (RCDC)[EB/OL]. (2019-04-19)[2019-07-17]. https://report.nih.gov/categorical_spending.aspx.

② NIH. Federal obligations for health research and development by federal agency[EB/OL]. [2019-10-17]. https://report.nih.gov/DisplayRePORT.aspx?rid=579.

（二）领域分布

美国生物技术基地平台的学科覆盖比较广泛，涵盖了临床医学、生物学与生物化学、药理学和毒理学、分子生物学与遗传学、免疫学、神经科学与行为学、精神病学 / 心理学、农业科学、植物与动物学、微生物学和环境 / 生态学等 11 个 ESI 学科（图 3–5）。

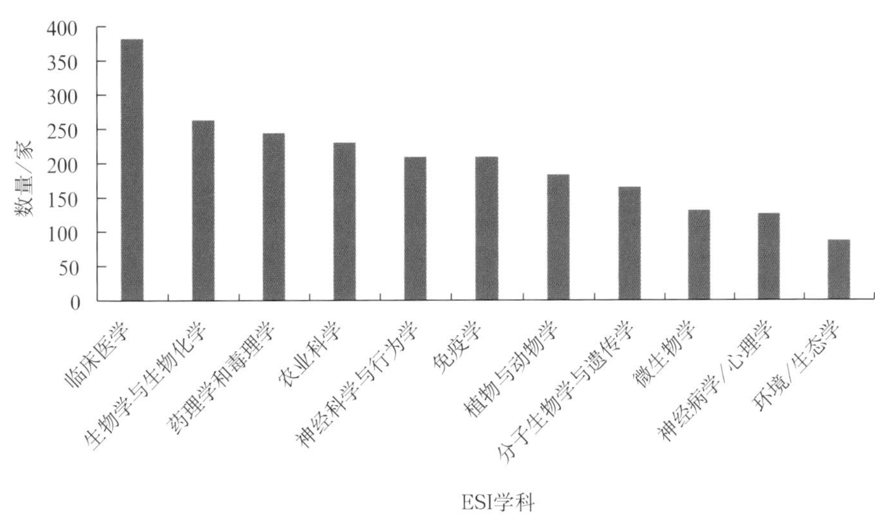

图 3–5　美国生物技术基地平台领域分布（ESI 学科）

（三）地域分布

美国的生物技术基地平台在美国九大行政区划皆有布局。布局最为集中的是大西洋地区（27.8%），其次是太平洋海岸区（19.5%）、新英格兰地区（14.1%）、上密西西比河谷地区（五大湖区，8.9%）及西南地区 7.5%。

其中，国立 / 州立科研机构在中大西洋地区的马里兰州形成集聚，多由美国国立卫生研究院管理；医学研究中心主要分布在太平洋海岸区的加利福尼亚州、中大西洋地区的纽约州和弗吉尼亚州、新英格兰地区的马萨诸塞州等；以生物医药企业为代表的企业研究中心主要分布在太平洋海岸区的加利福尼亚州、中大西洋地区的纽约州和马里兰州、上密西西比河谷地区（五大湖区）的伊利诺伊州等。

此外，依托于世界一流的科研院校、顶尖的人力资源、雄厚的资金、龙头企业的支持，美国生物基地平台互相联结，形成了各具特色的产业集群。例如，波士顿

（科研力量聚集）、旧金山（风投资金聚集）、纽约（医药企业聚集）生物技术产业集群，成为美国生物经济的重要支柱。

（四）政策环境

美国生物技术基地平台的全面发展，得益于美国先进的政策和良好的发展环境。美国一直把生物技术产业定位为一个基础性和战略性产业，长期以来非常重视生物技术科技创新基地的建设，持续部署和重点支持了学科交叉、综合集成的生物技术基地平台，为提升美国在生物技术领域的整体创新能力，抢占竞争制高点发挥了重要作用。

①三权分立的科技体制使政府系统、工业系统和教育系统相互交叉、依存、合作、竞争，形成了一个全国性的科学技术网络，促进了美国生物技术基地平台通过多渠道获得研发经费，保障了科研人员在争取资助方面拥有更大的自由度。

②先进的法律理念有效加强了研究机构、企业与地方政府合作，促进联邦资助的研发成果的商业转化，允许研究机构将联邦资助基金研发的产品或技术申请专利并享有收益，这对美国生物技术基地平台的产业化发展产生了极为深远的影响。

③积极的税收政策和人才政策及完善的创新服务体系，极大促进了“官产学研”等多个单元的相互作用，使各主体间形成相互作用的合作网络，促进知识和资源的集成、转移和分享，有效推动了产业界和政府的密切合作[①]，促进了美国科技的产业化发展。

④高度发达的资本市场，灵活的资金流动和强有力的规避风险保障，有力促进了企业研发中心的发展，进而推动生物技术产业集群的发展。

二、典型生物技术基地平台

美国的生物技术基地平台类型多样、特点突出，创造了显著的科研价值和经济价值。本书遴选了 5 家最具代表性的基地平台进行剖析（表 3-2），旨在总结其先进的发展经验，为中国的基地平台建设提供借鉴。

---

① 张喜凯，李晓龙．美国的生物技术产业政策 [J]. 中国生物工程杂志，2006(3)：93-97.

表 3-2　美国典型生物技术基地平台

基地平台类型	典型案例	遴选背景
科学与工程研究类	美国国立卫生研究院	美国最高水平的医学与行为学国立研究机构，美国生物医学领域最大的资助中心
	萨瓦纳河国家实验室	典型的国家实验室，隶属于能源部，其管理模式代表了美国国家实验室的常用管理方式
技术创新与成果转化类	加州大学旧金山医学中心	世界著名的生物技术医学研究中心
	波士顿生物技术产业集群	全球最早的生物技术产业集群①，也是最具活力的生物产业集聚区
基础支撑与条件保障类	美国国家生物技术信息中心	国际三大人类基因库之一，拥有全球最全的人类健康数据资源

（一）美国国立卫生研究院

美国国立卫生研究院（National Institutes of Health，NIH）始建于 1887 年，位于马里兰州贝塞斯达，是美国最高水平的医学与行为学国立研究机构。作为美国最重要的国家科学创新基地之一，美国国立卫生研究院由联邦政府相关部门直接运营管理。

1. 运行机制

（1）资助模式

NIH 是全球最大的生物医学研究资助机构，占美国联邦科技预算的 20%， NIH 每年的研发预算稳步上升，2019 财年预算的 NIH 支出上调 5.6%，达 390.8 亿美元。1946—2018 年，NIH 共资助了约 62 万个科研项目，覆盖 2500 多家高校和研究机构的 30 余万名研究人员，其中 155 个项目最终获得诺贝尔奖。

1）经费运行机制

美国政府一般委托第三方机构代为管理发放研究经费。NIH 是一个受联邦政府委托，面向大学和科研机构提供生命科学领域研发经费的资助机构。NIH 在美国联邦政府研发经费中的份额仅次于国防部，约为政府其他部门生物医学投入的 5 倍，且近年来逐步上升。NIH 研究经费支持院外和院内研究两个部分，其中，用于资助院外研究机构的研发经费占总经费的 80%、院内研究经费占 10%、院内外联合研究

① 杨张博，高山行．生物技术产业集群技术网络演化研究：以波士顿和圣地亚哥为例 [J]. 科学学研究，2017(4)：43-56.

占 8%、国际合作研究占 2%。一般来说，难度较大、风险较高的项目多在院内开展，而院外项目则鼓励自主创新和竞争，院内外项目结合保证了 NIH 在生物领域研究的领先地位（图 3-6）。

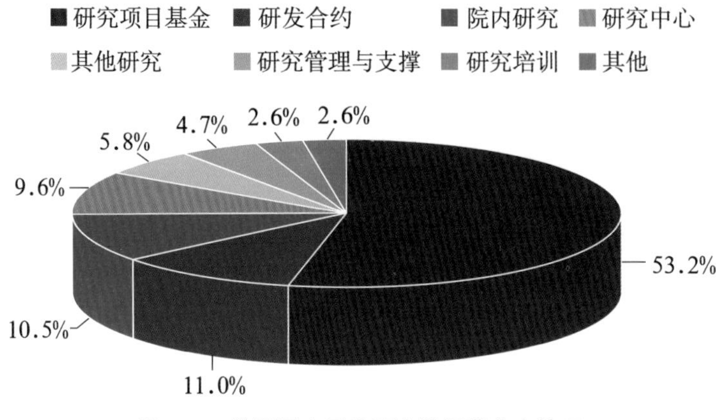

图 3-6　美国国立卫生研究院经费分布情况

2）基金资助机制

院内资助方面，研究部门拥有固定的研究预算，不需要通过竞争来获取相关资助。研究院的国家顾问理事会每年召开 3 次会议，确定研究方向，选定资助项目。

院外资助方面，院外基金申请采用同行评议体系，由科学评议中心负责受理和初审院外项目，然后将通过同行评议的项目申请提交到各个院外项目管理办公室进行二次评审。评议的 5 项标准包括研究的重要性、研究路线与目标的符合程度、项目创新性、申请人基本情况、研究环境与条件等。评议中心按照 5 分制进行打分[①]。

院内外结合方面，院内外研究项目结合是研究院的创新举措，一般通过项目征集指南获得。

3）监督机制

NIH 院长由美国总统任命，NIH 下属研究所所长由院长任命，院长和所长均向国会汇报工作。国会根据研究领域的发展和国家在生命科学研究领域的需求，对研究所的经费预算进行统筹分配，研究院对各所的经费支配权只有 1%。

研究院拥有专门的基金项目管理队伍，主要由科学评议官员、项目官员、基金经费管理官员 3 类人员组成。这 3 类人员分别任职于科学评议中心、研究院办公室

① 吕立宁 . 美国国立卫生研究院（NIH）资助生物医学研究的机制及管理模式 [J]. 中国科学基金，2001(4)：49-52.

和各研究所，负责基金项目从受理评议到决定资助再到项目实施等不同阶段的监督管理工作。

（2）管理机制

1）组织架构

NIH 设有 1 个院长办公室和 27 个研究机构及研究中心。院长办公室负责研究院的政策制定，规划、管理和协调研究院所有的项目与活动。在 27 个研究机构及研究中心中，有 24 个直接接受国会拨款。

院长办公室下设立院内研究办公室和院外研究办公室。院内研究办公室负责协调研究院院内的研究工作和人员管理；院外研究办公室负责全球项目资助、研究经费的管理工作，两者在职能上相互独立，互不干扰。

2）行政管理制度

例会制度。NIH 采用例会制度协调内部的科研行政事务，促进院内各部门之间的沟通，减少信息不对称造成的决策失误。例会制度的核心部分是院长—所长—主任例会，该例会每周召开一次，讨论研究院内部的科研行政问题及各个研究所的所际事务。

科研协调小组。负责协调学科交叉的科研合作项目。部分科研协调小组由 NIH 建立，还有一些由美国卫生与公共服务部和其他联邦政府联合成立。科研协调小组一般围绕具体科研合作需求而建立，项目完成后协调小组自动解散，仅有少量会长期存在。

顾问委员会。研究院高度重视外部专家的意见，邀请了相关领域科研专家组成顾问团队（包括院长顾问委员会、国家顾问理事会、科学顾问委员会和项目顾问委员会），针对预算、资助项目和政策制定等问题提供建议。

科研协调小组和顾问委员会是 NIH 在行政管理制度上的创新。一方面促进了研究院各部门之间的内部沟通；另一方面，院外专家顾问的参与，有利于吸收外部多样化的意见。

3）人事管理制度

NIH 人事管理受联邦政府和美国人事局的直接管理和指导，同时具有一定的自主权。NIH 的管理层包括正副院长、研究所和研究中心的正副所长、办公室主任。其中，研究院院长为研究院所有事务的管理者和直接负责人，院长人选必须要通过全球公开招聘，并由美国国立卫生研究院委员会投票决定，由美国国家总统任命。研究院院长向国会汇报工作，其任期没有固定时限，取决于管理人员的能力等实际情况。

研究院下属的研究所领导由美国国立卫生研究院院长任命（国家癌症中心除外，由总统任命），并对院长负责。同时，研究院对管理人员采取严格的绩效评估制度[①]，评估结果直接影响管理人员的绩效、工资和任职期限。

4）人才管理机制

NIH 的人员公开招聘，聘用方式包括联邦政府正式聘用、合同制聘用和外包聘用 3 种方式[②]。在绩效管理方面，NIH 对所有员工采用绩效管理评估系统进行考核评估，评估内容包括工作量、研究项目完成情况和科研产出等，考核结果将直接影响员工的绩效工资和续聘。在职级晋升方面，研究人员一般面临 3 个阶段的评审：申请评审、匿名专家评审和终身职位委员会进行终审（图 3-7）。

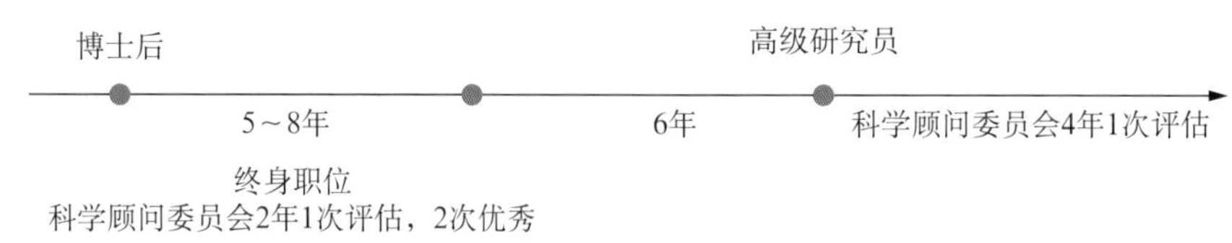

图 3-7　美国国立卫生研究院科研人员职业发展路径

（3）合作共享机制

NIH 重视支持国际研究项目，并设有专门负责国际交流与合作的机构——Fogarty 国际中心（FIC），在总体上负责协调其国际合作活动，同时直接管理跨研究所的国际合作项目。

FIC 资助项目主要包括研究基金和合同项目、国际合作研究项目、国际培训和研究项目及访问学者项目，不同项目的申请要求和资助特点如下。

研究基金和合同项目：申请人为外国科学家，要求所用的技术、资源、人群环境条件都必须是美国所不具备的，申请难度较大。

国际合作研究项目：申请的第一负责人必须是美国人，同期执行 NIH 项目。

国际培训和研究项目：根据生物医学研究热点问题，组织多项培训和研究，如疟疾研究和传染性疾病的生态学研究等项目。

① 包括针对美国国立卫生研究院高级行政主管的 PMS 考核系统；针对所有美国国立卫生研究院雇员的 PMAP 考核系统。

② 陈涛 . 美国公立研究机构管理及改革动向：以国立卫生研究院为例 [J]. 全球科技经济瞭望 ,2016,31(9)：28-33.

访问学者项目：中国学者获得该项资助较多，很多中国学者都曾在研究院接受训练或工作过。

（4）成果转化机制

NIH 对研究成果的技术转移工作仍高度重视，并成立了技术转移办公室（Office of Technology Transfer，OTT），负责 NIH 相关发现和发明等知识产权的评估、保护、市场化、许可授权和监管。办公室在开展技术转移时不进行专利所有权的转让，而是通过将发明许可给私立机构使用、商业化和上市销售的方式来实施。接受 NIH 资助的外部科研机构，有权获得技术的专利权并将专利许可给私立机构上市销售。OTT 技术转移的主要形式是签订技术许可协议、合作研究和开发协议及科研材料转移协议。

总体来看，NIH 的技术转移有以下特点：一是技术转移的范围较广。技术转移办公室定位于向全球转移美国最先进的医疗技术，迄今已授权给外国公司 300 多项技术，并通过国内和国际公私伙伴关系成功上市推广约 200 项医药产品。二是技术转移的合作对象主要为私人企业。OTT 注重与世界范围内私立企业合作交流，合作领域不仅限于向私立企业转移技术，还涉及科研领域的研发资金资助。三是技术涉及治疗被忽视的疾病和特殊疾病。OTT 将用于治疗艾滋病、百日咳、疟疾、登革热等多发性、死亡率高、医疗成本高的疾病治疗技术成果作为主要的技术转移目标，并与印度、墨西哥、巴西、阿根廷等主要高发国就上述疾病进行技术转移谈判。

2. 人才队伍

研究院目前共有 8300 余人，包括科研人员 4000 余人、高级研究人员 1000 余人、博士后 3800 人及研究生 500 人（图 3-8）。

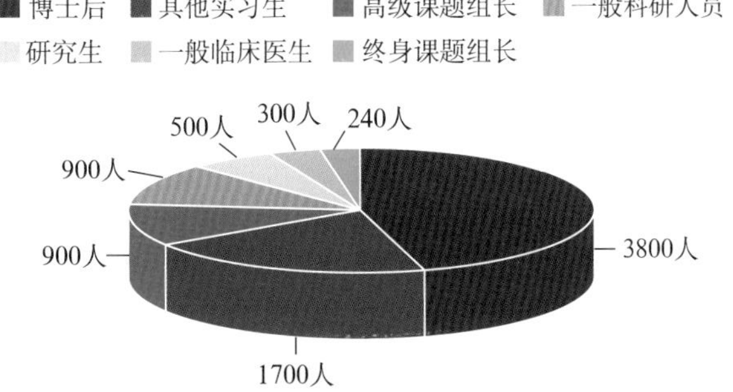

图 3-8　美国国立卫生研究院人才结构

3. 建设成效

一是作为美国生物医学领域最大的资助中心，NIH一直致力于通过各种资助方式和研究基金支持美国的高校、医院及其他国外研究机构的研究工作。每年，数以万计的科研新发现直接或间接地受到NIH的经费支持。数据显示①，全球接受NIH资助的科研人员发表了近240万篇SCI论文，其中，高被引论文约2.3万篇、热点论文380余篇、篇均被引次数超过300次。NIH拥有的27个研究机构及研究中心承担了美国最高水平的医学与行为学研究任务，在癌症②、心脏病③④⑤、传染性疾病⑥⑦、神经系统疾病⑧⑨⑩⑪等领域取得了较大成效。这些成效都离不开NIH的支持和资助。

二是NIH对美国医疗技术的革新起到了重要开创和引领作用。例如，创造了人类肝移植方法、戈谢病的细胞靶向酶替代疗法、口服环节类风湿性关节炎药物、罕见自身免疫疾病的突破性治疗手段、非诊断治疗疾病计划及精神分裂症团队疗法

---

① 基于Web of Science数据统计，检索时间为2019年7月。

② SIEGEL R L, MILLER K D, JEMAL A. Cancer statistics, 2018[J]. CA Cancer J Clin, 2018,68(1)：7–30.

③ MA J, WARD E M, SIEGEL R L, et al. Temporal trends in mortality in the United States, 1969—2013[J]. JAMA J, 2015，314(16)：1731–1739.

④ XU J, MURPHY S L, KOCHANEK K D, et al. Mortality in the United States, 2015[J]. NCHS Data Brief, 2016，12(267)：1–8.

⑤ WEIR H K, ANDERSON R N, KING S M C. Heart disease and cancer deaths- trends and projections in the United States, 1969—2020[J]. Prev Chronic Dis,2016,13：160–211.

⑥ CDC. Health, United States, 2015: with special feature on racial and ethnic health disparitites[EB/OL]. (2017-06-22)[2019-11-26]. https://www.cdc.gov/nchs/data/hus/hus15.pdf.

⑦ CDC. Statistics & surveillance[EB/OL]. (2018-04-18)[2019-11-26].http://www.cdc.gov/hepatitis/statistics/.

⑧ SEMENOV Y R , YEH S T , SESHAMANI M , et al. Age-dependent cost-utility of pediatric cochlear implantation[J]. Ear and hearing, 2013,34(4)：402–412.

⑨ GERASIMENKO Y P, LU D C, MODABER M, et al. Noninvasive reactivation of motor descending control after paralysis[J]. Journal of neurotrauma, 2015,32(24).

⑩ NIH. Brain stimulation therapies[EB/OL]. (2016-06-01)[2019-11-26].https://www.nimh.nih.gov/health/topics/brain-stimulation-therapies/brain-stimulation-therapies.shtml.

⑪ NIH. Diabetic retinopathy[EB/OL]. (2019-08-03)[2019-11-26].https://nei.nih.gov/health/diabetic/retinopathy.

等[①②③④]。多年来，NIH 资助的基础研究及技术创新为全球的转化医学与临床医学进步打下了坚实的基础，其研究经费直接催生了一大批新发明与新专利。2000 年以来，受 NIH 资助的研究人员专利申请数超过 3 万项，每年获得授权 100 ~ 120 项。NIH 资助的生物技术公司与制药公司平均每 1 亿美元研究经费约产生 3.26 项专利。从 2010—2016 年 FDA 批准的 210 个新药中，每个成果（新药）的原创性初始研究资源都可以归结到 NIH 资助的项目（R01 类为主）。NIH 资助的研究为美国生物医学产业贡献了 690 亿美元左右的产值[⑤⑥]。

三是 NIH 下设的美国国家医学图书馆作为全美最大的医学情报中心，建设了世界使用最频繁的医学数据库 PubMed/MEDLINE，为全球的研究人员、医疗人员和读者提供了最广泛的医学资源。截至 2019 年，该数据库的访问量超过了 7 亿次，收录了 3000 多万条科学引文数据。

四是通过提供项目资助和培训计划，NIH 也培育了一大批生物技术领域科研人才。截至 2019 年，NIH 支持的全球学者超过 40 万名，他们中有 160 名诺贝尔奖得主和 195 名拉斯克奖得主。

（二）萨瓦纳河国家实验室

萨瓦纳河国家实验室（Savannah River National Laboratory，SRNL）成立于 1951 年，由被誉为“现代生态学之父”的 E. P. Odum 教授创建，2004 年通过国家实验室认证，是美国能源部的一个多项目国家实验室。实验室经费由美国能源部提供，运行由萨瓦纳河核解决有限责任公司负责。实验室围绕国家战略需求和世界科学前沿进行科技布局，重点开展面向国家安全、环境管理和清洁能源 3 个方面的研究。萨

① UMPC. Leadership[EB/OL]. [2019–11–26].http://www.upmc.com/media/experts/pages/thomas-e-starzl.aspx.

② NIH. A sense of calm in bipolar disorder: the clinical trials of lithium[EB/OL]. [2019–11–26].https://irp.nih.gov/accomplishments/a-sense-of-calm-in-bipolar-disorder-the-clinical-trials-of-lithium.

③ NIH. Therapy for inherited enzyme deficiencies[EB/OL]. [2019–11–26]. https://irp.nih.gov/accomplishments/therapy-for-inherited-enzyme-deficiencies.

④ AZRIN S, GOLDSTEIN A, HEINSSEN R. Early Intervention for psychosis: the recovery after an initial schizophrenia episode project[J]. Psychiatr ann, 2015,45：548–553.

⑤ NIH. Profiles of prosperity: how nih-supported research is fueling private sector growth and innovation[R/OL].(2013-07-19)[2019–11–26]. http://www.unitedformedicalresearch.com/wp-content/uploads/2013/07/UMR_ProsperityReport_071913a.pdf.

⑥ Biotechnology Industry Association. State legislative best practices in support of bioscience industry development[EB/OL]. [2019–10–11].http://www.bio.org/articles/state-legislative-best-practices-support-bioscience-industry-development.

瓦纳河国家实验室下设的环境和生物技术部（Environmental and Biotechnology，ES & BT）的任务是开发和部署科学的集成解决方案，以应对当前存在及潜在的生态环境问题。ES & BT 在包括生态、地质、健康物理学和微生物学在内的众多学科中开展基础和应用研究，其下设环境科学和生物技术两个分部。

1. 运行机制

（1）管理模式

实验室隶属于美国能源部①，采取“政府所有—合同制管理”（government-owned，contractor-operated，GOCO）的形式运行，即国家能源部代表国家与负责国家实验室具体运行管理的机构签订“管理和运行”(M&O) 合同，决定每个实验室的使命，并提供实验室运行经费；实验室成员（研究人员等）决定如何实现最好的科学研究；运行管理机构负责为实验室的长期基础性研究提供良好的科学研究环境，包括引进并保证实验室拥有世界水平的研究人员；创造能够保证科学研究团队的完整性与核心竞争力，并使其科学活动脱离有政治压力的学术与组织环境；邀请同行领域专家，对实验室人员的学术研究进行评价。

实验室内部管理实行理事会制度下的实验室主任负责制。理事会为实验室各项工作提供指导、监督和建议。理事会成员 6 名，负责项目管理、实验设施计划、合作研发、商业运作等事务，并对机构运行和管理方面的重大问题做出决策。理事会在全国范围内招聘国家实验室主任，由能源部和萨瓦纳河核解决有限责任公司共同确定。实验室主任的职责和权利主要包括根据其任务制定年度计划和预算；根据实验室专家组的评议结果和经费情况决定项目是否立项和投入经费的多少；每年向能源部和公司提交年度报告。

实验室采用矩阵式管理结构。纵向上，下设若干学部或研究中心，由各学部或研究中心负责人负责；横向上，根据任务需求灵活组建研究团队。

1）评估模式

实验室基于绩效合同进行评估和管理。能源部每年提出总体项目战略方向与运作目标，与萨瓦纳河核解决有限责任公司确定年度绩效标准并签订合同，采取绩效目标导向的诊断性评估②。该评估模式的意义在于：一方面，注重实验室完成科学技术目标任

① Savannah River National Laboratory.About SRNL[EB/OL]. [2019-10-12]. https://srnl.doe.gov/about/excellence.htm.

② 李强 . 美国能源部国家实验室的绩效合同管理与启示 [J]. 中国科技论坛 ,2009(4)：137-144.

务的能力，促进其效能的发挥；另一方面，就存在的问题及解决途径给出咨询建议。

2）经费管理

实验室内部的各研究部、课题组通过项目竞争获取科研经费，经能源部审核后向总统和国会申请机构科研预算。科研经费实行项目合同制管理，以项目经费配置为手段实现科研方向与科研人才的优胜劣汰。此外，项目经费涵盖了实验室科研人员的薪酬。

3）人事管理

实验室采取联邦雇员制和项目合同制的人事制度，并分别实行联邦工资制度、企业工资制度和人才公司聘用工资制度支付薪酬。

在人才结构部署方面，实验室在保证足够数量核心人员的前提下，鼓励继任机制。在人员聘用方面，实验室提供大量的实习岗位和博士后研究项目，与专业协会联合选拔杰出的科研人才。在人才激励方面，实验室为优秀的人员提供充足的晋升机会，同时设立多项奖项，表彰有突出贡献的科研人员。例如：实验室主任奖，表彰对实验室任务具有战略重要性领域推进的科学和工程成就；联合研发协议奖（cooperative research and development agreements，CRADAs），主要奖励参与实验室技术成果转移转化的科研人员。

（2）经费收支

实验室的运行经费由美国能源部提供，主要来自联邦政府经费。2017 年实验室共获得 24.9 亿美元资助，其中 43.0% 用于国家安全领域（包括生物安全领域）、27.0% 用于环境管理领域、26.0% 用于核材料管理领域（图 3-9）。

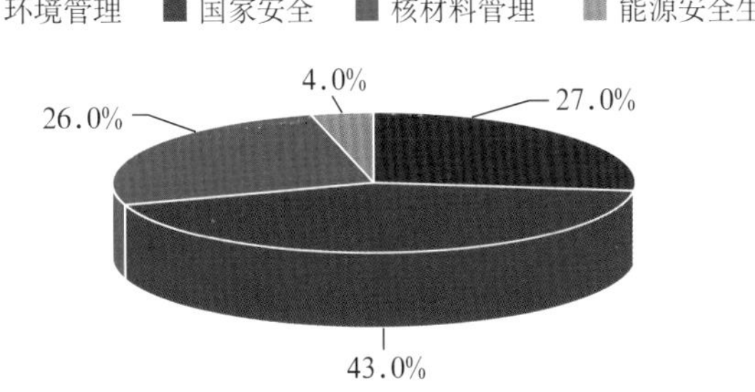

图 3-9　萨瓦纳河国家实验室经费分布

（3）合作机制

实验室作为能源部的研究机构之一，与南卡罗莱纳州政府相关机构、地方高校及产业界形成了密切的合作关系。一是结合地方产业需求，加快促进生态环境修复、氢能源开发、材料研发等领域的技术转化进程；二是根据能源部的指导建议，与其他联邦机构和非联邦实体形成战略合作伙伴，共同进行前沿技术的研发；三是与高校建立合作培养项目，培养面向生物技术前沿研究和产业应用的各层次人才。主要合作方式包括以下 4 种。

①技术许可和转让。由实验室的技术转让办公室负责向企业等私营部门进行技术许可和转让，涉及环境管理、国家安全、科学与技术、清洁能源 4 个领域的近 100 个研究方向[①]。技术转移办公室遵守“实验室技术转移指导”原则，对许可和转移过程中涉及的许可条件、许可计划、商业模式等各环节进行详细指导和规划。

②战略合作。由能源部设立特殊计划，协调实验室与其他联邦机构和非联邦实体达成战略合作。该类研究计划依据美国能源部 481.1D 号令的指导原则进行，须满足以下条件：一是与实验室的研发职责相关；二是确保不影响实验室的运营计划；三是避免该实验室与国内私营部门构成直接竞争关系。

③合作伙伴研发项目。由实验室与企业、财团、地方政府、高校或其他非营利组织直接签订合作协议，并进行定向研发。

④人才合作。由实验室与各高校建立的人才共享、资源共用机制，联合机构间的综合优势来解决各领域关注的共同问题。其合作形式包括：a. 建立合作伙伴关系，签署协议备忘录等；b. 根据重大研发需求和能力培养要求，建立实习项目；c. 为学生提供传统实习机会，如在高校和企业间的双向实习等。

2. 人才队伍

实验室目前共有工作人员 1166 人，其中，超过 50% 为科研人员，其次是博士研究生（198 人）、实习生（60 人）（图 3-10）。

① Savannah River National Laboratory.Technology transfer[EB/OL]. [2019-11-26]. https://www.srnl.doe.gov/tech_transfer/tech_briefs.htm.

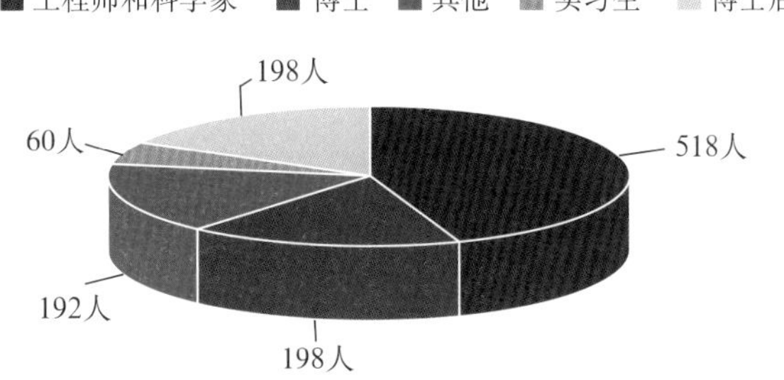

图 3-10　萨瓦纳河国家实验室人才机构

3. 建设成效

萨瓦纳河国家实验室承担着美国国家安全、环境管理和清洁能源的科研创新和成果转化的任务，尤其在生态环境技术领域的产业化运营成绩斐然，成为美国国家实验室和产业界合作的典范。多年来，实验室针对环境修复、清洁能源开发的切实需求，从前沿研究到成果创新，研发了切实可行、高价值、高收益的全流程解决方案，并与世界其他地区广泛合作，赢得了世界一流的声誉[①]。

科研创新方面，截至 2019 年，实验室在生态环境和清洁能源领域共发表 SCI 论文 1347 篇。

专利成果方面，实验室紧密加强与转让实体的对接，通过建立实验室的伙伴关系和合作开发两种方式进行了诸多成果转让。在能源部的大力推动下，实验室共计申请专利 200 多项[②]。近年来的转让技术包括生物系统中金属输送或脱除技术、生物强化油气提取技术、监测生物技术工业中微生物水平的自动化电化学技术等 72 项[③]。

对外合作方面，实验室与南卡罗莱纳州的高校及周边小型企业展开了广泛的合作，如与克莱姆森大学和南加州大学就促进州经济的技术援助项目展开联合创新研究，与南卡罗莱纳商业部签订战略合作协议，共同促进南卡罗莱纳州的生物技术产

① Savannah River National Laboratory. Operational excellence[EB/OL]. [2019-11-26]. https://www.srnl.doe.gov/about/excellence.htm.

② 《2005 年能源法案》推出后，能源部先后投资 2000 万美元设立了能源技术商业化基金，并成立了技术转移政策委员会来促进美国能源部及其下属实验室科技成果的转移转化。

③ WEIR H K, ANDERSON R N, KING S M C. Heart disease and cancer deaths- trends and projections in the United States, 1969—2020[J]. Prev Chronic Dis,2016,13：160-211.

业化发展。此外，实验室还与包括麻省理工学院、密西西比州立大学在内的 21 所高校、研究机构建立了伙伴关系，开展人才培养、合作研究等项目合作。

（三）加州大学旧金山医学中心

加州大学旧金山医学中心（University of California, San Francisco Medical Center, UCSF 医学中心）始建于 1868 年，是世界著名的生物技术及医学中心。在《美国新闻与世界报道》公布的美国最佳医院排行榜中常年稳居前十。作为全美最好的研究、教学和医疗的综合性医学中心之一，UCSF 医学中心先后产生了 5 位诺贝尔生理或医学奖得主，并在癌症、肾脏学、神经病学与神经外科、泌尿学等几乎所有疾病领域均具有世界一流的医疗水平。

1. 运行机制

UCSF 医学中心是加州大学旧金山分校的内设机构，下设 Parnassus、Mount Zion 和 Mission Bay 3 个主要院区，其人事、财务、设施各方面都受大学管理。医学中心主任由校长任命，科研经费由大学补贴，医学中心的医生可评聘教授系列的职称。此外，大学对医学中心是否设立基础医学或临床医学方面的实验室也有建议权。

（1）经费收支

UCSF 医学中心的经费主要来自：①州教育部门和卫生厅的预算；②医院的科研人员从美国国立卫生研究院申请的基金；③加州大学给予的基础科研经费、日常运行经费和基建经费；④医院的医疗收入；⑤科研成果转化的效益。

2017—2018 年，加州大学资助了 UCSF 医学中心共计 43.3 亿美元经费，占加州大学总支出的 15.6%，占加州大学旧金山分校全部经费的 61%；盖茨慈善基金会资助 4600 万美元；患者服务净收入 41.6 亿美元，其他收入 2.1 亿美元[①]。

医疗中心的经费主要用于支付员工工资福利、物资服务、职工补偿和医疗事故保险等项目，同时支持医学中心的运营、临床研究和教员的实践项目，以及满足医院营运的资本需求。2018 年，中心共支出 42.4 亿美元，其中员工的工资福利 22.1 亿美元、物资服务 17.1 亿美元、折旧 2.2 亿美元、其他支出 1 亿美元。

（2）研究及治疗领域

UCSF 医学中心的主要研究领域包括临床医学、药理学与毒理学、免疫学、分

① UCSF Health. Financial performance[R/OL]. [2019-08-09]. https://www.ucsfhealth.org/pdf/annualReport2018.pdf.

子生物学与遗传学、神经科学与行为学、生物学与生物化学及微生物学。在临床医疗方面，其科室设置基本涵盖所有疾病领域。除了为美国当地的病患提供专业的医疗护理服务之外，UCSF 医学中心全球健康组织还面向包括非洲、亚洲、拉丁美洲、中东在内的 34 个国家提供医疗援助。

（3）人才培养

UCSF 医学中心秉承“为国家培养最有前途和希望的生命科学和医疗专业工作者”的宗旨，对学生的录取严格把关。最新统计显示，其学生入学的录取比例为 20 : 1。课程设置方面，UCSF 医学中心高度注重学生实践和创新能力的培养，将教学、科研和临床有机紧密地结合起来，一方面提供高水平的课堂教育；另一方面资助学生申请到 UCSF 医学中心门诊部的心脏血管中心、贝尼奥夫儿童医院等医疗机构观摩实习。

2. 人才队伍

UCSF 医学中心总计拥有 12 000 余名雇员[①]，其中 UCSF 医学院拥有 2719 名全职教职工，包括美国艺术与科学院（American Academy of Arts & Sciences）院士 64 人、霍华德 · 休斯医学研究员（Howard Hughes Medical Investigators）17 人、美国国家医学院（National Academy of Medicine）院士 101 人及美国国家科学院（National Academy of Sicence）院士 51 人。作为全美顶尖的医学研究及教育机构，UCSF 医学中心每年收到近 8000 份医学学位（MD）入学申请，其中约 500 名学生进入面试，最终仅录取 150 余名。此外，目前有 944 名住院培训医师（resident）、607 专科培训医师（fellow）及 882 名博士后研究人员在 UCSF 医学中心接受培训[②]。

3. 建设成效

UCSF 医学中心是世界顶级的医学研究中心，在其 100 多年的发展中，积累了多项顶尖荣誉，并积极推动了成果转化和国际合作。

目前，UCSF 医学中心共有 750 余项临床试验研究正在开展，社区参与项目 100 余项，积极开展技术前沿研究和社区服务，为患者提供了世界领先的优质创新医疗

---

① 鉴于无法获取 UCSF 医学中心人员结构的具体数据，本部分以 UCSF 医学院的公开数据代替。

② UCSF. Facts & figures[EB/OL]. [2019-09-20]. https://medschool.ucsf.edu/facts-figures.

服务[①]。截至2019年，UCSF医学中心共有超过200项创新诊疗方法，在2019—2020年《美国新闻》的年度最佳医院荣誉榜中[②]，共获得8项最高排名（腹主动脉瘤修复手术、慢性阻塞性肺手术、结肠癌手术、心脏搭桥手术、心力衰竭、髋关节置换、膝关节置换和肺癌手术）。UCSF医学中心目前经营逾90家生命科学公司，在基因和生物信息学、基因重组产品、艾滋病的防治等领域，吸引了众多企业建立合作，产生经济效益约89亿美元。此外，还与国际机构积极建立联系，在合作运营、国际医院科室共建、医务人员教学培训、高净值客户海外就医保障等方面取得了显著成绩。

作为健康科学领域的世界顶级研究机构之一，UCSF医学中心先后产生了5位诺贝尔生理学或医学奖得主，展示了其雄厚的科研实力。

（四）波士顿生物技术产业集群

波士顿生物技术产业集群是马萨诸塞州的核心，是全球最具活力的生物产业集聚区。集群内有麻省理工学院、哈佛大学等世界一流的高校资源，新英格兰医学中心等优质临床医学资源，以及众多在生命科学、分子生物学、新材料和化学等相关研究领域引领世界的优势学科群和实验室，吸引了无数生物技术企业，加速了顶尖科研成果与顶级财力的结合。强大的规模效应使波士顿生物技术产业集群成为全球创新成果产业化最高的区域之一[③]。

1. 发展概况

波士顿生物技术产业集群形成于19世纪中期，1980年后迅速发展起来。随着《专利和商标法修正案》（即《拜杜法案》）和《史蒂文森—威德勒技术创新法》的出台，科研机构和学校等公共部门被许可可以从事营利性的产业活动，波士顿地区聚集的顶尖高校开始在科技和经济的互动发展中扮演更为重要的角色，使集群取得了飞跃式发展。20世纪80年代，波士顿地区有79家生物技术企业相继成立，如百健（Biogen）、健赞（Genzyme）等生物医药巨头，90年代又有88家企业相继成立，

---

① UCSF.UCSF overview[EB/OL]. [2019-11-26]. https://www.ucsf.edu/about.

② U.S. News. U.S. News releases 30th annual 2019: 20 best hospitals rankings. (2019-07-30)[2019-11-26]. https://www.usnews.com/info/blogs/press-room/articles/2019-07-30/us-news-releases-30th-annual-2019-20-best-hospitals-rankings.

③ 翁媛媛，饶文军. 生物技术产业集群发展机理研究：以美国波士顿地区为例 [J]. 科技进步与对策，2010，27(6)：54-59.

集群内员工数量也增长了一倍[①]。如今，作为全球最具活力的生物产业集聚区，波士顿生物技术产业集群涵盖了新药研发和生产、医疗健康产品、医疗器械和设备及环境与兽医等领域。区域内生物技术与制药企业超过240家，几乎所有著名的生物医药公司在此设立了研发中心。

总体而言，波士顿生物技术产业集群最大的发展特色是利用自身强大的研发能力及美国专利政策的优势，走出了一条独具特色的高科技生物技术产业发展道路[②]。

2. 运行机制

波士顿生物技术产业集群强调研发合作、知识共享、创新协同，形成了多主体、多层次、多渠道的运行网络。集群的日常运营主要由政府、企业和高校共同建设的董事会负责；研发主体为波士顿环剑桥地区的顶尖高校、医学中心和其他研究机构；主要资金来源为政府、基金和其他投资；集群内的生命科学孵化器和马萨诸塞州生物技术委员会为企业之间及企业和研发机构之间的产学研合作提供全链条的服务。

（1）管理模式

官、产、学共同管理是美国形成大量生物产业集群的保障。在美国生物产业园区建立之初，政府发挥了主导作用，后来逐渐撤出，由资本市场引导其进一步发展。政府主要进行宏观的规划和调节，并通过财政投入部分资金来参与园区的发展和建设，对园区物业的使用性质给予规定，确保政府在经济和科技发展导向方面的管理和调节作用，但并不具体参与园区的管理和运作。这种官、产、学共同管理的模式优势突显，宏观与微观恰到好处的组合，使各个机构能够和谐地融合在一起[③]。

波士顿产业集群的组织架构由政府、基金会或银行及私营企业共同参与投资建设。三方组成董事会 / 理事会，通过招募专业管理团队对园区的物业行使管理权，对场地的租赁和孵化服务进行企业化运作。这种合作模式的优势在于：一方面，利

---

① 郑晓奋．美国生物技术产业集群创新及对中国的启示 [J]. 海南大学学报 (人文社会科学版), 2011, 29(3)：50–54.

② 翁媛媛，饶文军．生物技术产业集群发展机理研究：以美国波士顿地区为例 [J]. 科技进步与对策，2010, 27(6)：54–59.

③ 张擎．美国生物医药产业园区发展特点及启示 [J]. 中国高新区 ,2011(4)：111–113.

用政府力量弥补了企业发展中后劲不足的缺陷，为企业的发展提供了良性的科研智力环境；另一方面，共同管理也避免了政府行政权力的过多干预，激发了大学和企业界的活力。

（2）资助模式

波士顿生物技术产业集群有多元化的筹资渠道，包括联邦拨款或资助、州政府拨款或资助、大公司出资、成立基金会、贷款、风险投资等。其中，政府对生物产业的直接支持主要集中在基础研究领域。2018 年，依靠哈佛大学、麻省理工学院等著名大学和集群内的医学院、研究型医院及其他研究机构，波士顿生物技术产业集群成为全美获得美国国立卫生研究院资助最多的区域。此外，政府还为集群内的生物技术产业的企业提供多种资助项目，如"经济开发鼓励项目""创造就业鼓励项目""经济稳定信托基金经济开发项目"和"马萨诸塞州新兴科技基金"等。其他资助主要支持应用研究和产业化。在波士顿生物技术产业集群建立之初，大多数投资来自于纽约、加利福尼亚州等地的投资基金。随着波士顿生物技术产业集群的成长，大量风投基金在马萨诸塞州开设办事处，当地也成立了许多新的风投基金。小企业在合作中逐步发展成中大型企业或被大企业兼并，大企业和大学又不断促进新企业的形成，这种良性循环促进了产业集群的发展，使得投资效应及研究开发的效率得到很大提高。此外，集群内还采取财政激励、贷款保障、低还款利息等鼓励措施，有效促进了新公司的成长。

（3）成果转化模式

在波士顿生物技术产业集群，研究型大学的科技成果转化主要通过以下 3 种途径实现：一是大学将自己的科技成果直接应用于集群的企业；二是通过集群的研发机构转化科技成果；三是直接创建企业，通过大学集群投资的企业进行开发、试验，形成稳定成熟的产品后，将技术和企业出售给大型企业。

为了促进科技成果的转让，美国从国家科技经济的战略高度建立国家技术转让中心，各高校也普遍设有技术转移转化办公室和大学科技园以积极推动研究成果的转让。马萨诸塞州还专门成立了生物技术委员会，以促进当地的高校及生物技术企业间的贸易联系。马萨诸塞州生物技术委员会联合当地的行业协会、政府中介、民营中介等官方及民间营利性和非营利性组织形成了专业的中介服务网络，为产业集群内的机构提供从研究开发、技术信息、技术联系、成果转化、专利申请到风险投资、管理经营、税收优待、商业化和市场开拓甚至出口援助等涵盖整个产业发展链条的无偿服务和合同性服务。近年来，波士顿生物技术产业集群内的医疗科技基础与全球制药企业巨头、初创公司积极互动，形成了引领当今医药领域最新发展趋势的研发模式——"临床—实验室—临床"（bed-bench-bed，BBB）。

3. 政策环境

美国政府通过成立高层次的科技发展领导和协调机构，制定科技发展宏观战略和规划，对生物技术及其产业发展施加重大影响。受美国政府的宏观政策调控，马萨诸塞州政府在财税、人才吸引、园区建设等方面实施了多项激励措施，包括投资赋税优惠、经济发展鼓励项目、增值税理财、研发税收优惠、劳动培训基金、鼓励招聘的培训拨款、鼓励提供新岗位的资金等，有效改善了商业环境（表 3-3）。

表 3-3　马萨诸塞州政府针对波士顿生物技术产业集群的相关举措

相关举措	内容
经济开发鼓励项目	针对州税收和地方税收的鼓励项目，帮助落户波士顿和在波士顿拓展业务的企业显著削减商务成本
创造就业鼓励项目	帮助符合相关标准的生物科技企业或医疗器械制造公司就其所创造的就业岗位获得奖励金
研发税收减免政策	针对制造商和研发企业的研发活动投资，旨在为研发投资排除障碍，促进创新和公司发展
"经济稳定信托基金"经济开发项目	一个私营公用基金，提供高风险资金以帮助企业在波士顿建立中小型研发和制造基地
马萨诸塞州新兴科技基金	与传统借贷机构、风险资本和其他融资机构合作，为企业成长发展提供贷款或贷款担保

4. 建设成效

目前，波士顿生物技术产业集群在基础研究、技术创新、成果转化、人才培养等方面取得了显著成效，并带动整个波士顿发展成为全美乃至全球美国生物技术创新基地的著名代表。

波士顿生物技术产业集群拥有以哈佛大学、麻省理工学院、波士顿大学、马萨诸塞州大学、塔斯夫斯大学及塔夫茨医疗中心为代表的顶级科研机构作为研发主体，是全美获得 NIH 资助最多的城市，资助总额约占 NIH 总经费的 40%，发表了生物技术相关领域的论文达 67 万余篇。

波士顿生物技术产业集群的开发主体是集群内的高校和支柱企业。集群内目前有240多家创新企业，在全球排名前10位的生物技术产业巨头中，有3家总部设在该集群，分别是：百健（Biogen）、千禧制药公司（Millennium Pharmaceuticals）和健赞公司（Genzyme）。2016年全球所有开发的新药中，波士顿区域的产出占5.5%，拥有生物技术领域专利7565项，全美排名第二，并有近500项成果走向市场。

在人才培养方面，自建设以来，波士顿生物技术产业集群吸引并培育了一大批优秀的高级人才，诞生了5位诺贝尔奖获得者，涌现众多推动生物技术产业发展的重大技术突破。

（五）美国国家生物技术信息中心

美国国家生物技术信息中心（National Center for Biotechnology Information，NCBI）是国际核酸序列共享联盟（The International Nucleotide Sequence Database Collaboration，INSDC）的三大成员之一，始建于1988年，是美国国家医学图书馆的分支机构。NCBI旨在整合全世界范围内的生物科学数据资源，为美国提供最广泛、最及时、最综合、最权威的人类健康科学数据信息。

NCBI在成立之初，有4个基本功能定位。具体而言，一是信息存储功能，为分析生物学、生物化学、遗传学等知识创建自动化系统；二是数字化功能，通过计算机等信息处理系统，分析生物学上的重要分子和化合物结构；三是产业共享功能，促进生物学研究和医学研究，为生物技术、医学等产业发展提供数据支持；四是开放平台功能，与其他国家协作，获取世界范围内的生物技术信息，促进人类社会基因保存[①]。

作为全球首个国家级基因库，NCBI的成立充分体现了美国重视基因资源的国家意志，为其应对遗传革命带来的大数据竞争形势奠定了坚实的基础。NCBI的经费全部来自政府拨款。自2016年起，NCBI的年均经费超过8000万美元。

1. 运行机制

美国国家生物技术信息中心由美国国立医学图书馆建立。作为美国国家图书馆的分支机构，美国政府在其组建、发展、运营中发挥着主导作用，中心仅具有信息存储功能，其产业化发展受到管理体制的限制。

① RCSB PDB. About RCSB PDB: enabling breakthroughs in scientific and biomedical research and education[EB/OL]. [2019-07-28]. https://www.rcsb.org/pages/about-us/index.

（1）组织架构

NCBI 下设 3 个部门：计算生物学部门、信息工程部门和信息资源部门。其中，计算生物学部门致力于计算分子生物学的基础研究，针对分子生物学和遗传学中存在的计算、数学和理论问题开展基础及应用研究，包括基因组分析、序列比对、序列查找方法学、大分子结构、动态相互作用及结构 / 功能预测；信息工程部门致力于支撑分子生物学领域数据库的创建；信息资源部门指导和管理美国国家生物技术信息中心的计算运行各类计算机系统。

各部门分别设主席负责部门常规的运营管理，此外，整个中心设有科学顾问委员会，负责评估中心的项目管理和科研活动。

（2）数据库平台架构

NCBI 的运行架构基于“一库两平台”的建设。“一库”是指数字信息库，包括基因、蛋白、分子、影像等多种形态的生物信息数据库；“两平台”是指基因信息读取平台和基因编辑合成平台。截至 2019 年，中心运行的数据库共 59 个，序列提交平台 17 个，此外，还包括可下载资源 29 个、工具资源 53 个。

（3）数据来源

NCBI 的数据来源于全球生命科学研究产生的生物信息大数据。近年来，仅美国国家生物技术信息中心的 SRA 数据已超过了 18 PB。其丰富的数据来源离不开生物数据管理机制的保障。

一是由于 NCBI 在生物大数据领域的领导地位，很多期刊要求论文的递交者把发表的数据公开到 NCBI 等国际知名的数据库，使得国际上公开发表的数据必须在 NCBI 数据库中共享。

二是 NIH 资助的很多科研项目明确要求所产出的基因组信息必须及时公开，在很大程度上保证了 NCBI 数据来源的稳定性。

三是作为国际核酸序列共享联盟之一，NCBI 和日本基因数据库（DDBJ）及欧洲生物信息研究所（EBI）每天进行数据交换更新。

（4）数据管理

NCBI 在数据管理方面同时受国际核酸序列共享联盟和美国国立卫生研究院的约束。

国际核酸序列共享联盟的三大数据中心每年召开会议，讨论有关建立和维护序列存档的问题，并制定统一的标准和政策。统一的标准要求数据格式的统一性，序列命名空间的同一性，使其所有递交存档的公共核酸序列数据都可以通过三大数据库以标准格式进行访问，并且同一个序列号（accession 号）对应相同的内容；统一的政策保障数据提交和访问的安全规范，要求数据的访问是免费和不受限的，且记录永久保存、可交叉使用等。

NIH 在 2018 年发布了首个《数据科学战略计划》[①]，对科学数据的基础设施、数据生态系统的现代化建设、数据可持续发展等方面进行了规划，并对数据存储、使用和安全性问题制定了新的规范，保障了数据的可检索、可访问、可交互使用和可重复使用（表 3–4）。

表 3–4 《数据科学战略计划》实施纲要[②]

数据基础设施	数据生态系统的现代化建设	数据管理、分析方法和工具	数据人才队伍建设	数据管理和可持续发展
·优化数据存储及安全性能 ·连接 NIH 数据系统	·实现数据库生态系统的现代化建设 ·支持单个数据集的存储和共享 ·利用正在进行的计划，将临床和观察数据更好地整合到生物医学数据科学中	·支持开发具有实用性、通用性，且可访问的工具和工作流程 ·扩大专业工具的实用性、可用性和可访问性 ·改进资源检索和资源编目	·加强 NIH 数据科学人员队伍 ·扩大国家研究人员队伍 ·吸引广泛联合	·制定“四可原则”数据生态系统的政策 ·加强管理

2. 人才队伍

NCBI 目前拥有员工约 700 人，包括高级研究员（senior investigators）、终身研究员（tenure track investigators）、职业科学家（staff scientists）、博士后和学生。

3. 建设成效

在政府的全额拨款支持下，NCBI 现今已经形成了具有数十 PB 存储、千万亿次计算资源及 110 Gbps 网络带宽资源的全球领先的国家生物信息中心，同时依靠其强大的科研与专业技术团队，为美国乃至全球的科学家提供基础设施及大数据研究与应用服务。其期刊文献搜索工具 PubMed 可提供对 MEDLINE 上超过 1100 万篇期刊

① NIH. NIH strategic plan for data science[EB/OL]. (2019-08-07) [2019-11-26]. http://datascience.nih.gov/strategicplan.

② NIH. Strategic plan for data science[R/OL]. （2019-08-07）[2019-09-29]. https://grants.nih.gov/grants/rfi/NIH-Strategic-Plan-for-Data-Science.pdf.

的引用，并包含对参与出版商网站上全文文章的链接。Entrez 系统可为用户提供对序列、映射、分类和结构数据的综合访问，并提供了序列和染色体图的图形视图。BLAST 程序可识别基因和遗传特征，其高效搜索能力能实现 15 s 内对整个 DNA 数据库执行序列搜索。

NCBI 与美国 NIH 等科研机构在基因组织的检测和分析、重复序列模式、蛋白质域和结构元素、人类基因组地图、感染艾滋病毒的动力学数学模型等领域开展了大量研究。近年来，中心取得了包括人类基因组的基因图谱、BD2K 知识库系统在内的显著成果，有力支持了美国生物技术研究领域的领跑式发展①。

三、小结

美国的生物技术基地平台规模庞大、种类丰富，地域上紧密结合，功能上互相联结，在全球形成显著优势。

（一）国家战略地位突出，高度重视生物技术基地建设

美国生物技术基地平台的全面发展，得益于国家高度重视、突出的战略地位与作用。长期以来，美国一直把生物技术产业定位为一个基础性和战略性产业，高度重视生物技术科技创新基地的建设，并先后发布《美国创新战略》(2011)、《国家生物经济蓝图》(2012) 和《美国创新战略》(2015) 等战略文件，强调了生物技术领域为实现推动美国经济发展的目标承担的重要职责。同时，美国联邦政府通过立法（如美国《国立卫生研究院研究法》）明确了国立科研机构、种质资源库等国家设立的生物技术基地平台的地位、职能、组织和运行方式、拨款方式及与政府部门的关系等。截至 2019 年，美国共建成 396 家国立科研机构和资源共享平台，围绕美国国家经济社会发展和国民健康的重大需求，开展重大前沿研究，共享全球生物数据资源。

（二）发展迅速、规模庞大，形成特色产业集群

美国的生物技术基地平台发展迅速、规模庞大。截至 2019 年，基地平台总数共 710 家，全面覆盖了科学与工程研究、技术创新与成果转化、基础支撑与条件保障 3 类，在九大行政区域皆有分布，并依托于不同的地方优势，如顶级的科研智力资

① NIH.Big data to knowledge [EB/OL].[2019-07-01]. http://commonfund.nih.gov/bd2k.

源、雄厚的资金、龙头企业的支持等，形成了各具特色的产业集群，成为美国生物经济的重要支柱。

（三）研究领域布局完善，基础研究与技术创新高效衔接

经过长期积累，美国的生物技术基地平台逐渐形成了覆盖生物技术全领域的完善布局。以美国国立卫生研究院为例，其本身既是国立科研机构，又承担了科研资助机构的功能，通过设立竞争性项目的方式，选择全国范围内的优势科研力量，与自身研究力量协同互补，整体上形成了国家在相关领域的研究布局，有效提升了科技创新能力和实力。在 3 类基地平台中，以国立科研机构为代表的科学与工程研究类基地平台设置于美国的生物科技战略必争领域：①重要基础前沿研究；②关系国家竞争力和国家安全的战略性高技术研究；③卫生健康、农业环境等重要社会工艺研究；④产业通用技术和共性技术研究；⑤重大与关键资源平台和基础设施等。同时，美国的国立科研机构与国家创新体系中其他研究单元保持着紧密合作，以企业研究中心和产业园区 / 集群为代表的技术创新与成果转化类基地平台将科技成果迅速应用于生产，在生物医药、生物能源、生物农业和生物工程领域不断创新，有效促进了生物科技与经济的融合，推动了美国生物经济的快速发展。

（四）功能定位布局前瞻，有效实现领跑发展

作为全球生物技术的创新中心，美国极具创新活力的生物技术基地平台的建设离不开联邦政府的超高战略思维。早在 20 世纪 80 年代，美国国家图书馆在联邦政府的全额资助下设立了全球最大的生物信息中心——NCBI，并将其作为美国最重要的生物科技研发资源和基础，定位为关乎美国国家安全的战略性资源。经过 30 多年的发展，NCBI 已经形成了具有数十 PB 存储、千万亿次计算资源及 110 Gbps 网络带宽资源的顶级生物信息中心，为美国应对遗传革命带来的大数据竞争形势奠定了坚实的基础。

此外，美国联邦政府长期以来持续部署和重点支持了大量学科交叉、综合集成的生物技术基地平台，如以斯坦福大学的 Bio-X 中心（生物学—工程物理学）为代表的国立科研机构，以波士顿生物技术产业集群（生物医学—其他高新技术）为代表的产业园区 / 集群、以 NCBI（生物学—信息科技）为代表的资源共享平台等，为提升美国抢占生物技术竞争制高点、全面实现领跑发展发挥了重要作用。

第二节 日本生物技术基地平台

自 2002 年提出“生物技术产业立国”口号以来，日本一直把生物产业作为国家核心产业予以政策扶持，其生物技术基地平台的显著特点是“政府牵头，政产一体”。日本当前在医药与生物科技产业研发领域的投资规模位居全球第二，其生物技术产业的迅速发展离不开完善的科技管理体系和创新体系（图 3-11）。日本的科技管理体系方面以综合科学技术会议为核心，设置于内阁，由首相领导；在创新体系方面，由企业与高校、国立科研机构等创新主体通过共同研究、委托研究等方式构建研发网络①；在研发投入方面，主要由民间投入主导（70%），政府发挥引导作用（20%）②。

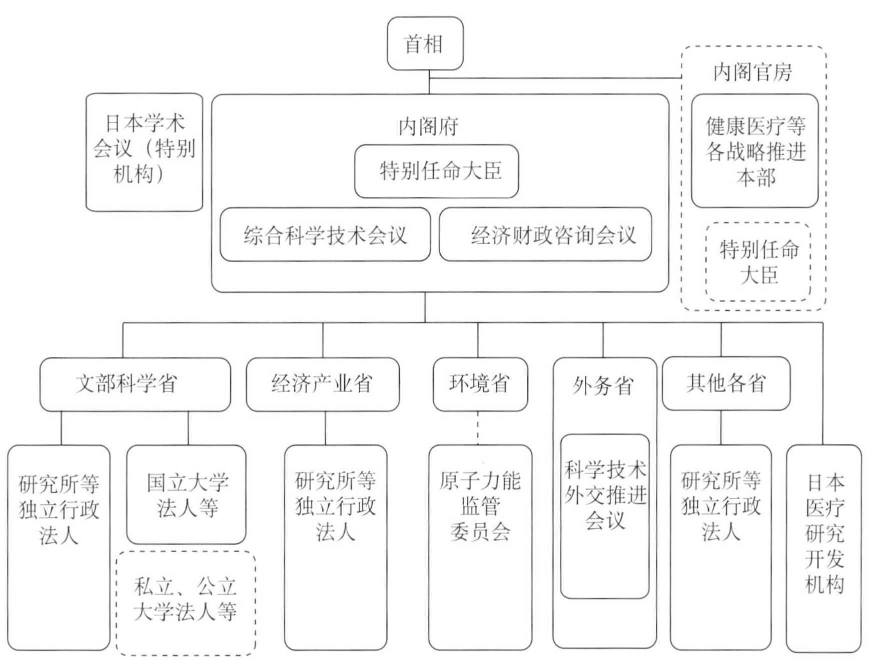

图 3-11 日本科学技术创新体系③

① 白春礼 . 世界主要国立科研机构概况 [M]. 北京：科学出版社 , 2013.

② National Science Board. Science and engineering indicators 2018[EB/OL]. [2019-07-01]. https://www.nsf.gov/statistics/2018/nsb20181/report/sections/research-and-development-u-s-trends-and-international-comparisons/cross-national-comparisons-of-r-d-performance.

③ 国立研究开发法人科学技术振兴机构研究开发战略中心 . 研究开发俯瞰报告书：主要国家研究开发战略 2019[R/OL]. [2019-07-01].https://www.jst.go.jp/crds/pdf/2018/FR/CRDS-FY2018-FR-05.pdf.

一、概况

规模庞大的生物技术基地平台是日本科技创新体系中最具特色的创新主体。截至 2019 年，日本已经建成各级生物技术基地平台 245 家，主要分布于东京、北海道、大阪、神户等生物技术产业聚集区内。

（一）基本情况

日本生物技术基地平台全面覆盖科学与工程研究、技术创新与成果转化、基础支撑与条件保障 3 类，包括国立科研机构（55 家）、医学研究中心（67 家）、企业研究中心（47 家）、产业园区（31 家）和资源共享平台（45 家）（图 3–12）。

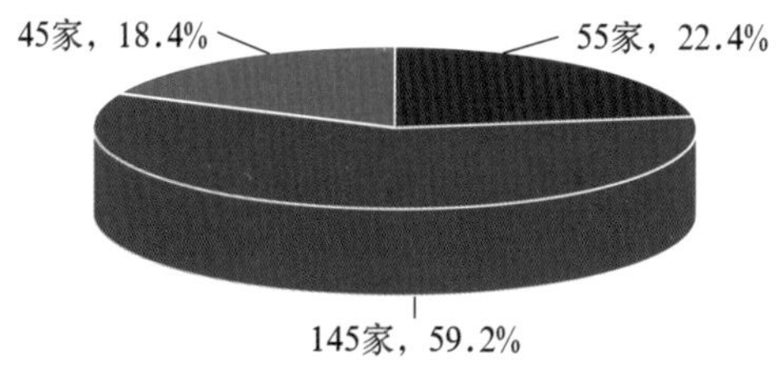

图 3–12 日本生物技术基地平台类别

1. 科学与工程研究类基地平台

主要是国立科研机构，开展基础研究，同时积极推进成果转移转化。经费主要来源于文部科学省、农林水产省等政府部门。以理化学研究所等为代表的 55 家国立科研机构占生物技术基地平台总数的 22.4%，在日本科技研发及产业创新中发挥着重要作用。文部科学省主要管理生物技术基地平台国家科技预算中大部分的经费，同时负责制定各省厅统一实施的政策和研发计划。经济产业省、农林水产省、厚生劳动省等其他政府部门则分别管理本系统领域的科研工作[①]。

2. 技术创新与成果转化类基地平台

主要包括医学研究中心、企业研究中心及产业园区。医学研究中心面向临床

① 杜渐 . 日本科技创新管理体制 [EB/OL]. [2019-07-01]. http://www.istis.sh.cn/list/list.aspx?id=10354.

需求开展前沿研究，经费主要来源于国家及地方政府财政资金，隶属于厚生劳动省、地方政府、日本红十字会及医疗法人机构等。日本 67 家医学研究中心占生物技术基地平台总数的 27.3%，包括国立医学研究中心及地方医学研究中心，以及具有研究功能的医院等医疗机构，每个医学研究中心均有擅长的研究领域，如国立癌症中心、爱知县癌症中心均为癌症研究的重要医学研究中心。企业研究中心主要关注产业技术创新，作为重要的创新主体，日本的企业向各研究中心投入了大量研发经费，占全国总投入的 70% 以上。47 家企业研究中心占生物技术基地平台总数的 19.2%，其中，大部分为制药企业，如武田制药、安斯泰来制药等，主要从事应用技术研究及实验研究，并与政府、国立科研机构、高校等建立了良好的产学研合作机制，主要分布于东京、北海道、大阪等地。产业园区侧重于实现产业发展目标，经费主要来源于政府投资及公共基金。31 家产业园区占生物技术基地平台总数的 12.7%，园区内聚集基础研发力量（高校、国立研究所等）、孵化机构、相关企业，共同为生物技术产品生产的全链条进行运作，如彩都生命科学园、神户医药产业园等均为全球著名的生物技术产业园区。

3. 基础支撑与条件保障类基地平台

主要为资源共享平台，依托于实体机构，进行生物技术相关数据资源共享。日本 45 家资源共享平台占生物技术基地平台总数的 18.4%，主要为与生物技术相关的数据资源共享平台，如日本 DDBJ 数据库 (DNA Data Bank of Japan)，该数据库与美国国家生物技术信息中心（NCBI）的 GenBank、欧洲分子生物学实验室（EMBL）的 EBI 共同构成了世界三大 DNA 数据库。

稳定的人员投入是保障日本生物技术发展的根基。根据日本总务省统计局发表的《2018 年科学技术研究调查报告》显示，2017 年日本的生物技术领域从业者约 152 万人，构成了日本生物技术领域强大的研发动力。此外，以诺贝尔生理学或医学奖得主为代表的顶尖科研人才在日本的生物技术前沿研究中也起到了巨大的推动作用。截至 2019 年，日本获得诺贝尔生理学或医学奖的顶尖学者共 5 人，在全球生物技术相关领域发文影响力达 TOP 1% 的作者约 36 人，在生物技术领域 SCI 期刊发文的作者超过 9 万人。

多年来，日本已形成了民间投资主导、政府出资引导的经费资助模式[①]。日本自1998年以来对科技的投入占GDP的比例保持在3%以上。生物技术领域作为日本科研的重要资助领域，在2008—2017年，其研发经费一直稳定在3万亿日元左右，约占总研发经费的16%[②]（图3-13）。这些研发经费主要来自民间投入（70%）和政府资助（20%），此外，还有少量来自海外投资。随着《第五期科学技术基本计划》的发布，日本对生物技术领域的发展高度重视，其健康医疗战略围绕“实现领先国际的健康长寿社会”的战略目标先后设立了9个科技项目，并针对日本人口老龄化的问题重点部署了一批生物技术领域重大课题，总投入约2000亿日元。

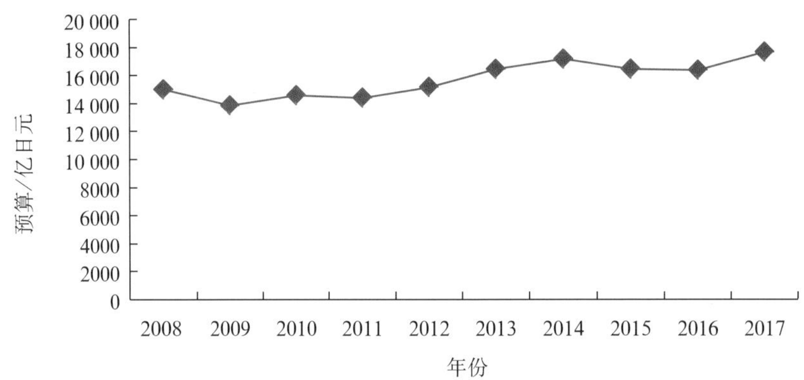

图3-13　2008—2017年日本政府对生物技术领域预算趋势[③]

（二）领域分布

日本生物技术基地平台的学科覆盖范围广，且学科交叉显著，主要集中在分子生物学与遗传学、临床医学、生物学与生物化学、药理学和毒理学等领域。其中，分子生物学与遗传学是日本生物技术基地平台覆盖最多的领域（159家，64.9%），其次是临床医学（146家，59.6%）及生物学与生物化学（145家，59.2%）（图3-14）。

① 总务省统计局. 2018年科学技术研究调查报告[R/OL]. [2019-07-01].http://www.stat.go.jp/data/kagaku/kekka/kekkagai/pdf/30ke_gai.pdf.

② 中国科协创新战略研究院. 创新研究报告[R/OL]. [2019-07-01].https://www.cnais.org.cn/uploads/soft/180814/3-1PQ4111412.pdf.

③ 国立研究开发法人科学技术振兴机构研究开发战略中心. 研究开发俯瞰报告书：主要国家研究开发战略2019[R/OL]. [2019-07-01].https://www.jst.go.jp/crds/pdf/2018/FR/CRDS-FY2018-FR-05.pdf.

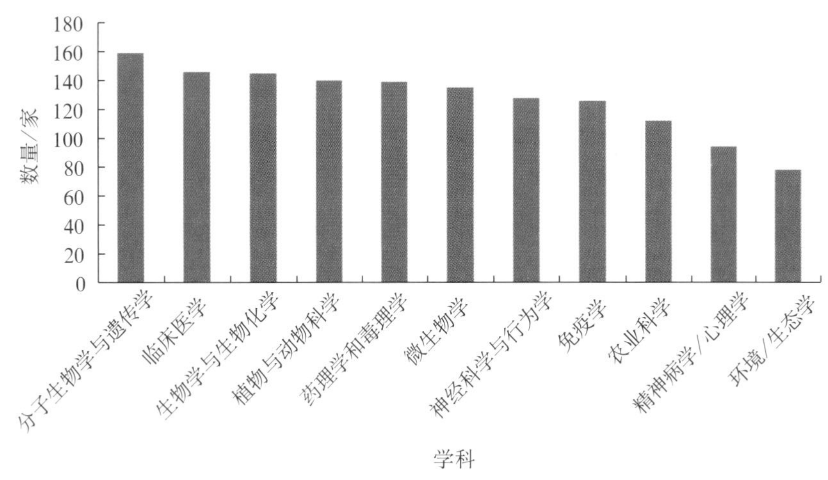

图 3-14　日本生物技术基地平台领域分布

（三）地域分布

日本生物技术基地平台在各行政区内均有分布，东京、北海道、关西等地区是日本主要的生物技术基地平台集中区域。其中，国立科研机构隶属于各省厅，为各省厅下设的独立法人机构、特殊独立法人机构及其他类型机构，在东京都、茨城县、神奈川县等行政区分布居多；医学研究中心大部分隶属于各都道府县地方政府，以东京都、兵库县、爱知县居多；企业研究中心大多集中在东京都、大阪府等地区。

（四）政策环境

日本政府将生物技术作为重点推进领域[①]。日本根据不同时期的发展需求制定相应的战略政策，同时辅以专项计划来实现对生物技术产业的持续稳定投入，在实施一系列措施的过程中有效地促进了生物技术基地平台的稳定发展。

战略制定方面，日本政府注重从顶层设计推动生物技术创新。2002 年，日本政府推出《生物技术战略大纲》，力争把生物产业培养成国家支柱产业[②]；2007 年，日本政府发布《创新 25 战略》，决定在政府内设立“创新推进本部”，长期推进各项创新政策，并大幅增加教育经费，加强生物技术等领域的研发，并提出增加面向年轻研究人员的竞争性研究资金，建立世界顶级研究基地等[③]；2013 年起，日本政府每

① 吴松 . 日本生物科技与产业的发展动向 [J]. 全球科技经济瞭望 ,2016,31(9)：48–59.

② 张治然 , 刁天喜 , 高云华 . 日本生物医药产业发展现状与展望 [J]. 中国医药导报 ,2010,7(1)：141–143.

③ 王玲 . 日本出台创新 25 战略 [J]. 全球科技经济瞭望 ,2007(11)：6–7.

年都会推出《科学技术创新综合战略》，根据重要性等指标从科学技术相关预算中甄选出重要项目，从而进一步推进生物技术创新政策的落地实施。同时，《科学技术创新综合战略》与日本的《科学技术基本计划》相互配合，从战略层面有效协调，促进了生物技术基地平台的快速发展。2019 年，日本政府推出国家生物技术发展新战略《生物战略 2019》，将高性能生物材料、生物塑料、生物药物、生物制造系统等作为重点发展领域，并加强了对生物资源库、生物数据科技设施、生物科技人才的建设（表 3-5）。

表 3-5　日本近 30 年来生物技术领域主要政策规划①

年份	政策规划
1986 年	生物材料的研究计划
1987 年	生物芯片计划
1997 年	脑科学研究计划
1997 年	生命科学研究开发基本计划
2000 年	“新纪元”高技术开发计划
2002 年	生物技术战略大纲
2007 年	创新 25 战略
1996—2000 年	第一期科学技术基本计划
2001—2005 年	第二期科学技术基本计划
2006—2010 年	第三期科学技术基本计划
2007 年	世界顶级研究基地形成促进计划
2011—2015 年	第四期科学技术基本计划
2016—2020 年	第五期科学技术基本计划
2019 年	《集成创新战略 2019》附件：《生物战略 2019》

经费投入方面，日本政府加大对基础研究的支持，有效发挥了政府科技经费的作用。以生物医药为例，日本政府高度重视早期研发对医药成果的引领作用，在该领域投入大量的基础研发经费，重点资助利用人工智能进行研发的项目，在重振研究型制药领域方面实现了带动作用。根据科睿唯安公司在 2019 年发布的《亚太地区制药创新报告——基于定量指标的企业排名和未来前景分析》，日本在生物医药领域

① 数据来源：2019 年 10 月课题组整理。

的学术出版、专利申请及早期国际合作方面均有突出表现，为其新药研发和药物成熟度的表现奠定了良好基础。

研发环境方面，日本政府强化研发实施体制，不断深化科研机构的改革，大大增加了生物技术基地平台的科研活力，有效促进其创新成果与市场需求紧密结合，保障日本生物技术产业的稳定发展。

二、典型生物技术基地平台

日本生物技术产业的蓬勃发展离不开其官、产、学、研协作的管理模式。以国立科研机构、医学研究中心、产业园区、资源共享平台为代表的生物技术基地平台很好地呈现了日本生物技术创新主体的特色。本书遴选了最具代表性的 5 家基地平台作为典型案例进行剖析，旨在总结其先进的发展经验，为中国的基地平台建设提供借鉴（表 3–6）。

表 3–6　日本典型生物技术基地平台[①]

基地平台类型	典型案例	遴选背景
科学与工程研究类	理化学研究所	日本唯一的自然科学综合研究所，是从基础研究到成果转化均具有突出表现的代表性机构
	国立基础生物学研究所	日本最重要的生物技术基础研发机构，体现了日本政府对基础研究的高度重视
技术创新与成果转化类	国立癌症中心	日本最权威的癌症治疗和研究中心之一，在肿瘤领域及临床医学领域具有世界领先水平
	彩都生命科学园	国际知名的生命科技园，是典型的由政府引导、地方共建的产业园区，其发展模式可为中国生物技术产业园区提供借鉴
基础支撑与条件保障类	DDBJ 数据库	世界三大 DNA 数据库之一，国际核酸序列联盟成员

（一）理化学研究所

理化学研究所（RIKEN）是日本最大、最全面的基础和应用科学研究机构，也是具有全球引导力的前沿科学研究机构之一[②]。理化学研究所在生物学及医学、

① 数据来源：2019 年 10 月课题组整理。

② 理化学研究所 . 关于理化学研究所 [EB/OL]. [2019-07-01]. http://www.riken.jp/about/.

物理学、工学、化学、数理与信息科学、计算科学等领域均有研究。研究所始建于1917年，先后经历了独立行政法人（2003年）、国立研究开发法人（2015年）、特定国立研究开发法人机构（2016年）的变革，并随着日本政府将生物技术产业提升到国家战略高度，逐步向生命科学、生物医学与新材料方向扩展，承担了以取得生物技术领域世界最高水平成果为目标的重任。

1. 运行机制

理化学研究所隶属于文部科学省，经费主要来自政府的财政资金。研究所实行独立法人化管理模式：一方面，研究所在行政管理、重大决策等方面具有较大的自主权；另一方面，政府实行中长期目标管理并辅之以成果导向的绩效评价制度。

（1）管理机制

1）行政管理制度

理化学研究所按照《独立法人理化学研究所法》设立，实行理事会管理制度。理事长作为研究所的法人代表，全面负责研究所的经营和管理，另有5名理事协助理事长开展工作。此外，还有2名监事负责监察研究所的业务。研究所所属各园区（研究中心）由一名具有较强战略分析能力和领导能力的主任负责管理。

研究所设有多个咨询顾问机构，向理事长提供咨询和建议。咨询顾问机构的成员由学术界、工商界著名人士组成，如研究战略委员会、顾问委员会、科学家委员会等。其中，最重要的两个战略咨询机构分别是RIKEN科学委员会（RIKEN Science Council，RSC）和RIKEN咨询委员会（RIKEN Advisory Councils，RAC）。理化学研究所通过理事会和各委员会的自上而下与自下而上的双向互动沟通机制研究制定重大的科学发展战略决策。

2）人事管理制度

理化学研究所的人事任命具有高度自主权，除理事长和监事（由外部人士担任）由主管大臣任命外，研究所自主决定内部机构设置、中层领导干部任免等事项[①]。研究所实行科研人员任期制、能力薪金制、外部专家评估制等制度，在文部科学省确定工资总额度的前提下，自主决定内部人员的工资分配。

①人员聘用制度。在人员聘用方面，理化学研究所一直推行并采用任期制聘用

① 中国财经报．日本国有科研机构改革的启示[N/OL]. [2019-07-01]. http://www.cfen.com.cn/dzb/dzb/page_7/201902/t20190214_3153371.html.

和终身制并举的做法，同时根据其自身研究覆盖的领域，采取与之相适应的一系列研究人员管理制度和计划。其中，终身制即主任研究员制度，是研究所最早的研究制度。各研究室的负责人被称为“主任研究员”，类似于日本国立大学的教授，实行终身雇佣制。科研岗位中终身职位的获得者多为机构的首席科学家。任期制是面向科研人员的普遍聘任制度。研究所与研究人员签订雇佣合同，一般任期为 3 年。理化学研究所还设立了青年科学家培养制度，拨专款用于青年科学家培养，采用任期制，向社会公开招聘，其特色制度包括基础科学特别研究员制度、青年研究伙伴制度、独立主干研究员制度、国际主干研究员制度。此外，理化学研究所很重视外部引智工作，并为此制定了一系列面向日本国内外研究员的招聘制度，也统称为定员外研究者接受制度。招聘的对象包括客座主干研究员、客座研究员、共同研究员和访问研究员。

②薪酬制度。理化学研究所对终身制职员和任期制职员实行不同的薪酬制度。

终身制职员多采用月薪制，月薪的基本构成为基本工资和各项补贴。终身制职员的基本工资又根据职员的能力、经历及职务和工作任务来决定等次。

任期制职员多采用年薪制，年薪标准根据任期制职员的自身能力、所处岗位和从事的工作类别决定，并细分为不同等级。年薪的构成包括基本工资和补贴，但相比于终身制职员，补贴项目少。

理化学研究所在其财源范围内，每年年中和年底会给终身制研究职员和一部分任期制研究职员发放绩效奖金，具体数额根据评价委员会和理事长的绩效评价结果决定。绩效考核结果影响职员下一年度的工资晋级。

3）组织架构

理化学研究所本部的管理部门主要有经营计划部、宣传部、总务部、人事部、经理部、合同部、设施部、安全管理部、监察部、信息系统部和知识产权部等。管理部门中处长级别以上的管理人员的比例高于公务员，科长级别以上的职员占 80% 以上，管理部门实行 3 年一次的轮岗制度[①]。

机构设置方面，理化学研究所中与生命科学相关的研究机构有生物医学科学研究中心、生物功能科学研究中心、神经科学研究中心、环境资源科学研究中心、生物资源研究中心等[②]（图 3-15）。

① 胡智慧 . 世界主要国立科研机构管理模式研究 [M]. 北京：科学出版社，2016.

② 理化学研究所 . 组织 [EB/OL]. [2019-07-01]. http://www.riken.jp/about/organization/.

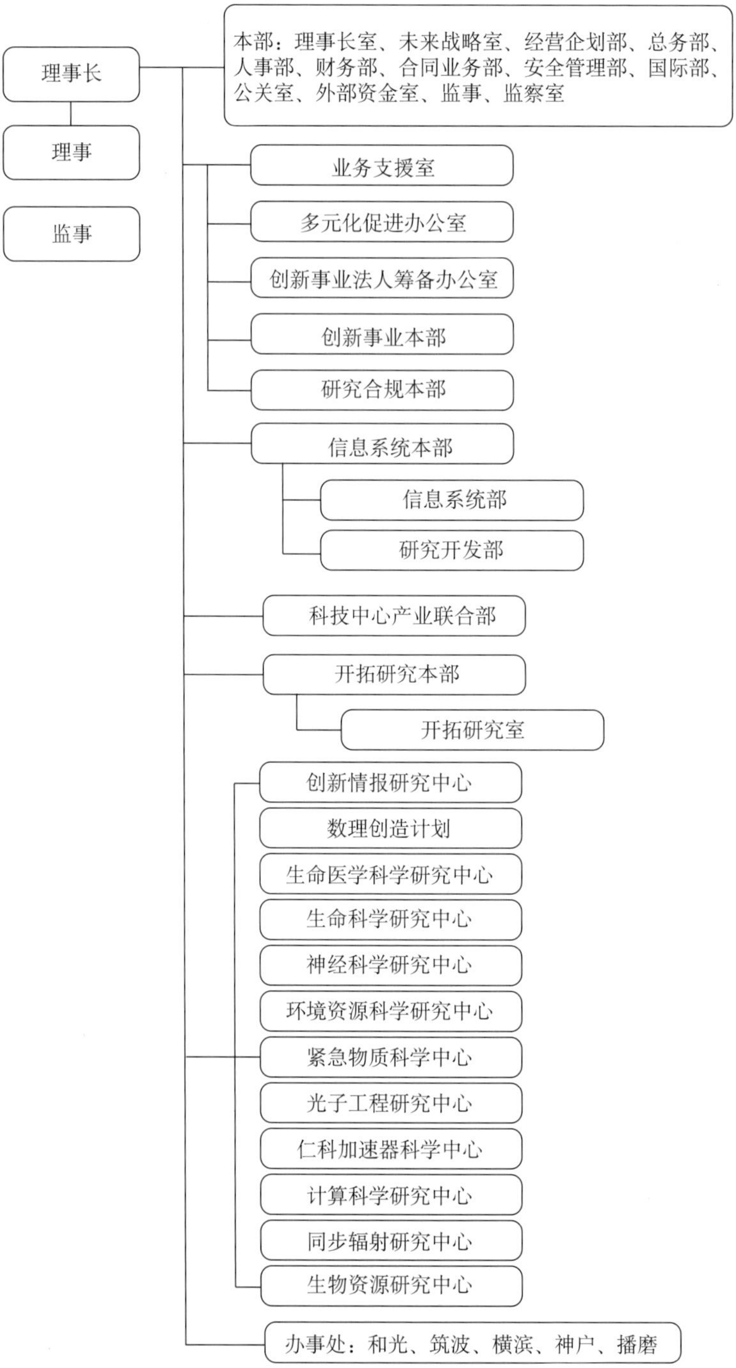

图 3–15 理化学研究所组织架构[①]

① 理化学研究所 . 年报 2019 [R/OL]. [2019-07-01].https://www.riken.jp/medialibrary/riken/pr/publications/annual_report/pr_riken-2019-jp.pdf.

研究体系方面，2013 年以后，理化学研究所的研究体系由原来的尖端事业部、研究基础事业部、战略研究事业部，以及横跨这 3 个领域的创新研究中心转变为“基于国家战略需要的项目研发中心”“推进高水平的研究基础设施的开发、共享及利用中心”和“推进产学官合作的服务中心”3 个主要研究系统。

（2）评价机制

日本政府对理化学研究所实行中长期目标管理，核心是建立由主管大臣、相关审议会与研发法人共同规划中长期目标的三位一体制度。相关审议会结合国内外科技发展形势，集领域专家之共识，对研发目标进行充分讨论、提出目标建议；在相关审议会提出的目标建议基础上，由主管大臣确定中长期研发目标，在目标确定过程中，主管大臣充分听取研发法人的意见和建议；研发法人在主管大臣确定中长期目标之后，制定详细的中长期规划，规划年限长达 5 ～ 7 年。

在长期目标的绩效评价方面，日本政府建立了以成果为导向的评价体系，同时兼顾业务运营的效率等。绩效评价以主管大臣为主，一般以主管部局为中心进行，分为年度评价和中长期目标评价。首先由法人进行自我评价，在此基础上，主管大臣参照中长期计划的实施情况等对法人的业务实施情况进行调查、分析，予以综合评价。主管大臣在中长期目标实施结束后，还要依据评价结果对法人的必要性、运营管理及各类研究的实际情况等进行总结分析，并提出改进措施。

（3）经费运行机制

理化学研究所实行以财政投入为主的经费筹集体制。大部分经费来自政府，研究所自主决定经费的使用和分配，由政府监督和审查经费的支出情况。财政投入中，以确保机构运转的运营费交付金为主（约 60%），其次是特定大型研究设施补贴（约 30%）和其他项目委托（约 10%）。2019 年度，理化学研究所经费预算共计 988.16亿日元[①]。其中，运营费交付金、特定大型研究设施补贴及受托项目收入分别为 531.09 亿日元、283.95 亿日元和 106.43 亿日元（图 3-16）。在经费支出方面，理化学研究所稳定支出于以下几个方面：特定大型研究设施维护、研究基本经费（办公经费等）、研究项目经费、委托经费及管理费等（图 3-17）。

① 理化学研究所．年报 2019[R/OL]. [2019-07-01]. https://www.riken.jp/medialibrary/riken/pr/publications/annual_report/pr_riken-2019-jp.pdf.

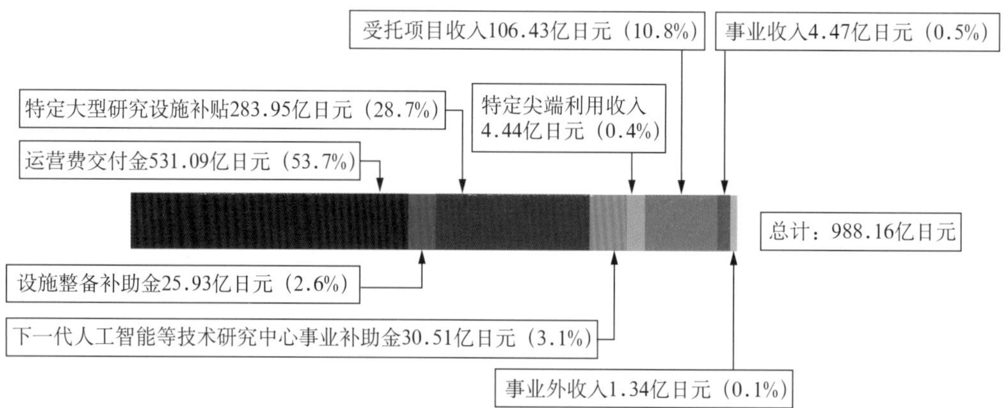

图 3-16　理化学研究所 2019 年经费预算

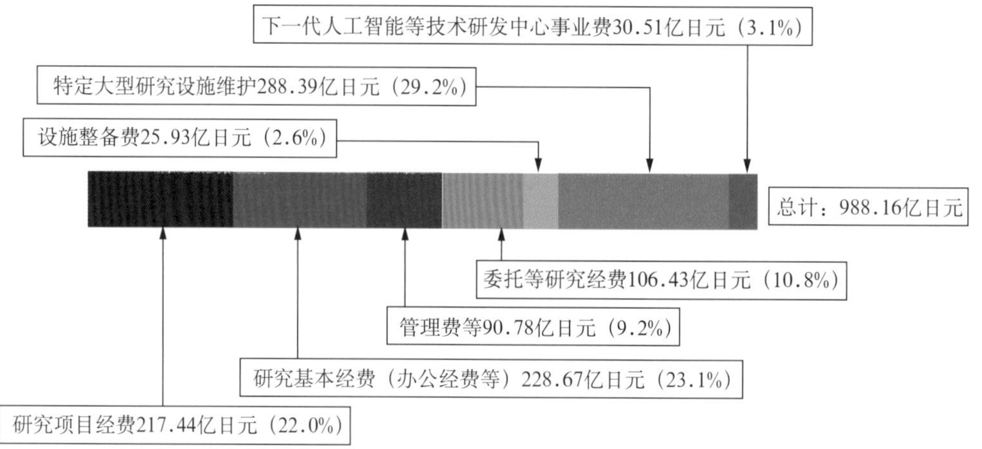

图 3-17　理化学研究所 2019 年经费支出预算

2. 人才队伍

截至 2019 年 4 月 1 日①，理化学研究所共有 3542 名在职员工。其中，科研人员为 3017 人，管理人员为 525 人。在科研人员中，有 522 人为终身制职位，2495 人为任期制职位。管理人员中，394 人为终身制职位，131 人为任期制职位。无论是科学研究岗位还是行政管理岗位，均分为终身职位和有限聘期职位两类。科学研究岗位中具有终身职位的人员占全部科研人员的比例约为 17.3%，占全体人员的比例约为 14.7%；行政管理岗位中具有终身职位的人员占全部行政人员的比例约为 75.0%，

① 理化学研究所 . 年报 2019[R/OL]. [2019-07-01]. https://www.riken.jp/medialibrary/riken/pr/publications/annual_report/pr_riken-2019-jp.pdf.

占全体人员的比例约为 11.1%。此外，研究所通过建立统一对外联系窗口、简化交流手续等措施积极推进国际合作与交流。截至 2018 年 10 月，研究所的外籍研究人员达 782 人，主要来自亚洲（467 人）与欧洲（201 人），其中包括 430 名研究员。

3. 建设成效

理化学研究所自 1917 年成立以来，一直致力于开展最前沿的自然科学研究，并根据国家发展目标和任务、国际科技发展趋势来调整研究方向。多年来，研究所培养了众多世界顶尖人才，包括多位诺贝尔奖获得者，如 1987 年诺贝尔生理学或医学奖获得者利根川进。目前，理化学研究所的研究成果主要集中在生命科学、生物医学、物理学、化学与交叉前沿科学领域，在基础研究和产业化方面均有突出成绩。

（1）基础研究

自 2008 年以来，理化学研究所共发表 25 488 篇 SCI 论文。在论文影响力方面，其研究成果被引频次位于全球前 10% 的论文比例一直保持在 20% 左右，被引频次位于全球前 1% 的论文比例稳定在 4% 左右[①]（图 3-18）。其发文影响力在日本国内科研机构中排名居第 3 位，尤其是在生物技术领域，共有 12 个二级学科进入全球前 1% 的行列（表 3-7）。

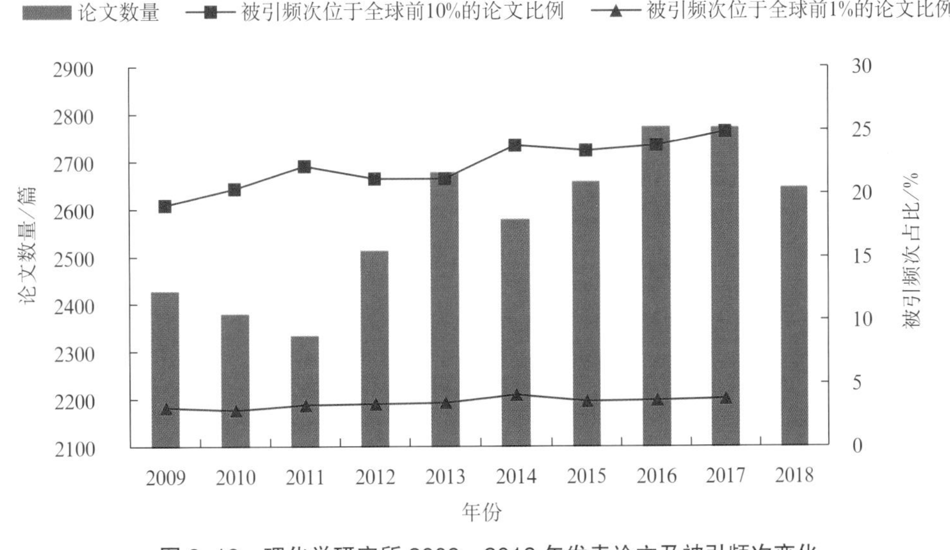

图 3-18　理化学研究所 2009—2018 年发表论文及被引频次变化

① 理化学研究所 . 年报 2019[R/OL]. [2019-07-01]. https://www.riken.jp/medialibrary/riken/pr/publications/annual_report/pr_riken-2019-jp.pdf.

表 3-7 理化学研究所 2009—2018 年发表论文数量及被引频次

学科	论文数量 / 篇	被引频次 / 次	篇均被引频次 / 次
分子生物学与遗传学	2912	110 759	38.04
生物学与生物化学	3082	57 461	18.64
化学	3324	56 254	16.92
植物学与动物学	1520	44 086	29.00
神经科学与行为学	1658	40 045	24.15
免疫学	694	30 609	44.11
临床医学	1279	26 601	20.80
材料科学	775	20 446	26.38
微生物学	483	7267	15.05
药理学与毒理学	399	5445	13.65

（2）成果转化

理化学研究所非常重视知识产权管理工作，通过完善补助金制度、聘用专利联络员等方式积极发掘有用的发明创造，并积极把以专利权为代表的知识产权向产业界进行技术转移。①制定一系列促进成果产业化的制度，如产业界融合合作研究制度、特别研究室制度、理研产业共创制度、产业界连携合作制度、风险认定与支持制度。②设立技术转移办公室（TTO），管理研究所技术转移工作，为研究所与企业提供沟通桥梁。技术转移办公室负责知识产权专利申请、注册、许可和合同事宜，以及与产业界合作，获得外部竞争资金，并为研究所科学家开发研究成果的实际应用提供支持[①]。③通过向企业推介技术、举办展览及在研讨会上展示研究成果等手段开展各类技术转让活动。④出资设立创新事业公司，与企业共同开发产品[②]（表 3-8）。研究所 2014—2018 年平均每年专利转让许可合同数约为 280 个，专利费收入稳步增长（图 3-19）。

① 理化学研究所 . 专利数据 [EB/OL]. [2019-07-01]. http://www.riken.jp/en/outreach/transfer/transfer/.

② 理化学研究所 . 年报 2019[R/OL]. [2019-07-01]. https://www.riken.jp/medialibrary/riken/pr/publications/annual_report/pr_riken-2019-jp.pdf.

表 3–8 理化学研究所部分产业化成果[①]

产业化成果	合作企业
PASESA 血压计（Blood Pressure Monitor）	Shisei datum 公司
两种新樱花品种：NishinaHaruka、NishinaKomachi	JFC Ishii Farms 公司
生产稳定同位素标记蛋白试剂的商业化	Taiyo Nippon Sanso 公司
利用吸收光谱测量的新型水分测量仪	Furukawa Battery 公司
琥珀化妆品产品线	Yamano Beauty Mate 公司
源自海洋生物的荧光蛋白	Medical & Biological Laboratories 公司
拟南芥专用种子匙	Prescience Inc 公司、Biomedical Science Inc 公司
用酵母菌株制成的清酒品牌 NishinaHomare	日本埼玉县工业技术中心 [Saitama Industrial Technology Center (SAITEC)]
新樱花树品种 NishinaOtome	JFC Ishii Farm
高通量筛选生物酶标仪	Scinics Corporation 公司
新矮化石竹种类 Olivia Pure White	北兴化学工业公司（Hokko Chemical Industry）
绿色樱花大花突变体 NishinaZao	JFC Ishii Farm
ELID 珩磨法	富士重工业有限公司（Fuji Heavy Industries Ltd.）
Tera 自动结晶观察机器人	竹田理化工业有限公司（Takeda-Rika Co., Ltd.）
重离子育种法	植物功能实验室光束技术部（Plant Functions Laboratory, Beam Technology Division）

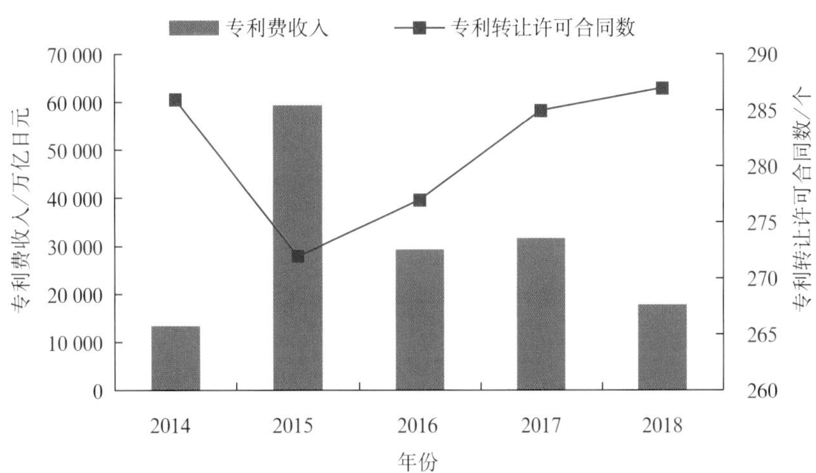

图 3–19 理化学研究所 2014—2018 年专利转让许可及专利费收入情况[②]

① 理化学研究所 . 商业产品 [EB/OL]. [2019-07-01]. http://www.riken.jp/en/outreach/transfer/products/.

② 理化学研究所 . 年报 2019[R/OL]. [2019-07-01]. https://www.riken.jp/medialibrary/riken/pr/publications/annual_report/pr_riken-2019-jp.pdf.

（二）国立基础生物学研究所

国立基础生物学研究所（National Institute for Basic Biology，NIBB）是日本生物技术基础研究的重要国立科研机构[①]。研究所成立于 1977 年，是文部科学省4个大学共同利用机关法人[②]之一的下设机关，肩负着基础研究、人才培养、资源共享、学术交流等多重使命。其经费主要由政府资助，研究领域涉及细胞生物学、发育生物学、神经生物学、进化生物学、环境生物学和理论生物学等基础生物学领域。

1. 运行机制

国立基础生物学研究所隶属于文部科学省，是国立自然科学研究机构（National Institutes of Natural Sciences，NINS）的下设机构，其经费主要来自政府补贴和研究人员获取的竞争性资金。作为共同利用研究机构，国立基础生物学研究所同时承担着综合研究大学院大学[③]的教学职能和国家生物学基础设施的共同利用职能，其运行机制遵循“合作的全国性”“研究领域的综合性”“治理的自主性”“研究成员的流动性”4 个基本原则。

（1）管理机制

国立基础生物学研究所所长在规划和管理咨询委员会的指导下负责研究所的运作[④]。该咨询委员会由基础生物学研究所的 11 位教授和所外 10 位主要生物学家组成。委员会每年就重要事项（如规划联合研究计划、研究所的科学活动）向所长提供建议，对人员任命、年度预算和未来发展方向提出建议[⑤]。

（2）合作共享机制

国立基础生物学研究所一方面实行连携大学院制度，与国内大学联合培养学生；另一方面承担着大型仪器共享平台的职能，与国内高校、科研机构进行生物技术领域的密切合作、资源共享。

---

① 国立基础生物学研究所 . 概述 [EB/OL]. [2019-07-01]. http://www.nibb.ac.jp/en/about/outline.html.

② 大学共同利用机关法人是指在全国大学等研究场所的研究人员推进共同利用体制的基地中，那些拥有特色的大型设施、设备及大量珍贵资料、数据的共同利用场所，这些场所不仅为各个领域的发展做出贡献，也在国际的竞争和协调中推进了世界最顶尖的研究，并且具有集对综合研究大学等在内的大学生进行研究和教育为一体的功能。日本共有 4 个大学共同利用机关法人，下设 17 个机关。

③ 国立基础生物学研究所是综合研究大学院大学（SOKENDAI）生命科学学院的基础生物学系。该系培养 5 年一贯制博士研究生及 3 年制博士后。

④ 国立基础生物学研究所 . 咨询委员会 [EB/OL]. [2019-07-01]. http://www.nibb.ac.jp/en/about/member.html.

⑤ 国立基础生物学研究所 . 年报 2017[R/OL]. [2019-07-01]. http://www.nibb.ac.jp/pressroom/pdf/annual2017.pdf.

研究所专门设立了运营会议、共同利用委员会、人事委员会等。依照国立大学法人的相关规定设定教员制度、目标责任制及评估制度等，以促进联合教学和联合研究[①]。

①合作机制。在教育培养方面，国立基础生物学研究所采用连携大学院制度，承担了国立大学法人综合研究大学院大学的教学职能，培养5年一贯制博士研究生及3年制博士后[②]。其研究人员作为特聘兼职研究员，为其他机构研究生提供指导，进行研究生教育的合作，学费由所属机构收取，研究所不收取任何费用[③]。

②共同研究机制。在科学研究方面，国立基础生物学研究所利用其“共同利用机构”的体制属性打破了单一学科设置单一研究据点的局限，联合国立自然科学研究机构的生理学研究所、分子科学研究所等机构，形成网络型共同利用机构联合体，共同为日本生物技术领域的创新提供研究服务。同时，依托于国立自然科学研究机构，与其他领域的机构共同推动学科交叉边缘的创新。通过共同利用、集聚精英的方式整合学术资源，有效实现了跨部门、跨学科的协同创新。研究所通过公开招募其他大学、科研机构的研究人员利用研究所内的设施进行共同研究，招募项目类型主要包括：重点共同利用研究、生物技术开发共同利用研究、个别共同利用研究、综合共同利用研究、大型设施共同利用实验、生物遗传资源新保存技术开发共同利用研究[④]。

③资源共享机制。在仪器共享方面，研究所与生理学研究所共同维护其共同设施——废物处理室、电子显微镜室、机器研究操作室，并为全国科研人员提供共享服务[⑤]。

（3）经费来源

国立基础生物学研究所的经费主要来自政府补贴和研究人员获取的竞争性资金。2018年，国立基础生物学研究所总经费为28.53亿日元，其中政府补贴14.21亿日元，包括：运营补贴13.58亿日元；综合研究大学院大学经费0.63亿日元；外部经费10.31亿日元，主要包括科学研究经费（5.03亿日元）、委托研究经费（2.87亿日元）、间接经费（1.51万亿日元）等。此外，总经费还包括设施经费（3.65亿日元）

① 国立自然科学研究机构 . 大学共同利用机关法人的机能和作用 [EB/OL]. [2019-07-01]. https://www.nins.jp/site/organization/1744.html.

② 国立自然科学研究机构 . 综合研究大学院大学 [EB/OL]. [2019-07-01]. http://www.nibb.ac.jp/univ/.

③ 国立基础生物学研究所 . 大学院教育协作 [EB/OL]. [2019-07-01]. http://www.nibb.ac.jp/collabo/education.html.

④ 国立基础生物学研究所 . 共同利用研究概要 [EB/OL]. [2019-07-01]. http://www.nibb.ac.jp/collabo/collabo.html.

⑤ 国立基础生物学研究所 . 国立基础生物学研究所要览 2018[R/OL]. [2019-07-01]. http://www.nibb.ac.jp/pressroom/pdf/yoran2018.pdf.

和捐赠（0.36 亿日元）[①]（图 3-20）。

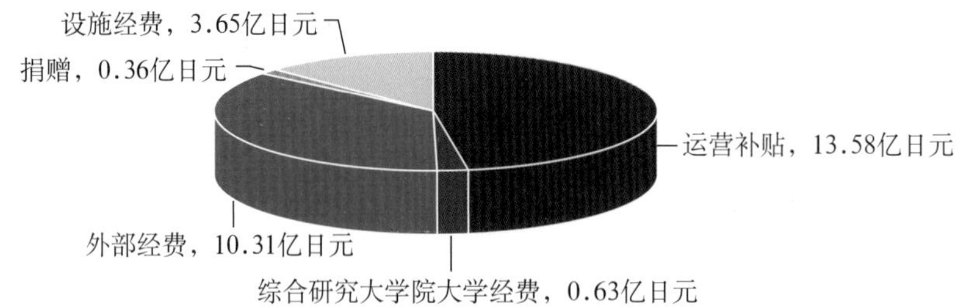

图 3-20　国立基础生物学研究所 2018 年经费来源

（4）组织架构

国立基础生物学研究所所长在规划和管理咨询委员会的指导下负责研究所的运作，组织架构由研究部门与研究支持部门组成。研究部门包括七大研究领域的 25 个研究室，研究支持部门包括 1 个模型生物学中心及 1 个生物功能分析中心（均各有 3 个部门）、1 个 IBBP 中心（NIBB Center of the Interuniversity Bio-Backup Project）、1 个新型生物开发中心、1 个技术部及 1 个健康与安全管理办公室。此外，还设有 1 个研究增强战略办公室[②]（图 3-21）。

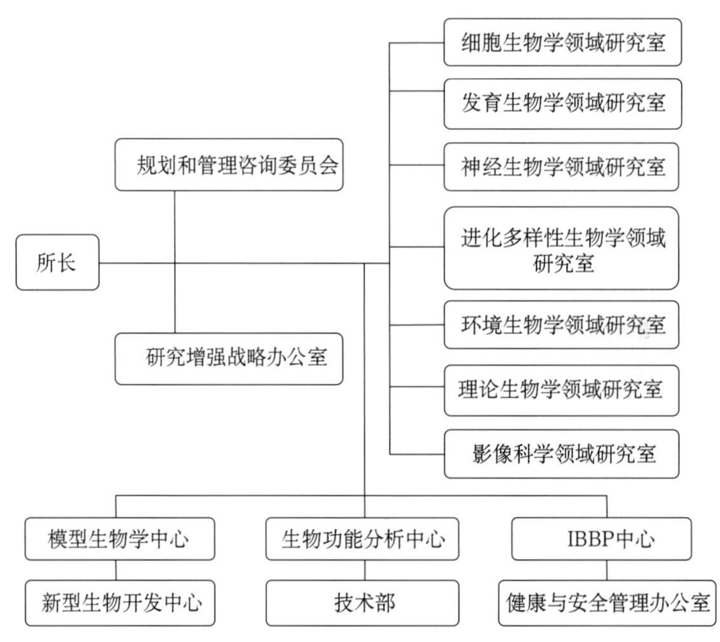

图 3-21　国立基础生物学研究所组织架构

① 国立基础生物学研究所 . 年报 2018[R/OL]. [2019-07-01]. http://www.nibb.ac.jp/pressroom/pdf/annual2018.pdf.

② 同①。

2. 人才队伍

截至 2019 年 1 月，国立基础生物学研究所工作人员及学生共有 332 人。其中，所长 1 人，教授（含特聘教授）16 人，副教授（含特聘副教授）18 人，助理教授（含特聘助理教授）40 人，博士后研究人员 57 人，技术人员 26 人，研究生 52 人，技术及行政支持人员 122 人[①]（图 3-22）。

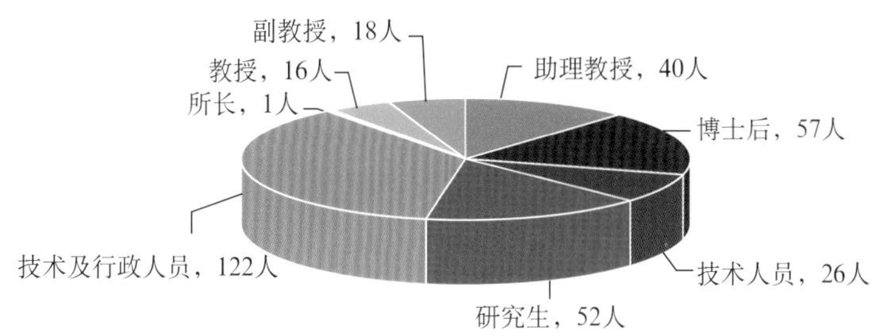

图 3-22　国立基础生物学研究所人员结构

3. 建设成效

国立基础生物学研究所作为日本的生物学基础研究机构，在寻找实现生物多样性、使其适应环境的共同基本机制方面取得了令人瞩目的科研成果。

一是承担多项国家级研究项目。例如，文部科学省经费资助的控制动物配子生产系统研究、复杂适应性特征进化的遗传基础研究、配子干细胞的调节机制研究、神经多样性和新皮层组织研究、早期哺乳动物发展中的细胞群落研究等[②]。二是论文产出成效卓著。近 10 年总计发表 SCI 论文 1300 余篇，其中包括多篇高影响力期刊（如 *Science*、*Nature*、*Cell*、*Nature Plants*、*Nature Microbiology* 等）论文，获得了学术界的极大关注。三是人才队伍强大。近年来，研究所强大的科研团队获得了生物技术领域的多个重要奖项。其中，大隅良典获得了 2016 年诺贝尔生理学或医学奖。另据 2018 年《国立基础生物学研究所要览》的数据，2015—2017 年，NIBB 成员科学家共获得 28 项各类奖项，其中包括 7 项国家级以上的大奖，包括诺贝尔生理学或医学奖、生命科学突破奖、威利生物医学奖、罗森斯蒂尔奖、保罗·扬森博士生物医学奖、日本青

① 国立基础生物学研究所 . 年报 2018[R/OL]. [2019-07-01]. http://www.nibb.ac.jp/pressroom/pdf/annual2018.pdf.

② 国立基础生物学研究所 . 研究项目 [EB/OL]. [2019-07-01]. http://www.nibb.ac.jp/en/about/project.html.

年科学家奖及日本生物科学奖[①]。四是在生物资源保藏上贡献突出。作为日本“大学联合生物备份项目”的核心基地，国立基础生物学研究所在防止因自然灾害导致宝贵自然生物资源损失方面做出了很大贡献[②]。五是在对外合作方面成效斐然。国立基础生物学研究所通过与著名大学、科研机构签署学术交流协议，开展联合研究项目，举办国际学术会议（国立基础生物学研究所会议及冈崎生物学会议）等形式与欧洲分子生物学实验室（EMBL）、德国马克斯普朗克植物育种研究所（MPIPZ）、美国普林斯顿大学及新加坡淡马锡生命科学实验室（TLL）等世界著名学术机构建立了长期密切合作关系[③]。

（三）国立癌症中心

1960 年，日本成立国立癌症中心筹备委员会，由当时的日本医学协会主席 Takeo Tamiya 和其他 8 名成员组成。1962 年 2 月 1 日，国立癌症中心成立[④]。作为日本癌症研究领域的领军机构，国立癌症中心医院（筑地院区）和东医院（柏市院区）被指定为日本临床研究的核心医院，开展世界一流的临床研究和试验[⑤]。

1. 政策环境

第二次世界大战结束后，日本人癌症患病率增高。在此背景下，日本政府建立了国立癌症中心。多年来，日本出台了多个国家战略以促进癌症治疗与研究，这些国家战略的出台促进了国立癌症中心的发展[⑥]（表 3–9）。

表 3–9　日本癌症治疗与研究国家战略[⑦]

年份	国家战略
1964 年	癌症控制五大支柱
1984 年	癌症控制 10 年综合战略

① 国立基础生物学研究所 . 所长致辞 [EB/OL]. [2019-07-01]. http://www.nibb.ac.jp/about/message.html.

② 同①。

③ 国立基础生物学研究所 . 国立基础生物学研究所概述 [EB/OL]. [2019-07-01]. http://www.nibb.ac.jp/en/about/outline.html.

④ 国立癌症中心 . 成立目的 [EB/OL]. [2019-07-01]. https://www.ncc.go.jp/en/about/objective/index.html.

⑤ 国立癌症中心 . 理事长致辞 [EB/OL]. [2019-07-01]. https://www.ncc.go.jp/en/about/greeting/index.html.

⑥ 国立癌症中心 . 国立癌症中心概况 [EB/OL]. [2019-07-01]. https://www.ncc.go.jp/en/about/NCC_Introductory_Overview.pdf.

⑦ 同⑥。

续表

年份	国家战略
1994 年	克服癌症新 10 年战略
2004 年	癌症控制 10 年综合战略第三期
2005 年	癌症行动计划
2006 年	癌症控制法案
2007 年	促进癌症控制的基本计划
2012 年	促进癌症控制的基本计划（修订版）
2014 年	10 年癌症研究战略
2015 年	日本癌症研究计划

2. 运行机制

国立癌症中心作为日本癌症治疗的医学研究中心，由日本厚生劳动省主管，先后经历了独立行政法人机构（2010 年）、国家研究和开发机构（2015 年）的变革[①]。

（1）管理机制

国立癌症中心实行理事会管理制度。设置理事长 1 名，理事 5 名，监事 2 名。理事长全面负责研究所的经营和管理，5 名理事分管癌症研究、医疗管理、政策宣传、教育评估及合规推进 5 个方面，2 名监事负责监察中心的各项业务。此外，设置 4 名理事长特别助理辅助理事长对中心业务的管理[②]。

（2）经费机制

国立癌症中心运行经费主要为业务收入及政府补助经费。其中，业务收入包括医院营业收入及外部竞争性经费收入，竞争性经费主要来源于政府和政府支持机构（如厚生劳动省、日本科学技术振兴机构和日本医疗研究开发机构）的竞争性拨款（competitive grants）[③]。

2017 年，国立癌症中心总经费为 716 亿日元[④]。其中，业务收入为 628.4 亿日元，占总经费的 87.77%；来自政府的运营费交付金为 62.7 亿日元，仅占总经费的 8.76%。业务收入中外部竞争性经费收入为 129.2 亿日元，包括共同研究经费 28.1 亿

① 国立癌症中心．年报 2016[R/OL]. [2019-07-01]. https://www.ncc.go.jp/en/publication_report/2016/ncc/ncc00_01.html.

② 国立癌症中心．董事等名册 [EB/OL]. [2019-07-01]. https://www.ncc.go.jp/jp/about/board/index.html.

③ 同①。

④ 国立癌症中心．2017 年财务状况 [EB/OL]. [2019-07-01]. https://www.ncc.go.jp/jp/about/topics/topics29/index.html.

日元、临床试验经费 29.8 亿日元、获得公开竞争基金 68.9 亿日元。经费支出方面，2017 年总支出为 702.2 亿日元，主要包括人事费 232.7 亿日元、材料费 213.6 亿日元等。

（3）组织架构

国立癌症中心组织架构包括医院（筑地院区）、东医院（柏市院区）、研究所、探索性肿瘤研究与临床试验中心、公共卫生科学中心、癌症控制和信息服务中心（图 3–23）。内部管理机构由理事长办公室和审计办公室组成。理事长办公室又包括理事长执行顾问、战略规划局、研究管理和支持中心、教育和职业发展中心、IT 整合和支持中心、高级医疗评估和健康技术评估办公室、行政部、研究审计科等部门[①]。

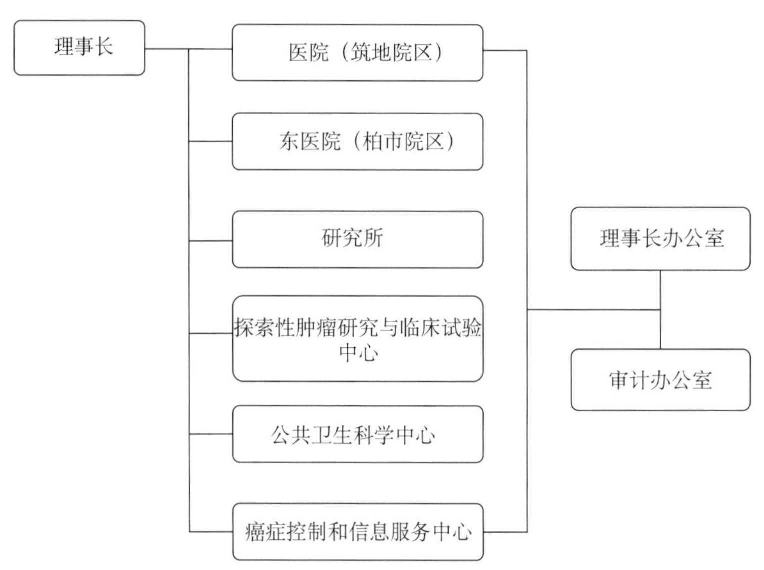

图 3–23　国立癌症中心组织架构[②]

3. 人才队伍

截至 2017 年 4 月，国立癌症中心各组织机构员工总数为 3249 人[③]，主要分布于筑地、柏市两个院区及研究所。筑地院区人员总数为 985 人，包括主治医师及以

① 国立癌症中心．国立癌症中心概况 [EB/OL]. [2019-07-01]. https://www.ncc.go.jp/en/about/NCC_Introductory_Overview.pdf.

② 同①。

③ 同①。

上医生 202 人、住院医师 134 人、护士 649 人；柏市院区人员总数为 724 人，包括主治医师及以上医生 118 人、住院医师 91 人、护士 515 人。截至 2016 年 3 月，国立癌症中心研究所人员总数为 293 人，包括研究人员 83 人、博士后 79 人、研究生 / 支持人员 131 人[①]。

4. 建设成效

国立癌症中心作为日本顶级的癌症研究中心，在基础研究、临床研究及成果转化等方面硕果累累。

一是引领日本癌症研究前沿。中心致力于基因组分析在内的综合组学研究，在阐明个体癌症特征和多样性、了解致癌机制、开发治疗方法和诊断方法、建立基因组医疗系统等方面取得了显著成果[②]。例如，基因组分析技术、新型融合基因的识别、PCR-SSCP 等，获得了同领域科研人员的极大关注[③]，其“重离子医学中心”的质子治疗系统则体现了国立癌症中心在癌症检测和治疗领域的国际地位。

二是取得多项世界领先的科研成就。例如，率先发现食物来源致癌物质——杂环胺，率先绘制 21 号染色体图谱并鉴定出 AML1（RUNX1）基因，发明 PCR-SSCP 技术（引用次数超过 3000 次），鉴定出肺癌新型融合基因（RET 癌基因）等。

三是论文产出成效卓著。近 10 年来，国立癌症中心共发表 SCI 论文 3906 篇，总被引频次为 37 242 次。其中，肿瘤领域论文数量及被引频次在日本科研机构中均排名第 1 位，且在 8 个二级学科高被引论文数上进入全球前 1% 行列。

四是产学研合作成果丰硕。国立癌症中心与高校、企业开展密切合作，建立了全面的合作研究体系，在药物研发方面的早期成果（专利）和市场收益方面均取得显著进展（图 3-24）。国立癌症中心拥有 10 个全面合作联盟[④]，合作研发经费高达 15 亿日元（表 3-10、图 3-25）。

---

① 国立癌症中心 . 年报 2015[R/OL]. [2019-07-01]. https://www.ncc.go.jp/en/publication_report/2015/pdf/06ri.pdf.

② 国立癌症中心 . 所长致辞 [EB/OL]. [2019-07-01]. https://www.ncc.go.jp/jp/ri/director/about/greeting/index.html.

③ 国立癌症中心 . 国立癌症中心概况 [EB/OL]. [2019-07-01]. https://www.ncc.go.jp/en/about/NCC_Introductory_Overview.pdf.

④ 国立癌症中心 . 年报 2016[R/OL]. [2019-07-01]. https://www.ncc.go.jp/en/publication_report/2016/nccp/nccp00_02.html.

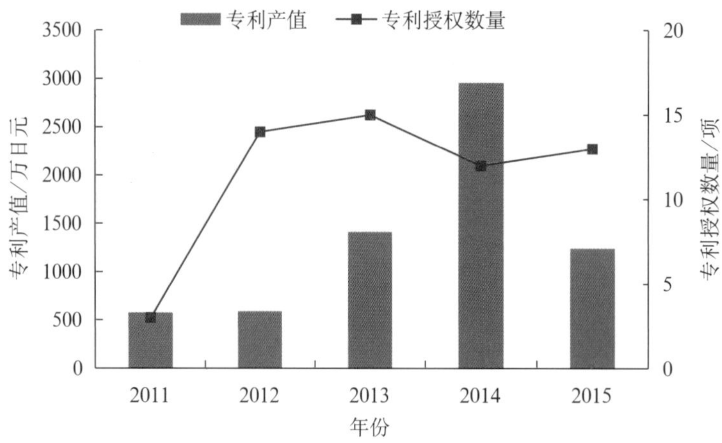

图 3-24　国立癌症中心 2011—2015 年专利授权数量与专利产值变化[①]

表 3-10　国立癌症中心全面合作联盟

序号	合作企业
1	第一三共制药公司（Daiichi Sankyo）
2	辉瑞公司（Pfizer）
3	武田制药公司（Takeda）
4	赛诺菲公司（Sanofi）
5	小野药品公司（Ono）
6	阿斯利康公司（Astra Zeneca）
7	协和麒麟公司（Kyowa Kirin）
8	默克雪兰诺公司（Merck Serono）
9	岛津公司（Shimadzu）
10	希森美康公司（Sysmex）

① 国立癌症中心 . 年报 2016[R/OL]. [2019-07-01]. https://www.ncc.go.jp/en/publication_report/2016/nccp/nccp00_02.html.

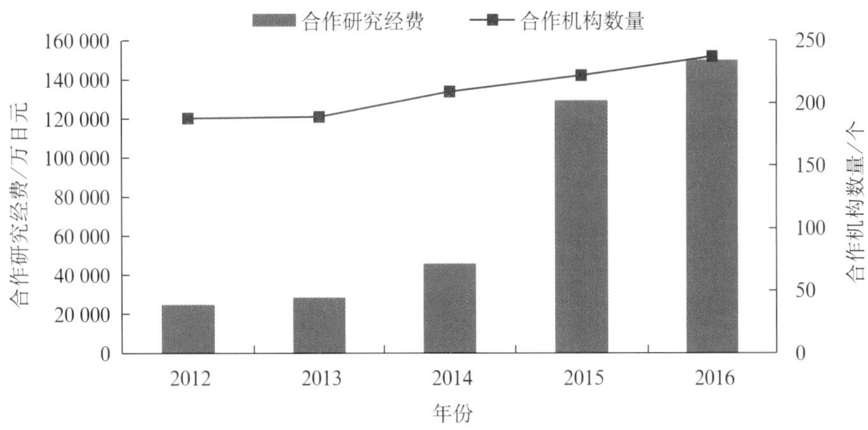

图 3-25 国立癌症中心 2012—2016 年合作研究经费与合作机构数量变化

（四）彩都生命科学园

日本彩都生命科学园建立于 2004 年 4 月，是日本最活跃的生物技术产业集群之一。彩都生命科学园由政府驱动，旨在对生物技术、新药研发、医疗器械、再生医疗、食品等领域进行研究和技术开发[①]。园区经费主要来源于政府和公共基金，其极具吸引力的财税政策和园区特色的企业引导服务有效助力了园区的快速发展。经过多年积累，彩都生命科学园已成为世界著名的生物医药产业园区[②]。

1. 运行机制

（1）发展过程

彩都生命科学园属于政府驱动型产业园区，政府在其形成和发展过程中发挥了自上而下的调控作用。园区在日本政府《生物技术战略大纲》的战略背景下应运而生，并得益于日本政府构建的“官产学研”合作网络[③]。1991 年，大阪政府首次在规划中将“生命科学研究与交流”功能加入彩都的区域开发定位中；1998 年，日本政府颁布多项鼓励技术转移转化的政策，大阪北部地区在大阪大学的引领下生物产业进入高速发展阶段，彩都生物产业集群开始萌芽；2002 年，日本推出《生物技术战略大纲》的国家战略，彩都宣布生物科技园建设计划；2004 年，彩都生命科学园

① 大阪商业投资中心 . 大阪的魅力：主要产业 [EB/OL]. [2019-07-01]. https://o-bic.net/e/attractive/start.html.

② 彩都生命科学园 . 欢迎来到彩都生命科学园 [EB/OL]. [2019-07-01]. http://www.saito.tv/e/lsp/TopPage_e.html.

③ 张浩川 . 论日本产业集群政策及其对中国的启示 [J]. 复旦学报 (社会科学版),2010(4)：81-89.

正式开园；2005年，日本国立生物医药创新研究所入驻园区，提升了园区在日本生物产业中的地位，吸引了大批企业和孵化器项目入驻；同年，大阪大学设立彩都分部，加强了产业与学校科技研发的互动；此后，依靠各级政府的资金投入及企业扶持政策的支持，园区内的中小企业逐步发展壮大，彩都生命科学园目前已成为大阪北部地区生物医药产业带的中心园区。

（2）运行模式

彩都生命科学园的运行模式呈现“政府机构管理—企业投资主导—高校担当技术孵化源头”的特点。其主要运行模式包括两种：①由高校创新、国立生物医药创新研究所评估，基金投资形成产学研链条；②由大企业直接投资创新成果。前者由园区内高校、国立生物医药创新研究所和产业基金共同运作。学校进行专利技术转让和成果转化。国立生物医药创新研究所作为第三方机构，负责技术鉴定、资金管理和评估技术的可商业化性，技术经评估后可由政府投资、研究所管理的产业基金进行项目支持。这种政府主导的产业项目管理模式有力保障了项目的前瞻性和资金支持的同时落实。后者由大企业融资后直接在园区内投资，由于该模式对于园区产业地位的提升和规模扩大具有直接促进作用，因而近年来逐渐受到青睐。

（3）机构设置

园区内设有公共技术平台，由彩都产业推进委员会运营。该委员会由9名委员及9名特别委员组成，各委员来自与彩都建设直接相关的地方公共团体、城市振兴机构、民间事业者及支持彩都建设的经济团体、公益团体、大学、科研机构、民间企业等。委员会负责园区的一般管理、相关政策推进、宣传活动和运营[①]。

园区内没有明确的功能划分，各功能区处于相互联结、互补互惠的状态。园区内机构包括彩都本地9家研究所及企业、3家商业孵化设施和1家高级科学与创新中心（创业企业实验室）。园区内有国立生物医药创新研究所、MG PHARMA公司等著名研究所及企业；商业孵化设施如彩都孵化器（包含19家企业）、彩都Bio-Hills中心（包含5家企业）、彩都生物创新中心（包含8家企业）；园区附近有国立脑与心血管研究中心等8家著名研究所[②]。

① 彩都建设推进协议会 . 第26次总会议案书 [R/OL]. [2019-07-01]. http://www.saito.tv/archives/pdf/council/26-shiryo.pdf.

② 彩都生命科学园 . 彩都生命科学园内研究所与企业 [EB/OL]. [2019-07-01]. http://www.saito.tv/e/lsp/LSP_GuideList/English/LSPlist.htm?m3.

（4）经费机制

彩都生命科学园资金主要来源于政府，其次是公共基金及风险投资基金 / 私人股权（VC/PE）。日本政府将生物技术作为立国的支柱产业，对产业的投资主要由掌管卫生医疗的厚生劳动省和掌管经济的经济产业省负责。国立生物医药创新研究所负责彩都生命科学园园区的产业资金运作，政府每年向其投入约 500 亿日元作为产业基金。公共基金主要由大阪市政府主导成立的大阪生物战略促进委员会运作，其委员主要来自政府机构、公共机构及学校，基金主要用于扶持中小企业的创业及技术成果转化；该公共基金已在彩都生命科学园投入 11 亿日元。相较于政府投入，日本生物医药产业中风投的活跃程度不高，风险投资基金 / 私人股权投入占据的比例为 15%~30%。

2. 人才队伍

截至 2018 年 2 月，约有 1700 名研究人员在彩都生命科学园从事研发活动[①]。园区内的一流高校，尤其是大阪大学的 17 个研究室，在前沿生物学、药学、医药科学领域为园区所需的相关人才提供了丰富的智力资源。

3. 建设成效

彩都生命科学园作为世界著名的生物技术产业园区，以其卓越的基础研究带动了产业创新，多年来取得了显著成果[②]（表 3–11）。此外，园区积极与海外其他国家签署战略合作协议，拓展了众多合作伙伴，显现出其非凡的国际合作优势（表 3–12）。

表 3–11　彩都生命科学园产学研成果[③]

园区机构	成果
大阪大学	与武田公司共同开发纳米粒子疫苗实际应用和商业化平台
KringlePharma 公司	进行“重组人 HGF 治疗脊髓损伤”技术转移项目
KringlePharma 公司	获得瑞典医疗产品管理局（MPA）ChronSealR® 的Ⅰ / Ⅱ期临床试验申请
微波化学有限公司	用过的工业用油转化为燃料的项目荣获全球创业大赛第三名
大阪大学	2011 年免疫学世界前 30 机构中排名第一

① 大阪商业投资中心 . 大阪的魅力：主要产业 [EB/OL]. [2019-07-01]. https://o-bic.net/e/attractive/start.html.

② 彩都生命科学园 . 事件 [EB/OL]. [2019-07-01]. http://www.saito.tv/e/lsp/Topics.html?m2.

③ 同②。

续表

园区机构	成果
大阪大学	Shizuo Akira 教授获得盖尔德纳奖、艾弗里·兰德斯泰纳奖
Anges MG 公司	基因治疗药物项目（CollategeneTM, HGF Plasmid）被美国食品药品监督管理局（FDA）指定为快速发展项目
Anges MG 公司	开发新诱饵寡核苷酸专利
国立生物医学创新研究所（NIBIO）	人类诱导性多能干细胞（iPS 细胞）分部向企业提供 iPS 细胞
SpiberInc 公司	首席执行官兼总裁 Kazuhide Sekiyama 与副总裁 Junichi Sugahara 获得日本第九届生物技术商业大赛最高奖和优秀奖

表 3–12　彩都生命科学园部分国际合作机构

年份	合作国家	合作机构
2008 年	澳大利亚	昆士兰临床试验网络
2008 年	中国	上海张江（集团）有限公司
2010 年	比利时	法兰德斯生物科技（FlandersBio）
2011 年	德国	拜仁州生物簇营运公司（BIO-M）

4. 发展特色

彩都生命科学园作为日本生物技术产业园区的典范，其迅速的发展离不开日本在其大力发展生物产业的时代背景下形成的“官产学研”合作网络。从 2001 年开始，日本政府投入大量资金，构建“官产学研”合作网络，促进新技术的研发、企业孵化器的建设，培养扶植市场，改善企业融资机制。同时，政府各部门相互配合出台配套政策，促进科技成果转化，在经济产业省启动“产业集群计划”之后，文部科学省随即启动了“知识集群计划”，整合日本国内各项研究资源，将其最新的科研成果通过各种信息平台提供给企业界，尽快促成科技成果转化[①]。

在政府的大力引导下，2002 年，彩都产业园区的建设计划正式推出，依靠彩都区域内的特色资源，形成了具有地方工业色彩的生物技术产业集群。

首先，大阪大学的智力资源为园区创新提供了动力。园区背靠大阪大学，聚集

① 张浩川 . 论日本产业集群政策及其对中国的启示 [J]. 复旦学报 (社会科学版),2010(4)：81–89.

了前沿生物科学、药学、医药科学的优秀专业人才，与园区的人才需求高度契合，为园区的发展提供了动力源泉。此外，依靠大阪大学的人才汇聚效应，每年吸引了近百名专业学者进行合作研究，共同促进园区的技术创新和成果转化。

其次，政府的税收和补贴政策直接惠及园区内的大小企业。一是园区的低息金融贷款服务降低了中小企业的入园门槛，同时也提升了园区对人才的吸引力。二是针对中小企业减免当地税，并给予经费补贴，补贴分为投资补贴和研发补贴。其中，投资补贴是指对于投资额超过 10 亿日元且员工数量超过 10 人的企业给予投资总额 5% 的财政补贴，对不涉及不动产建设的企业给予 50% 的租金补贴；研发补贴是指针对新成立的企业给予更换新设备补贴。三是为新企业落地实施一站式服务，颁发政府认可的证书或者授权。联合银行金融机构对新进企业给予低息贷款，主要用于满足企业土地租赁、设施建设、设备采购及安装的资金需求，年利率为 1.6%~1.9%，规模约为 12 亿日元①。

最后，园区优质的服务吸引了各类资源聚集。新企业落地方面，彩都生命科学园实施一站式服务。一方面快速促进政府认证；另一方面协调联合银行金融机构给予低息贷款，满足企业的土地租赁、设施建设、设备采购及安装的资金需求。公共服务平台方面，依托大阪大学的医院、图书馆、微生物病研究所、免疫学前沿科技研究中心、蛋白质研究院、癌症遗传细胞检索中心等专业机构和设施资源，为企业的创新研发提供便利的资源。孵化服务方面，园区内已建成包括彩都生物孵化器、彩都 Biohills 中心、彩都生物创新中心在内的孵化辅助机构，有效支持了各阶段的中小企业成果孵化②。

（五）日本基因库

日本基因库（DNA Data Bank of Japan，DDBJ）建立于 1984 年，是世界三大 DNA 数据库之一。DDBJ 与美国国家生物技术信息中心（NCBI）的 GenBank 数据库、欧洲分子生物学实验室（EMBL）的 EBI 数据库共同组成国际 DNA 数据库。日本通过该资源共享平台与美国、欧洲等国家地区进行 DNA 数据交换，共享全球人类的基因资源，有效抢占了生物大数据竞争时代的制高点。

---

① 彩都生命科学园 . 补贴 [EB/OL]. [2019-07-01]. http://www.saito.tv/e/lsp/About_LSP_subsidy.html?m1.

② 大阪商业投资中心 . 大阪的魅力：主要产业 [EB/OL]. [2019-07-01]. https://o-bic.net/e/attractive/start.html.

1. 运行机制

DDBJ 由国立遗传学研究所（NIG）生物信息中心运营，经费来源于文部科学省。DDBJ 主要向研究者收集 DNA 序列信息并赋予其数据存取号。信息来源主要是日本的研究机构，也接受其他国家呈递的核酸序列，数据库通过互联网等方式为广大研究人员服务，支持生命科学的研究活动。

（1）管理机制

DDBJ 接受 DNA 数据库咨询委员会（国立遗传学研究所的外部委员会）、国际核酸序列共享联盟（INSDC）国际咨询委员会（The International Advisory Committee，IAC）及数据库内部咨询委员会的监管[①]。其中，DNA 数据库咨询委员会由国立遗传学研究所生物信息中心主任负责（该中心主任兼任 DDBJ 中心主任），委员会由 8 名主要成员构成（DDBJ 内部人员 2 人和外部兼职专家 6 人），负责 DDBJ 的日常运营[②]；INSDC 国际咨询委员会主要负责国际核酸序列共享联盟成员的维护和未来计划，由 9 名成员组成，分别来自美国（3 人）、欧洲（3 人）和日本（3 人）。此外，2009 年，INSDC 设立国际合作会议（International Collaborative Meeting，ICM），由 INSDC 的执行人员（working-level participants）组成，就讨论解决 INSDC 运营的实际问题每年举行一次会议[③]。

（2）组织架构

DDBJ 设有两个业务部门和一个秘书处[④]。业务部门分别是数据库部、高性能计算部，主要职能为：国际核酸序列共享联盟（INSDC）的建设运作；国立遗传学研究所超级计算机系统的管理和运作；提供搜索和分析生物数据的服务；举办生物信息学培训课程[⑤]；主持国际年会、国际 DNA 数据库咨询会议和国际 DNA 数据库协作会议。

（3）数据共享机制

DDBJ 作为国际核酸序列共享联盟（INSDC）之一，与美国 NCBI 的 GenBank 数据库及欧洲的 EBI 数据库每天进行数据交换更新。三大数据中心保证所有递交存

① DDBJ. 关于 DDBJ[EB/OL]. [2019-07-01]. https://www.ddbj.nig.ac.jp/aboutus.html.

② 国立遗传学研究所 . 概览 2019[R/OL]. [2019-07-01]. https://www.nig.ac.jp/nig/pdf/about_nig/youran2019.pdf.

③ DDBJ. INSDC[EB/OL]. [2019-07-01]. https://www.ddbj.nig.ac.jp/insdc.html#iac.

④ DDBJ. DDBJ 教职员工 [EB/OL]. [2019-07-01]. https://www.ddbj.nig.ac.jp/staff-e.html.

⑤ 同①。

档的公共核酸序列数据被作为科学记录保存，并且可以通过三大数据库以标准格式访问。三大数据库使用同一个序列命名空间，无论访问哪个数据库，同一个访问号都对应相同的内容。

三大数据中心每年召开会议，讨论有关建立和维护序列存档的问题，并制定统一的标准和政策。目前，统一的标准包括序列特征表（sequence feature table）的定义文档、控制词汇表和统一的分类法（taxonomy）等。统一的政策主要包括：①数据库中所有数据记录的访问免费且不受限制；②国际核酸序列共享联盟（INSDC）不设置条款限制数据访问、数据信息使用或禁止基于数据信息记录的出版物出版；③所有提交到国际核酸序列共享联盟的记录都可永久访问。

2. 人才队伍

DDBJ 现有员工 43 人。其中，7 人属于国立遗传学研究所员工，具有博士学位的员工 14 人，教授 3 人，副教授 2 人，助理教授 2 人。组织机构中，数据库部 16 人，高性能计算部 18 人，秘书 2 人[①]。

3. 建设成效

作为国际核酸序列共享联盟（INSDC）重要的亚洲成员，DDBJ 积极拓展国际数据共享与合作业务。一方面，与共享联盟成员及亚洲其他国家和中东地区共享 DNA 数据；另一方面，与韩国、美国及欧洲专利局合作，实时更新专利信息中相关的 DNA 和氨基酸序列数据。截至 2019 年，DDBJ 数据量占三大 DNA 数据库数据总量的 10% 以上，每年接受来自全球不同国家的 600 多个用户。

依赖于强大的科研与专业技术团队，DDBJ 近年来承担了国际核酸序列共享联盟的 TPA(tirdpannotation)、CON(struct)/CON(tig) 和 XML 数据交换格式开发项目。同时，开发了 SQmateh 工具、SOAP(simple object aeeess protocol) 服务器，并与日本国家生物科学数据库中心合作启动了日本基因型与表型档案项目（Japanese Genotype-phenotype Archive，JGA），为全球人类遗传数据储存事业提供了优秀的基础设施和服务[②]。

---

① DDBJ. DDBJ 教职员工 [EB/OL]. [2019-07-01]. https://www.ddbj.nig.ac.jp/staff-e.html.

② 国立遗传学研究所 . 概览 2019[R/OL]. [2019-07-01]. https://www.nig.ac.jp/nig/pdf/about_nig/youran2019.pdf.

三、小结

日本生物技术基地平台布局均衡，领域覆盖全面。依托于日本完善的“官产学研”合作网络，形成了密集的生物技术产业园区，广泛分布于日本各行政区内。日本生物技术基地平台具有以下突出特点。

1. 生物技术战略地位突出，实现产业核心重点发展、布局优化

日本政府高度重视生物技术发展，根据不同时期的发展需求有序出台战略规划。2002 年，日本政府推出《生物技术战略大纲》，将生物产业作为国家核心产业重点发展；2007 年，提出实施“世界顶级研究基地形成促进计划”，并建成 8 家生物技术世界顶级国际研究基地；2019 年，推出国家生物技术发展新战略《生物战略 2019》，将高性能生物材料、生物塑料、生物药物、生物制造系统等作为重点发展领域，并加强了对生物资源库、生物数据科技设施、生物科技人才的建设。经过多年发展，日本生物技术基地平台已建成 245 家，全面覆盖科学与工程研究、技术创新与成果转化、基础支撑与条件保障 3 类，并根据地方需求在各行政区皆有分布，有效保障了日本在生物技术领域的国际竞争力。

2. 深化科研机构改革，形成有效的“官产学研”合作机制

日本政府不断深化国立科研机构的改革，剥离科研机构与政府的行政隶属关系，增强了科研机构的自主权，大大增加了生物技术基地平台的科研活力。2001 年，日本经济产业省启动产业集群计划，推动全国各地建成了“官产学研”合作网络，促进了一系列生物技术产业园区的快速发展。以彩都生命科学园为例，其运行模式呈现“政府机构管理—企业投资主导—高校担当技术孵化源头”的特点，政府在其形成和发展过程中发挥了自上而下的调控作用，税收和补贴政策直接惠及园区内企业，极具吸引力的财税政策和园区特色的企业引导服务有效助力了园区的快速发展，是政府驱动型产业园区的典范。园区内大阪大学在前沿生物学、药学、医药科学领域方面为园区提供了丰富的智力资源，为园区创新及技术孵化提供了强大动力。

3. 注重研究领域布局，基础研究与技术转化齐头并进

日本生物技术基地平台领域布局完善，基础研究与技术转化均成效显著。以理

化学研究所为例，其开展了世界首个诱导性多能干细胞（iPS 细胞）“异体移植”手术研究项目等世界最前沿的生物技术基础研究，多年来已培养包括诺贝尔生理学或医学奖获得者利根川进在内的顶尖生物学者，同时设立技术转移办公室，与企业共同开发产品，积极推进技术成果转移转化。在生物资源共享平台方面，日本基因库 DDBJ 是世界三大 DNA 数据库之一，是亚洲唯一进入国际核酸序列共享联盟的成员，与 NCBI 和 EBI 共享全人类的遗传数据，有效抢占了生物大数据竞争时代的制高点，为日本的生物技术研究活动提供有力支撑。

4. 汇聚庞大从业人才，奠定技术创新的强大驱动力

日本生物技术基地平台汇集了大量人才，包括近 10 万名全时当量研发人员和约 150 万名生物技术领域的从业者，构成了日本生物技术领域强大的驱动力。截至 2019 年，日本获得诺贝尔生理学或医学奖的顶尖学者共 5 人，为亚洲获奖人数最多的国家；同时，日本在全球生物技术相关领域发文影响力达 TOP 1% 的作者约 36 人，在生物技术领域 SCI 期刊发文的作者超过 9 万人——其优秀的科研人才构成了强大的研发队伍，为日本生物技术基地平台的持续创新奠定了基础。

第三节　瑞士生物技术基地平台

瑞士是欧洲最具创新力的生物技术基地，也是全球生物制药领域最重要的研发中心之一，吸引了全世界的资金和大量顶尖科研人员[①]。2018 年，瑞士的生物产业出口额为 883 亿瑞士法郎，占总出口额的 37.88%，成为瑞士经济的重要支柱[②]。瑞士生物技术产业集合度高，跨国集团如诺华、罗氏等与高度专业化的中小型企业各具技术优势，同时在该领域拥有全球著名的大学及科研机构[③]，进一步巩固了瑞士在全球生物技术产业中的领先地位。

瑞士长期以来的高创新力得益于世界一流的商业投资环境和自下而上的科技创

① 中华人民共和国瑞士联邦大使馆经济商务参赞处 . 瑞士的生物制药产业 [EB/OL]. (2016-12-07)[2019-07-14]. http://ch.mofcom.gov.cn/article/ztdy/201612/20161202099869.shtml.

② Swiss Biotech Association. Swiss biotech report,2019[R/OL] .(2019-05-07)[2019-07-14].https://www.swissbiotech.org/wp-content/uploads/2019/05/Swiss-biotech-report-2019-1.pdf.

③ 王璟瑜 . 解读瑞士创新的秘密：以生物科技为例 [J]. 科技中国 , 2016(7)：29-33.

新体系。瑞士的科技创新体系高度重视科学自由和科研自治（图 3-26），联邦政府和州政府分权管理，创新主体根据实际需求进行创新研究。在生物技术创新研发活动中，研发经费主要来自企业（60%）、政府补贴（25%）和国际投资（15%）①；创新主体主要包括联邦研究所、医学研究中心、企业研究中心等多元的生物技术基地平台。截至 2019 年，瑞士的生物技术基地平台共有 64 家，虽然数量不多，却创造了全球一流的科研成果，并孵育出世界顶尖的生物技术产业。

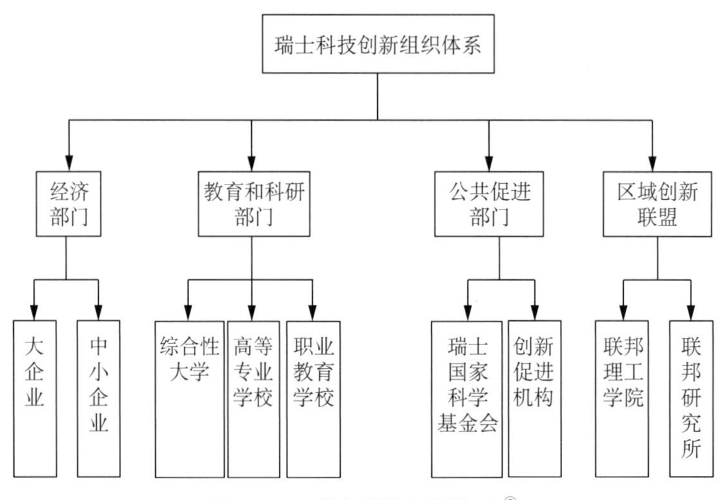

图 3-26　瑞士科技创新体系②

一、概况

瑞士的基地平台数量相比美国、日本较少，但功能定位全面覆盖了科学与工程研究、技术创新与成果转化、基础支撑与条件保障 3 类。截至 2019 年，瑞士共建成生物技术基地平台 64 家，主要分布在苏黎世州、提契诺州、巴塞尔城市州等区域。

（一）基本情况

与中国、美国不同，瑞士联邦未设置国家级实验室，故本书纳入分析统计的瑞士生物技术基地平台包括 21 家国立 / 州立科研机构、20 家医学研究中心、17 家企

① 郑青亭 . 破解瑞士“创新秘籍”[J]. 中国中小企业 , 2017(11)：70–73.

② 邱丹逸 , 袁永 , 廖晓东 . 瑞士主要科技创新战略与政策研究 [J]. 特区经济 , 2018(1)：39–42.

业研究中心、4 个产业园区和 2 个资源共享平台，分属于科学与工程研究、技术创新与成果转化、基础支撑与条件保障三大类别（图 3-27）。

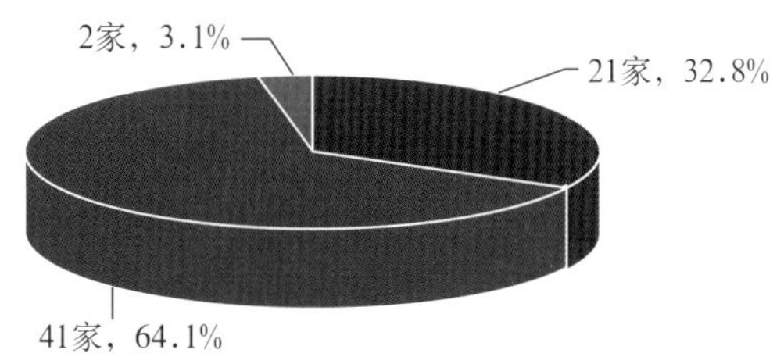

图 3-27　瑞士生物技术基地平台类别分布

1. 科学与工程研究类基地平台

主要为国立 / 州立科研机构。瑞士的国立 / 州立科研机构主要包括联邦研究所和大学研究所。其中，联邦研究所共 4 家，旨在配合联邦理工学院所在研究领域进行科研及再培训教育；大学研究所共 17 家，由大学设立，通常由联邦或州政府支持，旨在开展生物技术领域的基础研究和部分应用研究。

2. 技术创新与成果转化类基地平台

主要包括医学研究中心、企业研究中心及产业园区。瑞士的医学研究中心面向临床医学开展前沿研究，共有 20 家，主要包括两类：一是由高校建设、与医院合作的医学研究中心，主要从事科研、教学工作，同时承担少量的临床诊断工作；二是由医院建设，集教学与临床诊断为一体的医学研究中心。瑞士的企业研究中心在其科技创新体系中占据重要地位，尤其是在生物医药产业。目前，瑞士的企业研究中心共 17 家。瑞士的企业研究中心对研发的投入非常高，以诺华为代表的医药巨头，每年全球研发的投入高达 90 亿美元。

3. 基础支撑与条件保障类基地平台

主要为资源共享平台。瑞士著名的资源共享平台包括蛋白质序列数据库和蛋白质三维结构数据库。这两个数据库均由瑞士生物信息学研究所和欧洲生物信息学研究所共同监管运营，经费主要来自政府拨款。

瑞士的生物技术基地平台拥有大批高素质的从业人员，是保障瑞士生物技术持续创新的根本动力。首先，依托于瑞士境内的世界顶级学府和科研机构，瑞士汇集了一大批高层次的研究人员，其中仅苏黎世联邦理工学院就有300余位生物技术领域科研人员。其次，产业聚集区内良好的高新技术企业经济环境吸引了大批的从业者，数据显示①，2018年，瑞士生物技术企业雇佣人员约1.4万人。最后，瑞士的职业教育及学徒制为生物技术产业培养了大量专业的从业人员，形成了强大的生物技术从业人员储备力量。

据OECD数据显示，2015年瑞士生物技术研发投入31.67亿美元，仅次于美国，高居OECD成员国第2位。在生物技术领域，瑞士的人均研发费用长期居全球首位②。经费来源主要为企业（60%）、政府补贴（25%）和国际投资（15%）。

（二）领域分布

瑞士生物技术基地平台的研究领域涵盖了临床医学、生物学与生物化学、药理学和毒理学、分子生物学与遗传学、免疫学、神经科学与行为学、农业科学、微生物学和环境/生态学9个ESI学科。主要集中在药理学和毒理学、临床医学及分子生物学与遗传学（图3-28）。

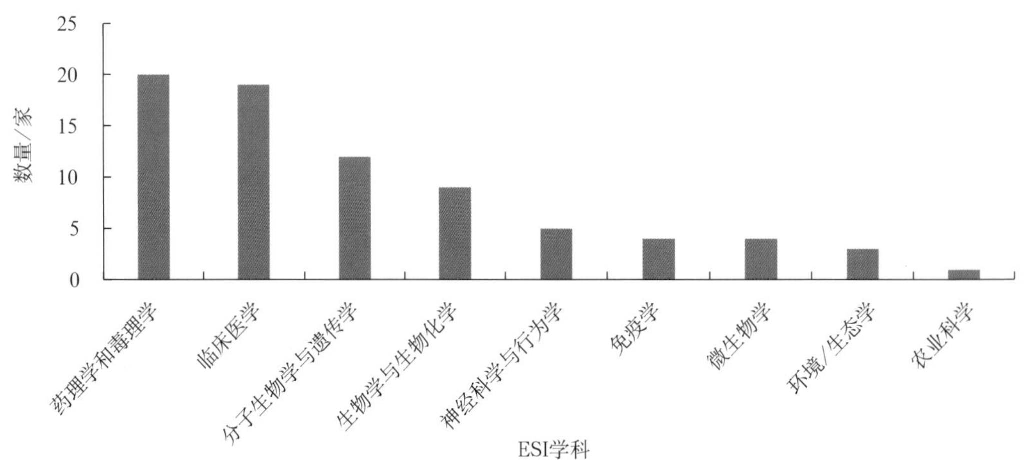

图3-28 瑞士生物技术基地平台领域分布（ESI学科）

① Swiss Biotech Association. Swiss biotech report,2019[R/OL] .(2019-05-07)[2019-07-14].https://www.swissbiotech.org/wp-content/uploads/2019/05/Swiss-biotech-report-2019-1.pdf.

② OECD. Key biotechnology indicators[EB/OL]. (2019-10-07) [2019-11-20]. https://www.oecd.org/innovation/inno/keybiotechnologyindicators.htm.

（三）地域分布

瑞士的生物技术基地平台地域分布广泛。瑞士有 26 个州，其中 20 个州均有生物技术公司，主要集中在日内瓦—洛桑 (BioAlps)、巴塞尔 (BioValley Basel)、苏黎世 (Zurich's Life Science Cluster) 和提契诺（BioPolo Ticino）4 个地区。基地平台依托先进的科研基础、丰富的风投和基金、优越的地理位置等优势产生集聚效应，形成了生物技术产业聚集区①。

（四）政策环境

瑞士生物技术基地平台及生物技术产业的长期高速发展得益于政府的强力支持。从 20 世纪 90 年代起，瑞士联邦政府出台了一系列战略计划，并实施了相关措施，为生物技术基地平台的发展营造了良好的环境。

①实施系列科技战略计划，促进基地平台发展。1992—2001 年瑞士启动生物技术优先发展计划，共投资 5780 万瑞士法郎促进大学和企业间的技术转让，支持了 251 个合作项目，建立了 18 个新的生物技术企业。2001—2003 年，瑞士国家竞争研究教育中心实施新的资助计划，提供了 4350 万瑞士法郎资助 14 个项目，其中 7 个为生命科学研究项目。此后，瑞士政府还启动了“国家研究能力中心计划”“风险实验室计划”等专项计划，已支持千余个项目，催生了数百家生物技术企业。2013 年 12 月，瑞士联邦委员会批准了为促进生物医学研究和技术发展而制定的总体规划，有效保证了瑞士作为生物技术研究基地的长期吸引力②。

②投入大量资金支持基地平台研究。瑞士联邦政府每年通过国家科学基金会资助生物技术基础研究数亿瑞士法郎。瑞士创新促进机构（Innosuisse）主要对生物技术新兴领域、成果应用转化进行支持，通过承担产业和大学之间合作研发项目 50% 的支出来促进技术转让，该机构每年在生命科学方面的投入大约为 6000 万瑞士法郎。

③构建区域创新联盟，形成基地平台合作网络。瑞士联合 2 个联邦理工学院和 4 个联邦科研所建立了联邦理工学院及研究所联合体（ETH Domain）。联合体通过

① 赵清华，范明杰，付红波，等．瑞士生物科技及产业现状与特点 [J]. 中国生物工程杂志，2008(8)：4-7.

② 中华人民共和国商务部．瑞士的生物制药产业 [EB/OL]. [2019-08-20]. http://www.mofcom.gov.cn/article/i/dxfw/jlyd/201612/20161202099869.shtml.

成立竞争力研究中心、建设协同合作的重大研究平台、共同培养优秀人才、建立长效合作机制等方式，统筹区域内的创新资源，形成合作网络，提升区域创新水平，培养高层次创新人才并产生高水平科研成果，构建了多元化、跨组织、跨学科的合作模式①。

④积极营造有利于产业发展的法律环境，保护基地平台的利益。2003 年瑞士颁布了《干细胞研究条例》，以规范生物技术领域干细胞研究；2005 年联邦生物技术委员会提请修订《专利法》，采取对基因序列进行保护、增设限制性条款等措施，保护高投入、高风险的生物技术专利发明，增强企业竞争力。

⑤实施税收优惠政策保障企业的收益。瑞士在税收方面给予了生物领域支持政策，如用于化工和医药产品适用降低 2.5% 的增值税税率；初创企业和落户瑞士的外国企业可获得州级长达 10 年的企业和资本税全部或部分减免等。

⑥成立协调管理组织促进交流合作。建立大学—企业沟通网络，促进基地平台交流。1998 年，瑞士成立生物技术协会，协会代表成员企业向政府争取利益，促进成员企业与大学间的技术转让，促进与其他欧洲生物技术组织机构的联系及与全球生物产业链的融合。2000 年，设立联邦生物技术协调中心，作为生物技术领域条例发布、执照申请、社会团体开展相关活动的协调管理机构，联邦生物技术协调中心为生物技术企业提供必要的相关法规信息。此外，与其他国家不同的是，瑞士只有一个机构（联邦生物技术接待办公室）负责生物和基因技术方面的许可证申请，大大简化了申请流程②。

⑦注重国际合作，增加基地平台研发经费及人才来源。近年来，瑞士政府将推动国际合作作为其发展科学战略的关键。瑞士尽管不是欧盟成员国，但仍可争取到欧盟框架计划下的资金。2007—2012 年，瑞士的公司和大学在欧盟的第 7 研究框架计划内获得了 15.6 亿瑞士法郎的资助。此外，瑞士联邦政府每年颁发优秀奖学金，吸引来自 180 多个国家、地区的留学生前来交流，其中生物技术领域的奖学金主要资助瑞士 12 所国立 / 州立大学的博士研究生。在瑞士的大学中，约 1/5 的学生和 1/3 的教学人员为外籍③。

---

① 廖日坤 , 周辉 . 瑞士区域协同创新模式及其借鉴 [J]. 科技管理研究 ,2013,33(7)：7-9,13.

② Swiss Biotech Association. Swiss biotech report,2019[R/OL] .(2019-05-07)[2019-07-14].https://www.swissbiotech.org/wp-content/uploads/2019/05/Swiss-biotech-report-2019-1.pdf.

③ 新浪医药新闻 . 瑞士制药的传统 [EB/OL]. (2018-05-07) [2019-08-20]. https://med.sina.com/article_detail_103_1_45362.html.

二、典型生物技术基地平台

瑞士自下而上的科技创新体系，形成了各具特色的生物技术基地平台。各平台在功能定位和研究领域依据地方特色，各有侧重。本书遴选了最具代表性的 4 个基地平台的案例进行剖析，旨在总结其先进的发展经验，为中国的基地平台建设提供借鉴（表 3-13）。

表 3-13　瑞士典型生物技术基地平台

基地平台类型	典型案例	遴选背景
科学与工程研究类	保罗谢尔研究所	瑞士最大的国立自然和工程科学研究机构，是瑞士四大联邦研究所之一
技术创新与成果转化类	瑞士实验癌症研究所	全球重要的癌症研究机构，采用典型的高校与医院合作研究的模式
	生物谷	欧洲的生物技术中心，地跨三国，是跨国合作管理及产学研深度合作的典范
基础支撑与条件保障类	瑞士蛋白质序列数据库	瑞士最丰富、资源最广的蛋白质序列数据库

（一）保罗谢尔研究所

保罗谢尔研究所（Paul Scherrer Institute, PSI）始建于 1988 年，以瑞士著名物理学家保罗・谢尔 (Paul Scherrer，1890—1969) 的名字命名，是瑞士最大的国家研究所，也是欧洲科学和技术的多学科研究中心之一。作为瑞士联邦理工学院及研究所联合体（ETH Domain）成员之一，保罗谢尔研究所与苏黎世联邦理工学院、洛桑联邦理工学院及其他 3 所联邦研究所共同构成了瑞士最重要的科研创新力量。同时，作为瑞士最重要的国家科学创新基地平台，保罗谢尔研究所在人类健康、材料科学、能源与环境等领域承担着产学研界的重大基础和应用研究任务[①]。此外，保罗谢尔研究所也是世界上为数不多的能同时提供 X 射线、中子和 μ 介子 3 类辐射探针的大型研究基地之一。

① 保罗谢尔研究所 . PSI in brief[EB/OL]. [2019-08-30]. https://www.ch/en/about/in-brief.

1. 运行机制

保罗谢尔研究所由联邦核反应堆研究所和联邦核能研究所合并而成，主管部门为瑞士联邦委员会经济、教育和研究部，具有独立的行政管理权。研究所在运行过程中，坚持政府推动、大学支撑、市场牵引等多种机制并行，同时积极进行公众调研以保持研究所与社会公众需求的关联性。

（1）管理机制

研究所管理运行主要包括以下几个方面。

①政府推动。瑞士联邦政府对保罗谢尔研究所进行引导、支持及监督，在不干涉其内部运行的前提下积极推动研究所的运营与发展。首先，瑞士联邦委员会每4年向瑞士联邦理工学院及其研究所联合体[①]下达任务委托书[②]，制定联合体4年内的研究战略性目标及财政和基础设施目标，保罗谢尔研究所作为联合体成员实施该委托书。其次，研究所向联合体董事会汇报任务执行情况，后者再上报至联邦委员会。最后，联邦政府也为研究所提供经费支持。

②市场牵引。研究所以市场为导向，实现研发与市场全方位对接的研究机制，在物理、化学、生物、能源技术、环境科学和医学方面，根据市场需求开发新技术、新材料。

③大学支撑。保罗谢尔研究所与瑞士高校合作密切，特别是与联合体内成员合作密切，如苏黎世联邦理工学院、洛桑联邦理工学院两所高校共同协助支撑研究所的项目运营与发展。

④公众调研。研究所下设调查小组委员会积极开展公众调研活动，听取社会和民众的呼声，对领域内公众关心的国家和国际问题进行深入探讨，以保持研究所与社会公众的关联性。

⑤内部董事会管理。董事会是研究所内最高权力部门，负责重大政策制定、重大人事决议、薪酬制定等主要管理工作。下属部门各司其职：5个研究部分别在各自领域进行基础研究；大型研究设施部对研究所内大型科研设施进行维护和管理；质子治疗中心管理质子治疗设备并对外提供肿瘤质子治疗；后勤管理部负责安全、

① 瑞士联邦理工学院及其研究所联合体（ETH Domain）包括苏黎世联邦理工学院，洛桑联邦理工学院，保罗谢尔研究所，瑞士联邦森林、雪和景观研究所，瑞士联邦材料试验和科研研究所及瑞士联邦水科学和技术研究所。

② ETH Domain.Governance ETH Domain[EB/OL].[2019-09-10].https://www.ethrat.ch/en/eth-board/governance-eth-domain/.

交流、财务与行政服务及信息支持工作（图 3-29）。

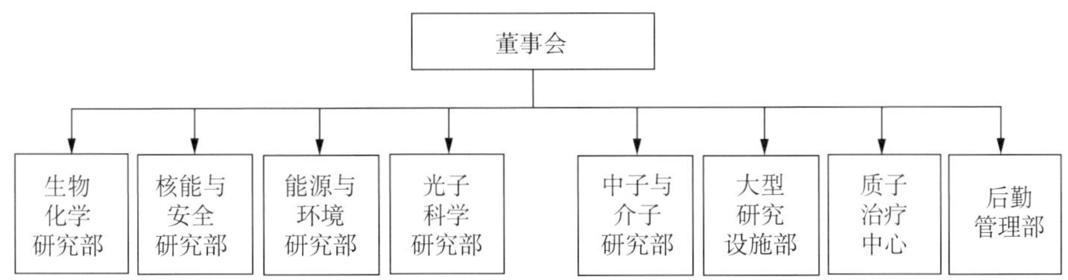

图 3-29　保罗谢尔研究所组织架构

（2）运行经费

保罗谢尔研究所的运行经费主要来自瑞士联邦政府，同时，欧盟、第三方资金等多渠道资助也保障了其稳定运行。2018 年，保罗谢尔研究所的年度预算约为 4.07 亿瑞士法郎，其中联邦政府资助约占 73%（表 3-14）。经费支出主要包括人员费用、其他经营费用和固定资产支出，各领域的经费支出比例如图 3-30 所示，其中，生命科学领域支出占比排名第 2 位（24%）。

表 3-14　2018 年保罗谢尔研究所经费投入情况[①]

来源	金额 / 百万瑞士法郎
联邦政府资助	296.6
应用研究收入	20.6
来自 SNSF、CTI 和应用研究的特殊联邦资助	33.2
“欧盟研究与创新框架计划”资助	9.5
其他项目形式的第三方资金	8.2
学杂费	3.2
捐赠和遗赠	0.7
其他收入	35.2

① 保罗谢尔研究所 . Facts and figures[EB/OL]. [2019-08-30]. https://www.psi.ch/en/about/facts-and-figures.

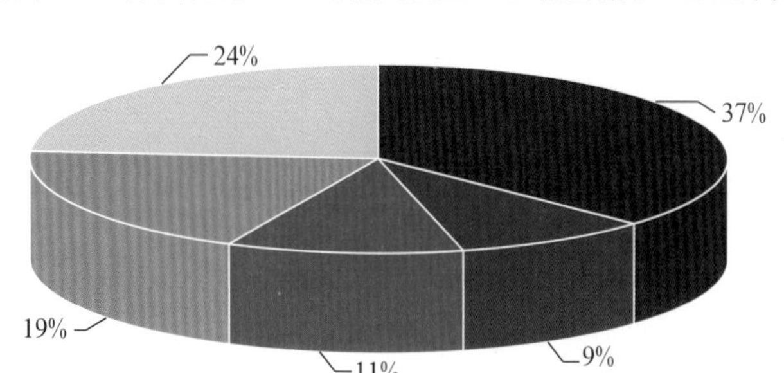

图 3-30 2018 年保罗谢尔研究所的不同领域研究支出

2. 人才队伍

保罗谢尔研究所目前共有员工 2100 余人。其中，专职研究人员约 700 名，占总员工人数的 33%，200 余人同时在瑞士高校任教；技术人员和工程师约 1000 人，占总员工人数的 48%，主要从事工程应用研究。在 2100 余名员工中，约 49% 的员工为非瑞士籍人，人才国际化十分明显。此外，研究所每年接纳约 5000 名来自世界各地的科研人员进行访问学习[①]。

3. 建设成效

保罗谢尔研究所是学科交叉（高能物理与医学）研究的典范。研究所由原来的瑞士原子核研究所与瑞士联邦反应堆研究所合并而成，有基于其在高能物理研究上的深厚积累，逐渐形成了高能物理与医学的交叉研究，主要集中在癌症放射治疗，特别是在质子治疗领域，已成为世界首屈一指的质子治疗中心。

作为瑞士最大的国立科技研究基地平台，保罗谢尔研究所与国际著名高校、研究机构和产业界合作十分密切。研究所利用自身优势，积极开展交叉学科研究，推动了基础研究的创新和产业化应用，在人才培养等方面也取得了显著的成效。研究所学术产出丰硕，2018 年共发表 850 余篇学术论文[②]。

（1）质子调强治疗先驱

保罗谢尔研究所参与制造出世界上第一台质子调强点扫描治疗头，其质子治疗中心 (CPT) 是全球首个操作质子束照射深部肿瘤的紧凑型扫描台架的质子中心。保罗谢尔研究所开发的点扫描技术，通过质子笔形束剂量点的扫描和叠加，可以建立

① 保罗谢尔研究所 . Facts and figures[EB/OL]. [2019-08-30]. https://www.psi.ch/en/about/facts-and-figures.

② 同①。

所需的剂量分布，并且可以在三维空间内精确地调整剂量以适应肿瘤的形状，使得在治疗肿瘤部位的同时保护受照射目标周围的健康组织。该技术实施至今已20多年，其成功的治疗效果受到业界的肯定[①]。2018年，研究所质子治疗中心共进行逾6000例次质子放疗，在治疗葡萄膜黑素瘤方面的有效率高达98%。在保罗谢尔研究所质子治疗中心接受治疗的葡萄膜黑素瘤患者占全球接受同类治疗患者的22%。

（2）大型科研设备集聚地

保罗谢尔研究所拥有分裂中子源SINQ、同步加速器光源瑞士SLS（SwissSLS）、μ介子源SμS及瑞士X射线自由电子激光器SwissFEL等世界少有的大型科研设备。每年约5000名来自世界各地的研究人员到保罗谢尔研究所开展实验。2018年保罗谢尔研究所科研设备的访问人数和实验数量如表3-15所示。

表3-15 保罗谢尔研究所设备访问人数和实验数量

设备	SwissSLS	SwissFEL	SINQ	SNQ	粒子物理实验室	总计
访问人数/人	3175	93	683	175	785	4911
实验数量/个	1383	10	361	225	10	1989

（3）成果转化成绩显著

保罗谢尔研究所与工业界合作密切：一方面基于其创新技术、特有技术成立衍生公司[②]（表3-16），主要集中在先进物理设备及癌症治疗相关领域；另一方面与医院和制药公司保持紧密的合作，以确保其基础研究与医院临床试验保持有效协调。

表3-16 保罗谢尔研究所的衍生公司

衍生公司	主要业务
RADEC	电子器件测试
GratXray	乳腺癌成像设备开发生产
novatlantis Ltd.	非营利性咨询和服务公司
novoMOF	先进材料领域的技术公司

① 保罗谢尔研究所. Center for Proton Therapy CPT[EB/OL]. [2019-08-30]. https://www.psi.ch/en/protontherapy/center-for-proton-therapy-cpt.

② 保罗谢尔研究所.Spin-off companies[EB/OL]. [2019-08-30].https://www.psi.ch/en/industry/spin-off-companies.

续表

衍生公司	主要业务
InterAx Biotech Ltd.	基于抑制素的生物传感器
Advanced Accelerator Technologies AG	高级加速器技术及设备
4Quant	医学图像
Hydromethan AG	水性生物质和各种有机残留物的水热气化技术供应商
Expose GmbH	为制药和生物技术领域的公司和组织提供蛋白质晶体学各个方面的服务

（二）瑞士实验癌症研究所

瑞士实验癌症研究所（Swiss Institute for Experimental Cancer Research）成立于1964年，是全球重要的癌症研究机构之一，也是瑞士癌症联盟成员。研究所隶属于洛桑联邦理工学院生命科学学院，与瑞士高校、医院开展密切合作，在癌症基础科研及临床治疗领域均做出了突出贡献。

1. 运行机制

瑞士实验癌症研究所依托洛桑联邦理工学院运行，由联邦经济、教育与研究部管理，经费主要来自联邦政府。

（1）管理模式

瑞士实验癌症研究所隶属于洛桑联邦理工学院生命科学学院，没有独立的行政管理权，主要实行“学校—学院—研究所”的三级管理机制。

在学校层面，洛桑联邦理工学院实行“两院制”治理模式，由大学董事会和学术参议会共同治理。大学董事会主要负责学院的重大决策；学术参议会承担学术委员会的职能，主要负责学术发展相关事务。董事会由校外人士组成，成员多是政府官员、企业董事或经理、教育家、社会名流等，参议会成员多为教授代表，也包括行政、管理人员和学生代表。在学院层面，实行院长负责制的管理模式，院长全面负责学院管理；教师委员会辅助学院管理，主要职责包括对院长的任命提出建议，以及建立论文审核委员会等。瑞士两所联邦理工学院的校长由联邦委员会直接任命。在研究所层面，实行所长聘任制和所长负责制。研究所内部设立分子细胞生物学和癌症研究组、基础和转化癌症研究组，并下设小实验室，由实验室经理负责实验室的日常运行和管理（图3-31）。

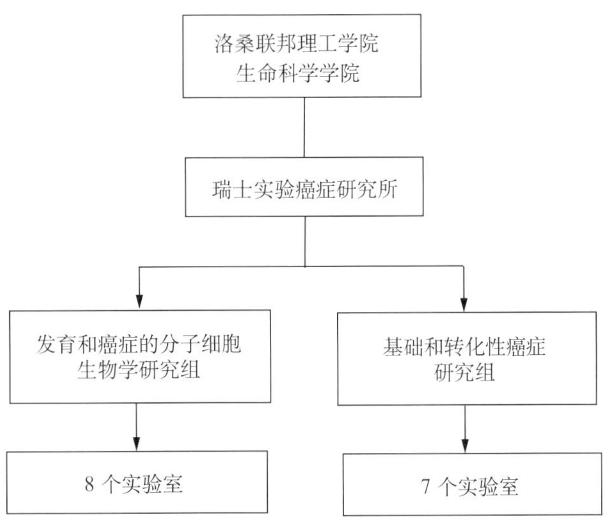

图 3-31　瑞士实验癌症研究所组织架构

其研究和教学工作依照洛桑联邦理工学院自上而下的协同机制开展。在纵向上，实验室直接承担学校的基础研究工作；在横向上，其教学工作和跨学科研究则通过校内的学位项目和跨学科中心来实施，形成矩阵式结构[①]。

（2）经费来源

瑞士实验癌症研究所经费来源可以分为两个阶段：在 2008 年以前，由内部基金即 ISREC 基金独立支持；在 2008 年以后，其主要科研资金来自洛桑联邦理工学院。洛桑联邦理工学院的研究经费以联邦政府的支持为主，国际机构资助及企业合作的资助为辅。洛桑联邦理工学院的经费约 70% 来自联邦政府，此外，还包括欧盟"地平线 2020"的经费支持。洛桑联邦理工学院也是瑞士最早引入美国"讲座教授"（endowment professorship）概念的大学，融合了讲席制度和社会捐赠，拓展了企业经费支持和渠道。除从学校获得经费外，研究所也获得了瑞士国家科学基金、瑞士癌症联盟、ISREC 基金等的项目支持。

2. 研究领域

瑞士实验癌症研究所主要研究领域涵盖从基础、转化性癌症研究到基础细胞和

① NOUKAKIS D, RICCI J F, VETTERLI M. Riding the globalization wave: EPFL's strategy and achievements [G]//LIU N C, WANG Q, CHENG Y. Paths to a world-class university.Rotterdam: Sense Publishers, 2011：177-193.

发育生物学[①]，包括对在癌症发展过程中被不同程度破坏或者吸收的生物系统的调查，以及对细胞内环境平衡和器官发育的平衡机制的调查等。目前的研究团队包括“发育和癌症的分子细胞生物学研究”和“基础和转化性癌症研究”两个团队。

3. 人才队伍

在人才方面，瑞士实验癌症研究所遵守洛桑联邦理工学院的教师管理制度，采取“非升即走”与终生教职制为核心的管理机制。洛桑联邦理工学院从 2002 年开始在学校设立终身教职助理教授在 8 年的合同期内晋升为副教授才可获得终身教职。瑞士实验癌症研究所约有 150 位在职人员，其中较高层次人才（包括教授及科研人员）约占 1/2，博士约占 1/4，其他则为技术人员和行政人员等。

4. 建设成效

瑞士实验癌症研究所作为瑞士癌症研究的重要机构，在癌症发病机制、治疗手段及免疫排斥等研究方向取得了全球领先的研究成果，为癌症医学领域发展做出了突出贡献。主要研究方向包括：①恶性肿瘤的遗传和表观遗传机制；②肿瘤微环境中癌细胞之间及癌细胞与正常体细胞之间的相互作用。

一是论文产出成效卓著。瑞士实验癌症研究所每年发表约 60 篇 SCI 文章，其中不乏出现在世界顶级期刊（如 *Nature*）的文章。论文研究成果在癌症治疗研究领域影响力大，受到全球关注，近几年研究成果包括：揭示乳腺癌脑转移新机制；发现抗血管生成疗法可以改善免疫治疗效果；发现癌症转移过程中的一种关键蛋白，并证明阻断该蛋白可预防肿瘤扩散等。

二是人才梯队强大。近年来，研究所强大的科研团队获得了生物技术领域的多个重要奖项。其中，2 位研究人员曾获被誉为瑞士诺贝尔奖的 Marcel Benoist 奖，6 位研究人员获得瑞士生物化学领域最高奖——Friedrich Miescher[②] 奖。

三是成果转化成绩显著。基础和转化癌症研究小组在肿瘤免疫标记、中性粒细胞、葡萄糖转运蛋白、葡萄糖代谢、转化肿瘤学等方面成果丰硕。研究所积极促进基础研究和临床研究之间的合作，为新型疗法和临床方法提供科学动力。

---

① EPFL. Swiss institute for experimental cancer research[EB/OL]. [2019-09-20]. https://www.epfl.ch/schools/sv/isrec/.

② 以瑞士生物学家 Friedrich Miescher（核酸发现者）命名，要求获奖者年龄在 40 岁以下。

（三）生物谷

生物谷（Bio Valley）始建于 1996 年 7 月，是首个欧洲倡议的生物技术产业集群，也是国际著名的生物技术基地。生物谷由 3 个部分组成，分别是瑞士巴塞尔生物谷（BioValley Basel）、德国巴登—符腾堡生物谷（BioValley Deutschland）和法国阿尔萨斯生物谷（Alsace BioValley）。生物谷是连接法国、德国和瑞士的交通枢纽，也是欧洲的生物技术中心。

20 世纪 70 年代硅谷（Silicon Valley）的成功成为当时全球园区建设的典范，依托莱茵河流域（三国接壤的三角地带）强大的化学和制药工业基础，1996 年瑞士企业家 Dr. Georg Endress 和 Dr. Hans Briner 提出在该区域建设生物谷。建设初期主要得益于诺华集团提供的风险基金，促成了一大批初创企业成立，之后欧盟 INTERREG 项目（1997 年开始）也对集群建设提供了经费支持，逐渐发展成为欧洲乃至世界的生物技术基地。目前，集群内形成了包括现代生物技术、农产品经营、生物制药在内的多个生物技术产业，以诺华（Novartis）和罗氏（Roche）为代表的国际著名生物公司的总部均设在此地，形成了世界顶级的科研产业网络。

1. 运行机制

（1）发展概况

20 世纪 90 年代，生物科技园区的运作模式逐渐成熟，并在欧洲获成功推广。于是，生物谷在欧盟的倡议与支持下应运而生，其形成与快速发展的原因主要包括[①]以下 4 个方面。

①优越的物质基础。生物谷地区拥有丰富的生物物种资源，为欧洲生物技术的发展提供了丰富的生物基因、物种和陆地生态系统资源。

②雄厚的生物技术实力。在生物谷建立前，当地已经有众多生命科学公司和机构（共约 300 家），其中包括 2 家跨国公司，40 所独立和大学所属研究机构及 4 所大学。

③长期的国际合作历史。近邻的德国、瑞士和法国三国长期保持密切的经济、政治合作关系，在生物技术发展及其产业化开发上很容易达成共识。

④便利的交通条件。生物谷地处莱茵河上游，是德国、瑞士和法国三国的交界

① 科学技术部火炬高技术产业开发中心 . 法国欧洲生物谷：国际著名生物科技园区 [EB/OL]. (2013-12-13) [2019-08-31]. http://www.chinatorch.gov.cn/gxq/gjjy/201312/1495b635f93a4b77b9e990ab8ddd309c.shtml.

处，靠近各国的工业区，邻近机场、港口和铁路，同时还有发达的高速公路，交通极其便利。

（2）管理模式

生物谷内设生物谷促进机构（BioValley Association），由其进行管理及协调。生物谷促进机构由 1 个生物谷中心机构和 3 个成员国子机构构成（图 3-32）。中心机构负责统筹协调 3 个成员国子机构的运行，成员国子机构负责协调集群内本国企业的科研、开发、贸易和商业协作等。

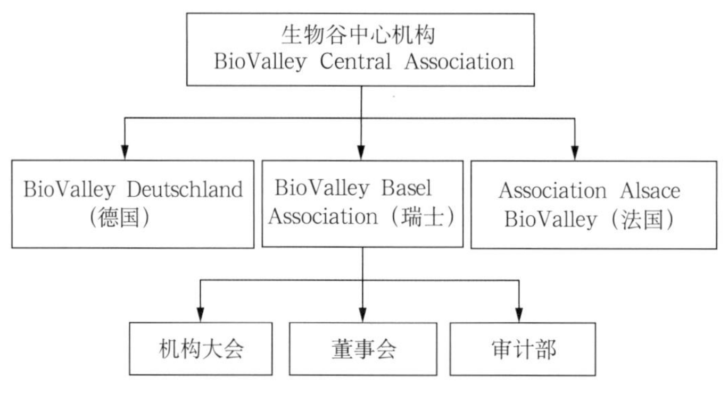

图 3-32　生物谷促进机构架构

生物谷中心机构由 15 名代表组成（三国各 5 名代表）。中心机构在三国分设 3 个子机构，每个机构下又设置机构大会、董事会和审计部。其中机构大会是子机构的最高权力机关，主要职责为：批准年度预算和审计报告、决定董事会和审计部成员、设定会费标准、批准机构章程等。董事会主要负责日常管理、对外交流、会员招募、年度计划和预算制定及机构资产管理等。审计部主要对机构内部财务进行管理和年度审计，报送机构大会。

（3）组织架构

集群内部成员主要分为4类：研发企业、服务咨询企业、供应企业、研究机构。4 类机构合作密切形成产学研合作网络。其中，研发企业包括以诺华、罗氏为代表的龙头企业及中小型研发企业；服务咨询企业包括许多促进成果转化的组织和辅助高校成果转化的公司；供应企业主要从事产业链生产资料供应等；研究机构主要是大学及研究所，提供生物技术、化学、制造及其他相关学科的课程高等教育和基础技术输出（图 3-33）。

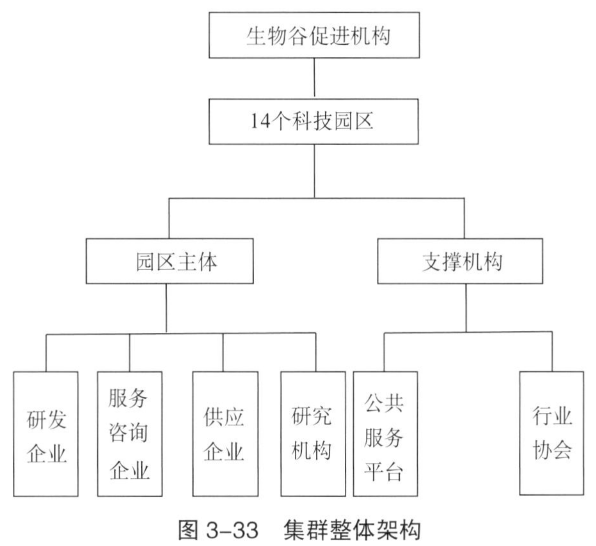

图 3-33 集群整体架构

生物谷促进机构实施会员制。个人、学生和公司可申请各自所在国家的子机构会员，每年缴纳会费，会费由三国子机构各自制定。例如，巴塞尔生物谷内企业会员会费为 100 瑞士法郎 / 年，个人会员为 20 瑞士法郎 / 年，学生会员为 10 瑞士法郎 / 年[①]。

集群内的支撑机构主要包括公共服务平台和行业协会。其中，公共服务平台辅助初创企业获得市场和投资机会；行业协会负责促进大学与企业的技术转让。2003 年，生物谷成立了非营利性协会——生物谷学院网络（The BioValley College Network，BCN）。通过组织专题培训，促进科研机构和企业的联系及与整个生物产业链的融合。

（4）合作机制

生物谷是产业集群中多国合作的典范，集群内三国合作紧密，共享优势资源。①生物谷促进机构协调集群内的企业宣传、研究转化等工作的跨国开展，促进企业宣传，增加成果转化率；②欧盟为促进生物谷内三国合作专门提供了专项合作项目，如欧盟 INTERREG 项目专门设立了三国合作项目（Tri-national pfojects），项目要求至少两国企业共同出资 50% 以上的研发经费，INTERREG 出资剩余经费，共同完成项目，促进交流合作；③集群建设数据库保证信息共享，数据库汇集集群内企业、科研机构、科研成果等信息，促进信息共享及深度合作。

① BioValley Basel. Join as a member[EB/OL]. [2019-08-31]. https://biovalley.ch/membership/.

（5）经费来源

得益于政府的大力支持及三国优越的投资环境，生物谷经费充足且来源多元化。其中，巴塞尔部分的经费主要包括：①欧盟 INTERREG[①] 计划经费支持（表3-17）；②瑞士联邦政府和参与该计划的瑞士西北部各州拨款；③风险资本、私人股权投资基金及投资公司。

表 3-17　INTERREG 相关数据

项目名称	年份	资助额度 / 万欧元	项目数量
INTERREG Ⅰ	1990—1993 年	1325	59
INTERREG Ⅱ	1994—1999 年	4080	126
INTERREG Ⅲ	2000—2006 年	4600	127
INTERREG Ⅳ	2007—2013 年	6700	115
INTERREG Ⅴ	2014—2020 年	8948	暂无

2. 人才队伍

生物谷汇集了大量的生物技术领域科研人才与应用人才。目前，有超过 50 000 人从事生命科学领域工作，包括 15 000 名专职科研人员。生物谷内有 5 所在生命科学领域享有盛誉的大学，为人才培养奠定了坚实的基础。自创建以来，生物谷已培养出 5 位诺贝尔生理学或医学奖获得者[②]。

3. 建设成效

生物谷自建设以来成效卓越。在技术创新方面，集群内企业与科研机构每年有大量的专利产出，集群生物技术专利数为 416 项 /1000 000 人，而同期西欧的平均值为 258 项 /1000 000 人[③]；在园区建设方面，目前共有 14 个生物科技园区、逾 30 家专业技术平台、40 个研究中心和 600 余家企业。园区成为当地企业发展、产业汇集、经济发展的重要推动力。

一是汇集了全球生物医药产业的巨头。生物谷汇集了全球生物医药产业巨头，

① INTERREG 是由欧洲区域发展基金资助的一系列计划，旨在刺激欧盟各区域之间的合作。

② BioValley. BioValley, the place to boost your research and business[R/OL]. (2012-05-07) [2019-08-31]. http://www.biovalley.com/wp-content/uploads/2012/05/BAT-plaq-BV-bien-montee.pdf.

③ RYNARZEWSKI T, SZYMCZAK M. Changes and challenges in the modern world economy: recent advances in research on international economics & business[M]. Polska: Poznán University of Economics and Business Press, 2016.

如诺华、罗氏、礼来、强生、先正达和辉瑞等。其中，诺华公司和罗氏公司共同占据了全球癌症药物市场 38% 的份额①，是全球顶级制药巨头。

二是形成了强大的孵化力量。1997—2012 年，园区内初创企业的数量从每年 40 家增长至每年 200 家，集群为初创企业提供了良好的条件，如提供企业管理培训、技术培训、高校技术对接及融资渠道对接。

三是带动了区域经济的繁荣。生物谷集群对区域经济贡献巨大，凭借生物谷产业集群的活力，该地区经济持续繁荣。2000—2010 年，人口增长率达 5%；2010 年，上莱茵地区总人口超过 600 万人，GDP 同期增长 30%，人均 GDP 也显著增长（图 3-34）②。

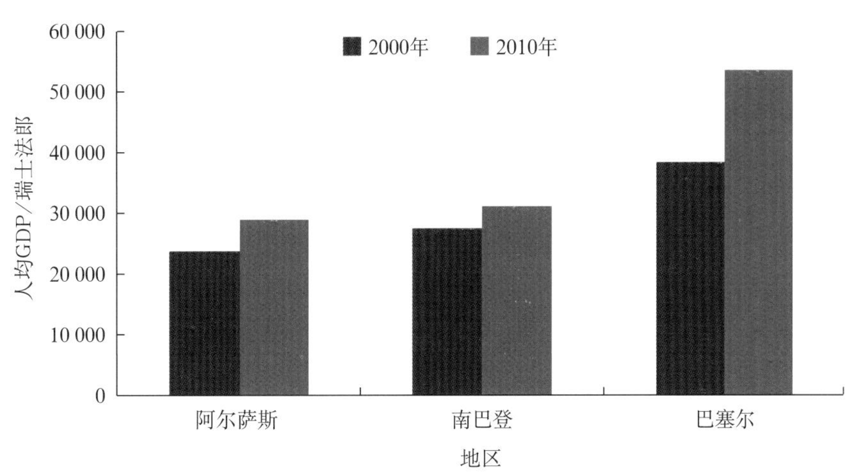

图 3-34　2000 年和 2010 年生物谷地区人均 GDP 变化

（四）瑞士蛋白质序列数据库

瑞士蛋白质序列数据库（SWISS-PROT）是蛋白质序列注释性知识数据库，由日内瓦大学和瑞士生物信息学研究所在 1968 年联合建立，是全球最核心的生物信息学数据库之一。其数据均经领域内专家准确注释过③。瑞士蛋白质序列数据库建立

① Life Science Basel. Going from strength to strength[R/OL]. (2017-05-23) [2019-09-01]. http://www.lifesciencesbasel.com/file/430_f470c1a215d937fc1ff18027376d4df7.pdf/2018%2001%2015_Basel%20region%20life%20sciences_2017_online.pdf.

② 同①。

③ Uniprot. Why is UniProtKB composed of 2 sections[EB/OL]. (2018-05-10) [2019-09-10]. https://www.uniprot.org/help/uniprotkb_sections.

之初，旨在为基因组学、蛋白质组学及分子生物学领域的研究人员提供高质量的蛋白质氨基酸序列信息。2002 年，在美国国家人类基因研究院和美国国家卫生研究院等5家机构资助下，SWISS-PROT与TrEMBL、PIR① 整合成统一蛋白质数据库（Unified Protein Database，UniProt），并保留了 SWISS-PROT 模块。目前，UniProt 成为全球信息最丰富、资源最广泛的蛋白质序列数据库。

1. 运行机制

SWISS-PROT 作为 UniProt 的模块，依附于 UniProt。企业化开发维护，国有科研机构监督管理。其经费主要来自国家。

SWISS-PROT 数据库起初是由瑞士生物信息技术学研究所主力建设，后来由于蛋白标引工作量庞大、耗资巨大，2002 年与其他两个数据库合并交由 Uniprot 公司运营。UniProt 公司由欧洲生物信息学研究所、瑞士生物信息学研究所、美国乔治敦大学医学中心和美国国家生物医学研究基金会联合成立，主要负责数据库的整合开发、更新、运营等工作。在其运营的过程中，欧洲生物信息学研究所、瑞士生物信息学研究所和 PIR 对数据库的内容进行设计，并对平台进行监督管理。

UniProt 的运行经费主要来自美国、瑞士和欧盟（主要为英国）。其中，美国国家卫生研究院和美国国家科学基金设立了多个项目对平台的数据加工进行资助（项目编号：U24HG007822 和 DBI-1062520）；瑞士国家教育、研究和创新秘书处通过瑞士生物信息研究所拨付运营经费对 UniProt 进行资助；欧洲分子生物实验室核心基金、英国心脏基金会（项目编号：RG/13/5/30112）和阿尔茨海默病研究机构（项目编号：ARUK-NAS2017A-1）通过分别设立不同的项目对 UniProt 提供经费支持。

2. 数据管理

SWISS-PROT 的数据来源多样，主要包括：①核酸数据库翻译推导的蛋白质序列；②从 PIR 挑选、加工的蛋白质数据；③科学文献中摘录的蛋白质序列数据；④研究人员直接提交的蛋白质序列数据。截至 2019 年，SWISS-PROT 已拥有 560 537 条序列登录项。

在数据录入方面，为了实现标准化，SWISS-PROT 对数据库中的每一个序列登

① 美国的蛋白信息资源（Protein Information Resource, PIR）所建的蛋白质数据库。

录项都进行了仔细检查和人工注释，录入格式必须包含已知蛋白质的序列、引用文献信息、分类学信息、注释等，注释中包括蛋白质的功能、转录后修饰、特殊位点和区域、二级结构、四级结构、与其他序列的相似性、序列残缺与疾病的关系、序列变异体和冲突等信息。在序列录入时，SWISS-PROT 秉承最小冗余的原则，尽量将相关的数据归并，降低数据库的冗余程度[①]。

此外，SWISS-PROT 录入的数据与其他 30 多个数据库建立了交叉引用，包括核酸序列库、蛋白质序列库和蛋白质结构库等，保证一次检索可同时获得序列的多方面信息。

在数据显示方面，SWISS-PROT 制定了统一的格式规范，与 EMBL 核酸序列数据库的格式类似，每项用外在的 ASCII 表示。

在数据共享方面，研究者可直接将序列上传至 SWISS-PROT 数据库，呈报数据还与德国的 MIPS 蛋白质序列数据研究所及美国的 NBRF-PIR 蛋白质鉴定资源等数据库共享。

在数据提取利用方面，利用序列提取系统 (SRS) 可以方便地检索 SWISS-PROT 和其他 EBI 的数据库。

3. 人才队伍

瑞士蛋白质序列数据库的研究人员和维护人员共有 100 余人，包括首席研究员 3 人、核心研究人员 15 人、数据监管人员 35 人、软件开发人员 24 人，以及其他岗位 17 人。数据监管和软件开发相关人员约占总人数的 50%[②]。

4. 建设成效

截至 2019 年 7 月，SWISS-PROT 数据库收录手动注释蛋白质序列信息 560 537 条，近 20 亿个氨基酸，囊括了超过 1.3 万个的物种，为全球蛋白质研究领域提供了丰富的数据资源。2008—2016 年数据库总访问量约为 2500 万次[③]，引用该数据库的文献已经超过 126 万篇。

目前，该数据库是全球生命科学领域应用最广泛的数据库之一，被科学界公认

① 刘树春 . 利用 SWISS-PROT 网上获取生物信息学资源 [J]. 生命的化学 , 2002, 22(1):81–83.

② Uniprot. UniProt staff[EB/OL]. (2019-06-18) [2019-09-10]. https://www.uniprot.org/help/uniprot_staff.

③ SIB. Swiss-Prot turns 30[R/OL]. [2019-09-10]. https://www.sib.swiss/images/sib/7-about-us/sp_30/swissprot-30-ans-brochure_low.pdf.

为蛋白质序列质量控制的金标准。数据库跨学科应用广泛，不仅被应用于临床医学研究，也为专利审查机构提供专利审查参考，并可用于计算机结构预测程序的基准测试。此外，该数据库还为其他数据库的建构提供基础数据（如 SIB NEXPROT 数据库）。

三、小结

瑞士的生物技术基地平台相比美国、日本数量较少，但功能定位全面。其强大的创新能力有力促进了瑞士成为全球生物制药领域最重要的研发中心。

1. 企业创新为主，跨国企业与中小企业各具优势

跨国企业在瑞士的生物技术创新链中扮演中心角色，维系着高校、中小企业、科研机构及服务商等多边网络，其通过与高校、研发机构、企业之间的合作，引进外来知识技术、强化科研网络、带动技术转移转化。以诺华为例，每年全球研发的投入高达 90 亿美元，研发产出丰硕，产业带动性强。同时，瑞士的中小企业在生物技术产业创新中也扮演重要角色。研究表明[①]，瑞士的中小企业创新能力高于欧洲其他国家平均水平，具有强大的核心竞争力。总体来说，企业作为瑞士生物技术的创新载体，通过强大的创新优势形成了瑞士具有出口竞争力的主导产业，有效解决了瑞士本国市场容量过小的困境。

2. 产研合作密切，科研技术成果转化迅速

作为基础研究类基地平台的重要主体，瑞士的国立科研机构与企业交流广泛，合作密切，有效打破了基础研究与生产、市场销售多个环节的壁垒，促进了生物技术产业链的上下游结合。一方面，国立科研机构通过与企业合作或孵化企业进行中试或生产，迅速将基础研究扩散到产业界；另一方面，国立科研机构与企业联合，形成优势互补，提升研发与转化效率。此外，瑞士联邦政府积极发挥引导作用，从国家层面设立技术转移的相关管理机构，如生物技术协会、瑞士创新促进机构（Innosuisse）等，有力保障了生物技术创新的研发过程、知识和技术转移、中试、

① 中华人民共和国驻瑞士联邦大使馆经济商务参赞处 . 瑞士的科研与创新体系 [EB/OL]. (2016-12-07) [2019-09-20]. http://ch.mofcom.gov.cn/article/ztdy/201612/20161202099870.shtml.

生产等多个环节融合。

3. 地方特色鲜明，产业集群自发形成

瑞士鲜有国家层面的集群政策，其生物技术产业集群或依托现有产业优势，或得益于龙头企业带动，自发形成，具有鲜明的地方特色。以生物谷为例，其高速的发展得益于该地区良好的产业基础：莱茵河流域（三国接壤的三角地带）已具备强大的化学和制药工业基础，大小企业并存及科研机构聚集为集群建设提供了理想的环境；瑞士多语言文化加强了与文化亲缘邻国的知识、技术和人才交流，使多方力量都参与到集群的建设和管理中。此外，龙头企业对集群建设意义重大，以诺华为首的跨国企业提供了大量风险基金，促进大批初创企业在生物谷内成立。总体而言，瑞士的产业集群多为自发形成，在其整个建设过程中，瑞士联邦政府主要提供部分建设资金和政策服务，较少实施政策干预，为其自由发展创造了良好环境。

4. 生物医药领域强大，推动全球医药健康发展

瑞士作为全球重要的生物医药研发中心，其生物技术基地平台的研究方向聚焦于全人类的健康研究：一是瑞士的医疗保健体系积极支持新药引入，并为制药公司提供高度发达的测试和销售市场，吸引了大批医药企业在瑞士设立研发单元；二是跨国企业的云集带来了全球的资金，吸引了世界顶级智力资源，为其在医药和癌症领域的研究创新注入了强大动力。目前，瑞士生物技术基地平台的研发成果主要集中在单克隆抗体药物、基因治疗、质子治疗等方向，并在肿瘤诊断与治疗及制药领域取得了突破性进展，为人类健康事业做出了巨大的贡献。

第四章　展望

国家科技创新基地平台是汇聚各类创新资源的核心载体，是原创性成果的主要策源地，是国家科技实力和创新能力的培育平台，是世界发达国家竞相投入、竞相布局的重要载体。当前，中国科技已步入“三跑并存”的新阶段，建设强大的生物技术基地平台支撑体系，对抢占生物技术发展战略机遇期、提高国家综合竞争力、推动中国从生物技术大国向生物技术强国转变具有十分重要的意义。

近几年，在国家相关政策的支持和引导下，中国基地平台建设取得了突飞猛进的发展。截至 2019 年 6 月，中国已建成生物技术基地平台 998 家，基本涵盖了从基础研发到产业创新的领域，领域布局日趋完善，创新能力得到提高，为生物技术发展提供了重要保障。但相比美国、日本、瑞士等发达国家，在经费投入、运行机制、建设成效方面，中国仍存在较大差距。未来的基地平台建设，应在以下几个方面重点加强。

①发挥生物技术作为基盘技术的核心作用，加强战略部署。发达国家普遍把生物技术基地平台建设作为强化竞争优势的国家战略，强调国家目标，注重系统部署。为应对激烈的国际科技竞争，中国应将生物基地平台作为引领未来科技的核心竞争力进行定位，加大生物技术基地平台支撑保障体系的顶层设计和系统布局，持续部署和重点支持学科交叉、综合集成的生物技术科学研究试验设施和创新基地的建设。一是布局建设满足国家重大战略需求的国家实验室和国家信息中心等战略性基地平台；二是面向前沿科学，在有望催生下一次生物技术与健康医疗革命的基因编辑、合成生物学、生物医学大数据研究、微生物组学等领域部署建设国家重点实验室和国家工程研究中心；三是面向国家长远发展的重大产业技术领域需求，围绕创新全链条，建设一批从基础研究到应用研究、开发研究，再到产业化的、具有强大带动力的国家技术创新中心。

②结合生物技术学科特点和产业发展特征，强化分工协调。国外先进的生物技术基地平台具有多元分工、统筹推进的特点，有效实现了不同创新主体之间的优势互补。为进一步促进中国生物技术基地平台的持续发展，需充分发挥国家主导和多

元参与相结合的能动优势。一是要注意平台基地布局协调，在具有学科优势、技术优势、人才优势等地域设立重大基础设施基地，形成合力才能引领发展方向；二是要加强产业链布局协调，形成高校、科研机构与产业界的分工，鼓励不同基地平台在发挥各自优势的基础上实现功能互补；三是鼓励人员、技术的交流，成立协调基地平台间合作与交流的组织，建立专业化的技术转移中心，促进基地平台进行技术转移和技术扩散，系统化、工程化地推进产业共性技术突破，形成以技术创新带动产业升级的机制。

③借鉴国际先进的组织管理模式，推进规范运行。发达国家在生物技术基地平台治理结构、机构设置、激励约束机制、外部合作等方面建立了一整套有效的管理制度，如政府直接管理（美国国立卫生研究院、日本理化学研究所）、自主管理（瑞士苏黎世大学、生物谷）及委托社会力量管理（萨瓦纳河国家实验室、瑞士蛋白数据库）等，并通过采取目标任务合同制管理模式，有效保障了其科技发展目标的实现。中国的各类生物技术基地平台在管理体制、运行机制、管理体系和技术扩散等方面与发达国家尚存在较大差距，如运行效率有待提高、管理体系的科学性和系统性不足等。应加强国家、部门、地方各层级的有效衔接融合，推进分类管理和协同创新，结合国家生物技术领域发展的战略任务和建设需求，在优化整合的基础上形成清晰合理的管理模式，使整个生物技术基地平台保障体系能够有的放矢，高效平稳运行，改变基地平台条块分割明显、资源共享不足的现状，建立规范、科学的管理和协调机制，为中国科学技术创新能力的发展提供更好的平台和条件保障，促进国家科技创新能力的不断提升。

21 世纪是生命科学的世纪，中国必须抓住新一轮科技革命的发展机遇，根据科学前沿发展、国家战略需求及产业创新发展需要，积极推进生物技术基地平台建设，推动形成布局合理、定位清晰、管理科学、运行高效、投入多元、动态调整、开放共享、协同发展生物技术基地平台体系，为面向新时期的科技发展提供坚实保障。

图表索引

附录

附录 1 “十三五”国家科技创新基地与条件保障能力建设专项规划

国科发基〔2017〕322 号

科技创新基地和科技基础条件保障能力是国家科技创新能力建设的重要组成部分，是实施创新驱动发展战略的重要基础和保障，是提高国家综合竞争力的关键。为落实《国家创新驱动发展战略纲要》、《国民经济和社会发展第十三个五年规划纲要》、《关于深化中央财政科技计划（专项、基金等）管理改革的方案》和《“十三五”国家科技创新规划》的各项任务，依据《国家科技创新基地优化整合方案》，制定本专项规划。

一、发展现状与面临形势

（一）现状与成效

“十二五”以来，通过实施国家自主创新能力建设、基础研究、重大创新基地建设、科研条件发展、科技基础性工作等专项规划，建设了一批国家科研基地和平台，科技基础条件保障能力得到加强，为推动科技进步、提升自主创新能力、保障经济社会发展提供了重要支撑。

1. 在孕育重大原始创新、推动学科发展和解决国家重大科学技术问题方面发挥了主导作用

为满足国家重大战略需求，立足世界科技前沿，推动基础研究和应用基础研究快速发展，1984 年启动国家重点实验室计划，2000 年启动试点国家实验室建设。

"十二五"期间，新建国家重点实验室162个，启动青岛海洋科学与技术试点国家实验室建设，已有国家重点实验室481个、试点国家实验室7个，覆盖基础学科80%以上。集聚了新增的50%以上的中国科学院院士和25%左右的中国工程院院士。获国家科技奖励569项，包括自然科学奖一等奖的100%、自然科学奖二等奖的62.5%、国家技术发明奖一等奖的50%、国家科学技术进步奖特等奖的50%。中央财政给予基础研究国家科研基地稳定支持，累计投入国家重点实验室专项经费和国家（重点）实验室引导经费160亿元。试点国家实验室和国家重点实验室6位科学家获得国家最高科学技术奖。

在科学前沿方面，取得了铁基超导、拓扑绝缘体与量子反常霍尔效应等一批标志性成果，带动了量子调控、纳米研究、蛋白质、干细胞、发育生殖、全球气候变化等领域的重大原始创新。在满足国家重大需求方面，解决了载人航天、高性能计算、青藏铁路、油气资源高效利用、资源勘探、防灾减灾和生物多样性保护等重大科学技术问题，带动了大型超导、精密制造和测控、超高真空等一批高新技术发展。牵头组织实施了大亚湾反应堆中微子实验等重大国际科技合作计划项目。

2. 解决了一大批共性关键技术问题，推动了科技成果转化与产业化，带动了相关产业发展

为推动相关产业发展，促进行业共性关键技术研发和科技成果转化与产业化，自1991年开始，启动实施了国家工程技术研究中心、国家工程研究中心、国家工程实验室建设，目前已建设国家工程技术研究中心346个、国家工程研究中心131个、国家工程实验室217个，在先进制造、电子信息、新材料、能源、交通、现代农业、资源高效利用、环境保护、医药卫生等领域取得了一批对产业影响重大、体现自主创新能力的工程化成果，突破了高性能计算机、高速铁路、高端数控机床等一批支撑战略性新兴产业发展的共性关键技术和装备，培育和带动了新兴产业发展。通过科技成果转移转化和技术扩散，推动了农业、环保、水利、国土资源等行业的技术进步，加快了装备制造、冶金、纺织等传统产业的转型升级。通过面向企业提供设备共享、检测测试、标准化、信息检索、人才培训等服务，促进了大批科技型中小微企业的成长。

3. 提高了科技资源有效利用，为全社会科技创新提供了重要的支撑服务

“十二五”期间，科技部、财政部支持了 23 个国家科技基础条件平台建设运行，涵盖科研设施和大型科学仪器、自然科技资源、科学数据、科技文献等领域，形成了跨部门、跨区域、多层次的资源整合与共享服务体系，聚集了全国 700 多家高等院校和科研院所的相关科技资源，涵盖了 17 个国家大型科学仪器中心、81 个野外观测研究实验台站，拥有覆盖气象、农业、地球系统、人口健康、地震等领域 71 大类，总量超过 1.6 PB 科技数据资源，保藏的动物种质、植物种质、微生物菌种以及标本、实验细胞等实验材料资源超过 3500 万份。科技资源集聚效应日益显著，为开放共享打下坚实的物质基础，建设了一批有较高知名度的科学数据中心、生物资源库（馆）。国家科技资源共享服务平台聚焦重大需求和科技热点，已开展上百项专题服务，年均服务各级各类科技计划过万项，为大飞机研制、青藏高原生态评估、石漠化治理、防灾减灾等重大工程和重大科研任务提供了大量科技资源支撑和技术服务。

4. 科技基础条件保障能力建设成效显著，为科学研究和创新活动提供重要手段和保障

“十二五”以来，通过实施重大科学仪器设备研制和开发专项，攻克了一批基于新原理、新方法的重大科学仪器设备的新技术，研制了一批发现新现象、揭示新规律、验证新原理、获取新数据的原创性科研仪器设备。攻克了一批科研用试剂的核心单元物质、关键技术和生产工艺，研发了一批重要的科研用试剂。支持了重大疾病动物模型、实验动物新品种、实验动物质量监测体系等研究。开展了应对国际单位制变革的基于量子物理基础前沿研究，计量基标准和量传溯源体系进一步完善，国际互认能力进一步提高。

通过生态观测、材料腐蚀试验、特殊环境与灾害研究、大气成分本地观测、地球物理观测等 105 个国家野外科学观测研究站，开展了自然资源和生态环境的长期观测、数据采集和科学研究，积累了大量原始野外科学数据，并广泛应用于资源综合利用、生态环境修复、城市大气和水体污染治理、农业生产技术模式改进、城镇化建设，取得显著的社会和经济效益。

通过实施科技基础性工作专项，开展了土壤、湖泊、冰川、冻土、特殊生境生物多样性等专题调查，中国北方及其毗邻地区、大湄公河地区等跨国综合考察。在中国动物志、中国植物志和中国孢子植物志等志书编撰及中国地层立典剖面等立典方面取得显著进展。收集了一批重要的科学数据，抢救、整编了一批珍贵资料，促进了支撑科学研究的自然本底、志书典籍等基础性科技资料的长期、系统、规范化采集和整编。

经过多年的努力，国家科研基地与条件保障能力建设取得了重要进展，为科技创新和经济社会发展提供了有力的支撑。但是，与美、德等主要发达国家相比，中国的国家科研基地与条件保障综合实力尚有一定差距，还不能适应创新驱动发展的新要求。目前存在的问题与不足主要表现为：(1) 科研基地与科技基础条件保障能力建设缺乏顶层设计和统筹。(2) 科研基地布局存在交叉重复，功能定位不明晰，发展不均衡，在若干新兴、交叉和重点领域布局比较薄弱。(3) 科技基础条件保障能力建设相对薄弱，为科研创新提供手段和支撑的能力有待加强。(4) 科技资源开放共享服务整体水平仍较低，为全社会科技创新活动提供支撑服务的能力有待提高。(5) 尚未完全建立多元化、多渠道、多层次的投入机制，支持结构和方式还需要进一步完善，项目、基地、人才的统筹协调机制还需要进一步加强。

（二）形势与需求

当前，中国正处在建设创新型国家的关键时期和深化改革开放、加快转变经济发展方式的攻坚阶段，创新是引领发展的第一动力，科技创新是事关国家全局发展的核心，是打造先发优势的重要手段，是实现经济发展方式转变的根本支撑。科技创新基地与科技基础条件保障能力建设要坚持走中国特色自主创新道路，把科技创新和制度创新双轮驱动作为科技创新发展的根本动力，把人才作为科技创新发展的核心要素，以国家目标和战略需求为导向，全面提升自主创新能力。

1. 科技创新基地与科技基础条件保障能力建设已成为各国创新发展的重要基础

当今世界各发达国家为继续把持世界发展主导权，引领未来科学技术发展方向，纷纷制定新的科学技术发展战略，抢占科技创新制高点，把国家科技创新基地、重大科技基础设施和科技基础条件保障能力建设作为提升科技创新能力的重要载体，作为吸引和集聚世界一流人才的高地，作为知识创新和科技成果转移扩散的发源地。各国通过加强统筹规划、系统布局、明确定位，围绕国家战略使命进行建设，稳定了一支跨学科、跨领域开展重大科学技术前沿探索和协同创新的高水平研究队伍，不断突破重大科学前沿、攻克前沿技术难关、开辟新的学科方向和研究领域，在国家创新体系中发挥着越来越重要的引领和带动作用，如美国阿贡、洛斯阿拉莫斯、劳伦斯伯克利国家实验室和德国亥姆霍兹研究中心等。

2. 科技创新基地与科技基础条件保障能力建设是国家实施创新驱动发展战略的必然选择

面对世界科技革命和产业变革历史性交汇、抢占未来科学技术制高点的国际竞争日趋激烈的新形势，面对中国经济发展新常态，加快实施创新驱动发展战略，面向世界科技前沿、面向经济主战场、面向国家重大需求，推动跨领域、跨部门、跨区域的协同创新，迫切需要优化国家科技创新基地的建设布局，加强科技基础条件保障能力建设，推进科技资源的开放共享，夯实自主创新的物质技术基础。

3. 科技创新基地与科技基础条件保障能力建设是中国创新生态环境建设的重要组成

当今科学前沿的革命性突破、重大颠覆性技术的攻克，急需改变科研组织模式，促进科研主体由单兵作战向协同合作创新转变，促进多学科协同、多种先进技术手段综合运用，更加依赖高水平科技创新基地建设，更加依赖科技基础条件保障能力和科技资源共享服务能力提升。

目前，中国科技创新已步入以跟踪为主转向并跑、领跑和跟跑并存的新阶段，中国与发达国家的科技实力差距主要体现在科技创新能力上，面对新的形势和挑战，加强国家科技创新基地与条件保障能力建设对国家实施创新驱动发展战略具有十分重要的意义。

二、总体要求

（一）指导思想

全面贯彻党的十八大和十八届三中、四中、五中、六中全会精神，落实全国科技创新大会任务目标，坚持创新、协调、绿色、开放、共享发展理念，着眼长远和全局，以全球视野谋划创新发展，聚焦提升原始创新、自主创新能力，聚焦提高科技创新资源供给质量和效率，强化顶层设计，改革管理体制，健全开放共享和协同创新机制，对科技创新基地和科技基础条件保障能力建设进行统筹规划和系统布局，建立完善国家科技创新基地和条件保障能力体系，全面提高国家科技创新基地与条件保障能力，为实现创新型国家建设目标，支撑引领经济社会发展提供强大的基础支撑和条件保障。

（二）基本原则

顶层设计，优化布局。加强国家科技创新基地和条件保障能力体系的顶层设计和系统布局，明确功能定位，明晰工作任务，突出重大需求和问题导向，强化超前部署，推动国家科技创新基地与科技基础条件保障能力建设与发展。

重点建设，持续发展。坚持总体规划与分步实施相结合，国家主导与多元参与相结合、协调发展与分工协作相结合、工作任务与绩效考核相结合，统筹存量与增量，推动国家科技创新基地建设，促进科技基础条件保障能力的提升。

统筹协调，分类管理。加强国家、部门、地方科技创新基地与科技基础条件保障能力建设的无缝衔接、有机融合，推进分类管理、协同创新。

创新机制，规范运行。推动国家科技创新基地与科技基础条件能力建设运行管理机制体制和制度创新，完善评估机制，强化动态调整与有序进出。建立与目标任务相适应的经费投入方式。建立战略专家智库，强化学术评价、咨询服务。引入竞争机制，加强人才培养和队伍建设。

（三）建设目标

落实实施创新驱动发展战略要求，立足体系建设，着力解决基础研究、技术研发、成果转化的协同创新，着力提升科技基础条件保障能力和科技资源开放共享服务能力，夯实自主创新的物质技术基础。以国家实验室为引领，推进国家科技创新基地建设向统筹规划、系统布局、分类管理的国家科技创新基地体系建设转变，推进科技基础条件建设向大幅提高基础支撑能力和自我保障能力转变，推进科技资源共享服务向大幅提高服务质量和开放程度转变。到 2020 年，形成布局合理、定位清晰、管理科学、运行高效、投入多元、动态调整、开放共享、协同发展的国家科技创新基地与科技基础条件保障能力体系。

——布局建设若干体现国家意志、实现国家使命、代表国家水平的国家实验室。

——面向前沿科学、基础科学、工程科学，推动学科发展，在优化调整的基础上，部署建设一批国家重点实验室。统筹推进学科、省部共建、企业、军民共建和港澳伙伴国家重点实验室建设发展。

——面向国家重大战略任务和重点工程建设需求，在优化整合的基础上建设一批国家工程研究中心。

——面向国家长远发展的重大产业技术领域需求，建设若干综合性国家技术创新中心。面向经济社会发展和产业转型升级对共性关键技术的需求，建设一批专业性国家技术创新中心。

——面向重大临床医学需求和产业化需要，建设一批国家临床医学研究中心。

——面向科技创新需求，在优化调整的基础上，择优新建一批有重要影响力的科学数据中心、生物种质和实验材料资源库（馆）。

——面向国家经济社会发展需求，在生态保护、资源环境、农林业资源、生物多样性、地球物理、重大自然灾害防御等方面择优遴选建设一批国家野外科学观测研究站。

——面向为科学研究和创新创业提供高水平服务的需求，推动国家重大科研基础设施布局建设，突破实验动物资源和模型、科研用试剂、计量基标准和标准物质等一批关键技术，组织开展重要领域、区域的科学考察调查，完成一批重要志书典籍编研。

三、重点任务

围绕经济社会发展和创新社会治理、建设平安中国等国家战略需求，立足于提升科技创新能力，按照建设发展总体要求，加强统筹规划与系统布局，明确重点任务和目标，全面推进以国家实验室为引领的国家科技创新基地与科技基础条件保障能力建设，为实施创新驱动发展战略提供有力的支撑和保障。

（一）推动国家科技创新基地与科技基础条件保障能力体系建设

根据《“十三五”国家科技创新规划》总体部署和《国家科技创新基地优化整合方案》的具体要求，加强机制创新和分级分类管理，形成科技创新基地与科技基础条件保障能力体系建设和科技创新活动紧密衔接、互融互通的新格局。

推进科学与工程研究、技术创新与成果转化、基础支撑与条件保障等三类国家科技创新基地建设与发展。按照各类基地功能定位和深化改革发展目标要求，进一步聚焦重点，明确定位，对现有的国家工程技术研究中心、国家工程研究中心、国家工程实验室等进行评估梳理，逐步按照新的功能定位要求合理归并，优化整合。国家发展改革委不再批复新建国家工程实验室，科技部不再批复新建国家工程技术研究中心。在此基础上，严格遴选标准，严控新建规模，择优择需部署新建一批高水平国家科技创新基地。加强机制创新，推动国家实验室等国家科技创新基地与国家重大科技基础设施的相互衔接和紧密结合，推动设施建设。

科学与工程研究类基地定位于瞄准国际前沿，聚焦国家战略目标，围绕重大科学前沿、重大科技任务和大科学工程，开展战略性、前沿性、前瞻性、基础性、综合性科技创新活动。主要包括国家实验室、国家重点实验室。

技术创新与成果转化类基地定位于面向经济社会发展和创新社会治理、建设平安中国等国家需求，开展共性关键技术和工程化技术研究，推动应用示范、成果转化及产业化，提升国家自主创新能力和科技进步水平。主要包括国家工程研究中心、国家技术创新中心和国家临床医学研究中心。

基础支撑与条件保障类基地定位于为发现自然规律、获取长期野外定位观测研究数据等科学研究工作，提供公益性、共享性、开放性基础支撑和科技资源共享服务。主要包括国家科技资源共享服务平台、国家野外科学观测研究站。

以提升科技基础条件保障能力为目标，夯实科技创新的物质和条件基础。加强重大科研基础设施、实验动物、科研试剂、计量、标准等科技基础条件建设，有效提升高性能计算能力、科学研究实验保障能力、野外观测研究能力，推动各类科技资源开放共享服务。

（二）加强科学与工程研究类国家科技创新基地建设

1. 国家实验室

国家实验室是体现国家意志、实现国家使命、代表国家水平的战略科技力量，是面向国际科技竞争的创新基础平台，是保障国家安全的核心支撑，是突破型、引领型、平台型一体化的大型综合性研究基地。

（1）明确国家实验室使命。突破世界前沿的重大科学问题，攻克事关国家核心竞争力和经济社会可持续发展的核心技术，率先掌握能够形成先发优势、引领未来发展的颠覆性技术，确保国家重要安全领域技术领先、安全、自主、可控。

（2）推进国家实验室建设。按照中央关于在重大创新领域组建一批国家实验室的要求，突出国家意志和目标导向，采取统筹规划、自上而下为主的决策方式，统筹全国优势科技资源整合组建，坚持高标准、高水平，体现引领性、唯一性和不可替代性，成熟一个，启动一个。

2. 国家重点实验室

国家重点实验室是面向前沿科学、基础科学、工程科学，推动学科发展，提升原始创新能力，促进技术进步，开展战略性、前沿性、前瞻性基础研究、应用基础研究等科技创新活动的国家科技创新基地。

（1）优化国家重点实验室布局。面向世界科技前沿、面向经济主战场、面向国家重大需求，构建定位清晰、任务明确、布局合理、开放协同、分类管理、投入多元的国家重点实验室建设发展体系，实现布局结构优化、领域优化和区域优化。适应大科学时代基础研究特点，在现有试点国家实验室和已形成优势学科群基础上，组建（地名加学科名）国家研究中心，统筹学科、省部共建、企业、军民共建和港澳伙伴国家重点实验室等建设发展。

（2）统筹国家重点实验室建设发展。面向学科前沿和经济社会及国家安全的重要领域，以提升原始创新能力为目标，引领带动学科和领域发展，在科学前沿、新兴、交叉、边缘等学科以及布局薄弱与空白学科，主要依托高等院校和科研院所建设一批学科国家重点实验室。通过强化第三方评估，对现有学科国家重点实验室进行全面评价，实现实验室动态优化调整。面向区域经济社会发展战略布局，以解决区域创新驱动发展瓶颈问题为目标，提升区域创新能力和地方基础研究能力，主要依托地方所属高等院校和科研院所建设省部共建国家重点实验室。面向产业行业发展需求，以提升企业自主创新能力和核心竞争力为目标，促进产业行业技术创新，启动现有企业国家重点实验室的评估考核和优化调整，在此基础上，主要依托国家重点发展的产业行业的企业开展企业国家重点实验室建设。按照新形势下发展的总体思路，以支撑科技强军为目标，加强军民协同创新，会同军口相关管理部门，依托军队所属高等院校和科研院所建设军民共建国家重点实验室。面向科学前沿和区域产业发展重点领域，以提升港澳特区科技创新能力为目标，加强与内地实验室协同创新，主要依托与内地国家重点实验室建立伙伴关系的港澳特区高等院校开展建设。

(3) 探索国家重点实验室管理新机制。建立与各类实验室目标、定位相适应的治理结构和管理制度。强化实验室主任负责制，赋予实验室选人用人和科研课题设定自主权。完善人才、成果评价机制，建立完善实验室人才流动、开放课题设置、仪器设备开放共享和信息公开制度，建立目标考核评估制度。强化依托单位法人主体责任，为实验室发展提供必要的科研手段和装备，营造良好的学术环境，加快优秀人才的集聚和流动。

(三) 加强技术创新与成果转化类国家科技创新基地建设

1. 国家工程研究中心

国家工程研究中心是面向国家重大战略任务和重点工程建设需求，开展关键技术攻关和试验研究、重大装备研制、重大科技成果工程化实验验证，突破关键技术和核心装备制约，支撑国家重大工程建设和重点产业发展的国家科技创新基地。

修订新的国家工程研究中心管理办法。按照贯彻落实"放管服"改革精神和依法行政的要求，加快研究制定国家工程研究中心相关运行管理办法和规则，细化明确国家工程研究中心的功能定位、主要任务、布局组建程序、运行管理、监督要求和支持政策等，优化简化审批流程，推动组建、运行和管理全过程公开透明。着眼加强事中事后监管的需要，研究制定国家工程研究中心评价办法及评价指标体系，引导国家工程研究中心不断提升创新能力，加速推进重大科技成果工程化和产业化。

优化整合现有国家工程研究中心和国家工程实验室。按新的国家工程研究中心定位及管理办法要求，对现有国家工程研究中心和国家工程实验室进行合理归并，对符合条件、达到评价指标要求的纳入新的国家工程研究中心序列进行管理。规范对国家地方联合共建的工程研究中心和工程实验室优化整合与管理，提升服务地方战略性新兴产业和优势特色产业发展的能力。

新布局建设一批国家工程研究中心。根据经济社会发展的重大战略需求，结合国家重点工程实施、战略性新兴产业培育等需要，依托企业、高等院校和科研院所择优建设一批国家工程研究中心，促进产业集聚发展、创新发展。围绕科技创新中心、综合性国家科学中心、全面创新改革试验区域等重点区域创新发展需求，集中布局建设一批国家工程研究中心，探索国家地方联合共建的有效形式，引导相关地方健全区域创新体系，打造若干具有示范和带动作用的区域性创新平台，促进重点区域加快向创新驱动转型。

2. 国家技术创新中心

国家技术创新中心是国家应对科技革命引发的产业变革，面向国际产业技术创新制高点，面向重点产业行业发展需求，围绕影响国家长远发展的重大产业行业技术领域，开展共性关键技术和产品研发、科技成果转移转化及应用示范的国家科技创新基地。

（1）加快综合性国家技术创新中心建设。依托大型骨干龙头企业，结合国家重大科技任务，以需求为导向，实施从关键技术突破到工程化、产业化的一体化推进，构建若干战略定位高端、组织运行开放、创新资源集聚、治理结构多元、面向全球竞争的综合性国家技术创新中心，成为重大关键技术的供给源头、区域产业集聚发展的创新高地、成果转化与创新创业的众创平台。

（2）推动专业性国家技术创新中心建设与发展。围绕先进制造、现代农业、生态环境、社会民生等重要领域发展需求，依托高等院校、科研院所和企业建设一批专业性国家技术创新中心，开展产业行业关键共性技术研发、工艺试验和各类规范标准制订，加快成果转化、应用示范及产业化。加强对现有国家工程技术研究中心评估考核和多渠道优化整合，符合条件的纳入国家技术创新中心等管理。

（3）完善运行管理机制。制定国家技术创新中心相关运行管理办法和规则，实行动态调整与有序退出机制，实现国家技术创新中心的良性发展。发挥国家技术创新中心技术和人才优势，加强协同创新，促进产学研用有机结合，推动产业上中下游、大中小微企业的紧密合作，鼓励和引导国家技术创新中心为创新创业提供技术支撑和服务。

3. 国家临床医学研究中心

国家临床医学研究中心是面向中国重大临床需求，以临床应用为导向，以医疗机构为主体，以协同网络为支撑，开展临床研究、协同创新、学术交流、人才培养、成果转化、推广应用的技术创新与成果转化类国家科技创新基地。

（1）加强国家临床医学研究中心的布局。依托相关医疗机构，在现有中心建设的基础上，完善疾病领域和区域布局建设。探索省部共建中心的建设，引导重大疾病领域的分中心建设，鼓励省级中心建设。推进医研企结合，打造各疾病领域覆盖全国的网络化、集群化协同创新网络和转化推广体系。整合临床医学资源，构建国家健康医疗大数据、样本库等临床医学公共服务平台。

（2）完善运行管理制度和机制。以转化应用为导向，加强考核评估，进一步规范运行管理。建立有效整合资源、协同创新、利益分享的激励机制和高效管理模式，建立多渠道推进中心建设的支持机制。强化依托单位主体责任，为中心建设提供相应的人、财、物等条件保障。

（四）加强基础支撑与条件保障类国家科技创新基地建设

1. 国家科技资源共享服务平台

国家科技资源共享服务平台是面向科技创新、经济社会发展和创新社会治理、建设平安中国等需求，加强优质科技资源有机集成，提升科技资源使用效率，为科学研究、技术进步和社会发展提供网络化、社会化科技资源共享服务的国家科技创新基地。

（1）完善科技资源共享服务平台布局。根据科技资源类型，在对现有国家科技基础条件平台进行优化调整的基础上，面向科技创新需求，新建一批具有国际影响力的国家科学数据中心、生物种质和实验材料资源库（馆）等共享服务平台，形成覆盖重点领域的科技资源支撑服务体系。

（2）推动科技资源共享服务平台建设发展。结合国家大数据战略的实施，加强科学数据库建设，强化科学数据的汇集、更新和深度挖掘，形成一批有国际影响力的国家科学数据中心，为国家重大战略需求提供科学数据支撑服务。加强微生物菌种、植物种质、动物种质、基因、病毒、细胞、标准物质、科研试剂、岩矿化石标本、实验动物、人类遗传资源等资源的收集、整理、保藏和利用，建设一批高水平的生物种质和实验材料库（馆），提升资源保障能力和服务水平。扩大科技文献信息资源采集范围，开展科技文献信息数字化保存、信息挖掘、语义揭示和知识计算等方面关键共性技术研发，构建完善的国家科技文献信息保障服务体系。

（3）完善运行管理制度和机制。研究制定科技资源共享服务平台管理办法，明晰相关部门和地方的管理职责，强化依托单位法人主体责任，建立健全与开展基础性、公益性科技服务相适应的管理体制和运行机制，针对不同类型科技资源特点，制定差异化的评价指标，完善平台运行服务绩效考核和后补助机制，建立“奖优罚劣、有进有出”的动态调整机制，有效提升平台的支撑服务能力。

2. 国家野外科学观测研究站

国家野外科学观测研究站是依据中国自然条件的地理分异规律，面向国家社会经济和科技战略布局，服务于生态学、地学、农学、环境科学、材料科学等领域发展，获取长期野外定位观测数据并开展研究工作的国家科技创新基地。

（1）加强国家野外科学观测研究站建设布局。继续加强国家生态系统、材料自然环境腐蚀、地球物理、大气本底和特殊环境等观测研究网络的建设，推进联网观测研究和数据集成。围绕生态保护、资源环境、生物多样性、地球物理、重大自然灾害防御等重大需求，在具有研究功能的部门台站基础上，根据功能定位和建设运行标准，择优遴选建设一批国家野外科学观测研究站，完善观测站点的空间布局，基本形成科学合理的国家野外科学观测研究站网络体系。

（2）建立运行管理机制。制定国家野外科学观测研究站建设与运行管理办法，建立分类评估、动态调整机制。加强野外观测研究设施建设和仪器更新，制定科学观测标准规范，提升观测水平和数据质量。推动多站联网观测和野外科学观测研究站功能拓展，促进协同创新和避免重复建设，保障国家野外科学研究观测站和联网观测的高效运行。

（五）加强科技基础条件保障能力建设

1. 加强重大科研基础设施建设

支持有关部门、地方依托高等院校和科研院所围绕科技创新需求共同新建重大科研基础设施，形成覆盖全面、形式多样的国家科研设施体系。创新体制机制，强化科研设施与国家科技创新基地的衔接，提高成果产出质量，充分发挥科研设施在创新驱动发展中的重要支撑作用。

2. 加强国家质量技术基础研究

开展新一代量子计量基准、新领域计量标准、高准确度标准物质和量值传递扁平化等研究，开展基础通用与公益标准、产业行业共性技术标准、基础公益和重要产业行业检验检测技术、基础和新兴领域认证认可技术等研究，研发具有国际水平的计量、标准、检验检测和认证认可技术，突破基础性、公益性的国家质量基础技术瓶颈，研制事关中国核心利益的国际标准，提升中国国际互认计量测量能力，在关键领域形成全链条的“计量—标准—检验检测—认证认可”整体技术解决方案并示范应用，实现国家质量技术基础总体水平与发达国家保持同步。

3. 加强实验动物资源研发与应用

加强实验动物新品种（品系）、动物模型的研究和中国优势实验动物资源的开发与应用，建立实验动物、动物模型的评价体系和质量追溯体系，开展动物实验替代方法研究，保障实验动物福利。围绕人类重大疾病、新药创制等科研需求，通过基因修饰、遗传筛选和遗传培育等手段，研发相关动物模型资源。加强具有中国特色实验动物资源培育，重点开展灵长类、小型猪、树鼩等实验动物资源研究，加快建立大型实验动物遗传修饰技术和模型分析技术体系。

4. 加强科研用试剂研发和应用

以市场需求为导向，推动以企业为主体、产学研用相结合的研发、生产与应用的协同创新。重点围绕人口健康、资源环境以及公共安全领域需求，加强新技术、新方法、新工艺、新材料的综合利用和关键技术研究，开发出一批重要的具有自主知识产权的通用试剂和专用试剂，注重高端检测试剂、高纯试剂、高附加值专有试剂的研发，加强技术标准建设，完善质量体系，提升自我保障能力和市场占有率，增强相关产业的核心竞争力。

（六）全面推进科技资源开放共享和高效利用

1. 深入推进科研设施与仪器开放共享

全面落实《关于国家重大科研基础设施和大型科研仪器向社会开放的意见》任务要求，完善科研设施与仪器国家网络管理平台建设，建成跨部门、多层次的网络管理服务体系。强化管理单位法人主体责任，完善开放共享的评价考核和管理制度。以国家重大科研基础设施和大型科研仪器为重点，开展考核评价工作，对开放效果显著的管理单位给予后补助支持。积极探索仪器设施开放共享市场化运作新模式，培育一批从事仪器设施专业化管理与共享服务的中介服务机构。深化科技计划项目和科技创新基地管理中新购大型科学仪器设备购置必要性评议工作，从源头上杜绝仪器重复购置，提高科技资源配置的效益。

2. 强化各类国家科技创新基地对社会开放

健全科技创新基地开放共享制度，深化科技资源开放共享的广度和深度，把科技创新基地开放共享服务程度作为评估考核的重要指标。围绕重大科技创新活动、重大工程建设以及大众创新、万众创业的需求，推动各类科技创新基地开展涵盖检验检测、专家咨询、技术服务等方面的专题服务，充分发挥科技创新基地的公共服务作用。

3. 积极推动科学数据、生物种质和实验材料共享服务

研究制定国家科学数据管理与开放共享办法，完善科学数据的汇交机制，在保障知识产权的前提下推进资源共享。加强生物种质和实验材料收集、加工和保藏的标准化，改善保管条件，提高资源存储数量和管理水平，完善开放模式，提高服务质量和水平，为国家科技创新、重大工程建设和社会创新活动提供支撑服务。

（七）加强部门和地方的科技创新基地与条件保障能力建设

1. 加强协调，明确任务分工，实现国家、部门、地方科技创新基地分层分类管理

各部门各地方要按照国家科技创新基地的总体布局，结合自身实际，统筹规划，系统布局，加强建设，深化各类各层次科技创新基地的管理改革，形成国家、部门、地方协同发展的科技创新基地体系架构。国家科技创新基地聚焦世界科技前沿、国民经济主战场、国家重大需求中战略性、前沿性、前瞻性的重大科学技术问题，开展创新研究，引领中国基础研究，参与国际科技竞争，提高中国科技水平和国际影响力。部门科技创新基地聚焦产业行业发展中的关键共性科学问题和技术瓶颈，开展科研开发和应用研究，促进产业行业科技进步。地方科技创新基地围绕区域经济社会发展的需求，开展区域创新研发活动，促进地方经济社会发展。

2. 发挥部门和地方优势，实现国家科技创新基地与部门、地方科技创新基地的有机融合，协同发展

按照国家科技创新基地总体布局，充分发挥国家、部门、地方各自优势，充分考虑产业行业和区域需求，建立国家、部门、地方科技创新基地联动机制，加强国家对部门、地方科技创新基地的指导和支持，推动部门和地方组织开展符合产业行

业特点，体现地方特色的科技创新基地建设，实现部门、地方科技创新基地与国家科技创新基地的协同发展，促进资源开放共享和信息的互联互通，提升产业行业和区域创新保障能力。

3. 大力推进部门和地方科技资源共享，构建部门和地方科技资源共享服务体系

各部门各地方要按照国家科技基础条件保障能力建设的总体部署，结合自身实际，推进相关工作。支持各类重大科研基础设施建设，支持开展科研用试剂和实验动物的研发，提高相关产业行业的核心竞争力。

4. 探索国家、部门、地方联动的科技基础条件保障能力建设管理机制

各部门各地方要按照国家有关要求，大力推进科研设施和仪器的开放共享，强化科研单位在开放共享中的主体责任，建立后补助机制，形成约束与激励并重的管理机制。推动科学数据、生物种质和实验材料等科技资源的整合，建设和完善共享服务平台，实现与国家共享服务平台的协同发展。有条件的地方可探索实施创新券的有效机制，增强创新券撬动科技资源共享服务能力。扶持一批从事共享服务的中介机构，营造开放共享的社会氛围。

四、保障措施

（一）加强统筹协调和组织实施

各类国家科技创新基地组织实施部门要根据基地定位、目标和任务，制定实施方案，确保规划提出各项任务落实到位。组织开展国家科技创新基地与条件保障能力建设宏观发展战略与政策研究，前瞻部署，高效有序推进基地与条件保障能力建设，提升基地创新能力和活力。加强基地和条件保障能力建设的统筹协调，发挥部门和地方的积极性，形成多层次推动国家科技创新基地与科技基础条件保障能力建设的工作格局。

（二）完善运行管理和评估机制

建立国家科技创新基地与科技基础条件保障能力建设定位目标相适应的管理制度，形成科学的组织管理模式和有效的运行机制。加强对国家科技创新基地全过程

管理，形成决策、监督、评估考核和动态调整与退出机制，建立分类评价与考核的标准及体系。加强各类科技创新基地的监督管理，健全用户评价监督机制，完善服务登记、跟踪和反馈制度，不断提高国家科技创新基地的运行效率和社会效益。

（三）推动人才培养和队伍建设

加强人才培养和队伍建设。建立符合国家科技创新基地与科技基础条件保障能力建设特点的人员分类评价、考核和激励政策，开展国际化的人才评聘和学术评价工作，吸引和聚集国际一流水平的高层次创新领军人才，培养具有国际视野和杰出创新能力的科学家，稳定一批科技资源共享服务平台的专业咨询与技术服务人才，为国家科技创新基地与科技基础条件保障能力建设提供各类人才支撑。

（四）深化开放合作与国际交流

在平等、互利、共赢的基础上，积极推进国际科技合作。健全合作机制，积极开拓和吸纳国外科技资源为我所用，积极参与国际组织，争取话语权并发挥重要作用。深化与国际一流机构的交流与合作，成为开展国际合作与交流、聚集一流学者和培养拔尖创新人才的重要平台，具有重要影响的国际科技创新基地。

（五）完善资源配置机制

加强绩效考核和财政支持的衔接，进一步完善国家科技创新基地分类支持方式和稳定支持机制。科学与工程研究类、基础支撑与条件保障类基地要突出财政稳定支持，中央财政稳定支持学科国家重点实验室运行和能力建设。技术创新与成果转化类基地建设要充分发挥市场配置资源的决定性作用，加强政府引导和第三方考核评估，根据考核评估情况，采用后补助等方式支持基地能力建设。

附录 2　关于促进新型研发机构创新发展的指导意见

国科发政〔2019〕313 号

为深入实施创新驱动发展战略，推动新型研发机构健康有序发展，提升国家创新体系整体效能，提出如下意见。

一、新型研发机构是聚焦科技创新需求，主要从事科学研究、技术创新和研发服务，投资主体多元化、管理制度现代化、运行机制市场化、用人机制灵活的独立法人机构，可依法注册为科技类民办非企业单位(社会服务机构)、事业单位和企业。

二、促进新型研发机构发展，要突出体制机制创新，强化政策引导保障，注重激励约束并举，调动社会各方参与。通过发展新型研发机构，进一步优化科研力量布局，强化产业技术供给，促进科技成果转移转化，推动科技创新和经济社会发展深度融合。

三、发展新型研发机构，坚持“谁举办、谁负责，谁设立、谁撤销”。举办单位（业务主管单位、出资人）应当为新型研发机构管理运行、研发创新提供保障，引导新型研发机构聚焦科学研究、技术创新和研发服务，避免功能定位泛化，防止向其他领域扩张。

四、新型研发机构一般应符合以下条件。

（一）具有独立法人资格，内控制度健全完善。

（二）主要开展基础研究、应用基础研究，产业共性关键技术研发、科技成果转移转化，以及研发服务等。

（三）拥有开展研发、试验、服务等所必需的条件和设施。

（四）具有结构相对合理稳定、研发能力较强的人才团队。

（五）具有相对稳定的收入来源，主要包括出资方投入，技术开发、技术转让、技术服务、技术咨询收入，政府购买服务收入以及承接科研项目获得的经费等。

五、多元投资设立的新型研发机构，原则上应实行理事会、董事会（以下简称“理事会”）决策制和院长、所长、总经理（以下简称“院所长”）负责制，根据法律法规和出资方协议制定章程，依照章程管理运行。

（一）章程应明确理事会的职责、组成、产生机制，理事长和理事的产生、任职资格，主要经费来源和业务范围，主营业务收益管理以及政府支持的资源类收益分配机制等。

（二）理事会成员原则上应包括出资方、产业界、行业领域专家以及本机构代表等。理事会负责选定院所长，制定修改章程、审定发展规划、年度工作计划、财务预决算、薪酬分配等重大事项。

（三）法定代表人一般由院所长担任。院所长全面负责科研业务和日常管理工作，推动内控管理和监督，执行理事会决议，对理事会负责。

（四）建立咨询委员会，就机构发展战略、重大科学技术问题、科研诚信和科研伦理等开展咨询。

六、新型研发机构应全面加强党的建设。根据《中国共产党章程》规定，设立党的组织，充分发挥党组织在新型研发机构中的战斗堡垒作用，强化政治引领，切实保证党的领导贯彻落实到位。

七、推动新型研发机构建立科学化的研发组织体系和内控制度，加强科研诚信和科研伦理建设。新型研发机构根据科学研究、技术创新和研发服务实际需求，自主确定研发选题，动态设立调整研发单元，灵活配置科研人员、组织研发团队、调配科研设备。

八、新型研发机构应采用市场化用人机制、薪酬制度，充分发挥市场机制在配置创新资源中的决定性作用，自主面向社会公开招聘人员，对标市场化薪酬合理确定职工工资水平，建立与创新能力和创新绩效相匹配的收入分配机制。以项目合作等方式在新型研发机构兼职开展技术研发和服务的高校、科研机构人员按照双方签订的合同进行管理。

九、新型研发机构应建立分类评价体系。围绕科学研究、技术创新和研发服务等，科学合理设置评价指标，突出创新质量和贡献，注重发挥用户评价作用。

十、鼓励新型研发机构实行信息披露制度，通过公开渠道面向社会公开重大事项、年度报告等。

十一、符合条件的新型研发机构，可适用以下政策措施。

（一）按照要求申报国家科技重大专项、国家重点研发计划、国家自然科学基金等各类政府科技项目、科技创新基地和人才计划。

（二）按照规定组织或参与职称评审工作。

（三）按照《中华人民共和国促进科技成果转化法》等规定，通过股权出售、股权奖励、股票期权、项目收益分红、岗位分红等方式，激励科技人员开展科技成果转化。

（四）结合产业发展实际需求，构建产业技术创新战略联盟，探索长效稳定的产学研结合机制，组织开展产业技术研发创新、制订行业技术标准。

（五）积极参与国际科技和人才交流合作。建设国家国际科技合作基地和国家引才引智示范基地；开发国外人才资源，吸纳、集聚、培养国际一流的高层次创新人才；联合境外知名大学、科研机构、跨国公司等开展研发，设立研发、科技服务等机构。

十二、鼓励设立科技类民办非企业单位（社会服务机构）性质的新型研发机构。科技类民办非企业单位应依法进行登记管理，运营所得利润主要用于机构管理运行、建设发展和研发创新等，出资方不得分红。符合条件的科技类民办非企业单位，按照《中华人民共和国企业所得税法》《中华人民共和国企业所得税法实施条例》以及非营利组织企业所得税、职务科技成果转化个人所得税、科技创新进口税收等规定，享受税收优惠。

十三、企业类新型研发机构应按照《中华人民共和国公司登记管理条例》进行登记管理。鼓励企业类新型研发机构运营所得利润不进行分红，主要用于机构管理运行、建设发展和研发创新等。依照《财政部　国家税务总局　科技部关于完善研究开发费用税前加计扣除政策的通知》（财税〔2015〕119号），企业类新型研发机构享受税前加计扣除政策。依照《高新技术企业认定管理办法》（国科发火〔2016〕32号），企业类新型研发机构可申请高新技术企业认定，享受相应税收优惠。

十四、地方政府可根据区域创新发展需要，综合采取以下政策措施，支持新型研发机构建设发展。

（一）在基础条件建设、科研设备购置、人才住房配套服务以及运行经费等方面给予支持，推动新型研发机构有序建设运行。

（二）采用创新券等支持方式，推动企业向新型研发机构购买研发创新服务。

（三）组织开展绩效评价，根据评价结果给予新型研发机构相应支持。

十五、鼓励地方通过中央引导地方科技发展专项资金，支持新型研发机构建设运行。鼓励国家科技成果转化引导基金，支持新型研发机构转移转化利用财政资金等形成的科技成果。

十六、科技部组织开展新型研发机构跟踪评价，建设新型研发机构数据库，发布新型研发机构年度报告。将新型研发机构纳入创新调查和统计调查制度实施范围，逐步推动规模以下企业类新型研发机构纳入国家统计范围。地方科技行政管理部门负责协调推动本地区新型研发机构建设发展、开展监测评价、进行动态调整等工作。

十七、建立新型研发机构监督问责机制。对发生违反科技计划、资金等管理规定，违背科研伦理、学风作风、科研诚信等行为的新型研发机构，依法依规予以问责处理。

十八、地方可参照本意见，立足实际、突出特色，研究制定促进新型研发机构发展的政策措施开展先行先试。

附录 3　国家技术创新中心建设工作指引

国科发创〔2017〕353 号

为认真贯彻党的十九大关于“建立以企业为主体、市场为导向、产学研深度融合的技术创新体系”重大决策部署，全面落实习近平总书记在全国科技创新大会上关于“支持依托企业建设国家技术创新中心”重要指示精神，加快推进国家技术创新中心建设，优化国家科研基地布局，制定本指引。

一、功能定位

国家技术创新中心以产业前沿引领技术和关键共性技术研发与应用为核心，加强应用基础研究，协同推进现代工程技术和颠覆性技术创新，打造创新资源集聚、组织运行开放、治理结构多元的综合性产业技术创新平台。

国家技术创新中心是应对科技革命引发的产业变革，抢占全球产业技术创新制高点，突破涉及国家长远发展和产业安全的关键技术瓶颈，构建和完善国家现代产业技术体系，推动产业迈向价值链中高端的重要科技力量，对国家重点产业领域技术创新发挥战略支撑引领作用。

国家技术创新中心要有效应对技术创新范式多主体、网络化、路径多变的变革趋势，与产业和区域创新发展有机融合，围绕产业链建立开放协同的创新机制，强化技术扩散与转移转化，建立以企业为主体、市场为导向、产学研深度融合的技术创新体系，辐射形成更加完善的产业创新生态。

二、建设目标和原则

（一）总体目标

在若干重点领域建设一批国家技术创新中心，形成满足产业创新重大需求、具有国际影响力和竞争力的国家技术创新网络，攻克转化一批产业前沿和共性关键技术，培育具有国际影响力的行业领军企业，带动一批科技型中小企业成长壮大，催生一批发展潜力大、带动作用强的创新型产业集群，推动若干重点产业进入全球价值链中高端，提升中国在全球产业版图和创新格局中的位势。“十三五”期间，布局建设 20 家左右国家技术创新中心。

（二）建设原则

——聚焦产业。围绕新兴产业培育与传统产业转型升级的重大需求，强化重点领域和关键环节的部署，突破技术瓶颈制约，构建现代产业技术体系，形成技术持续供给能力，支撑实体经济做大做强。

——企业主体。充分发挥企业在技术创新决策、研发投入、科研组织和成果转化中的主体作用，牵头形成产学研用协同创新生态，加强创新成果的对外扩散，充分发挥社会效益，强化对国家和行业发展的重要作用。

——改革牵引。将体制机制创新作为国家技术创新中心建设的重中之重，在运营管理、研发投入、人才集聚等方面改革创新，为国家技术创新中心高水平的运行提供支撑保障。

——开放协同。建立技术、人才、项目合作交流机制，推动创新资源开放共享，链接跨行业、跨学科、跨领域的技术创新力量，形成面向全球开放协同的创新网络。

三、建设布局与组建模式

（一）重点建设领域

——面向世界科技前沿。有望形成颠覆性创新，引领产业技术变革方向，影响产业未来发展态势，抢占未来产业制高点的领域，包括大数据、量子通信、人工智能、现代农业、合成生物学、微生物组、精准医学等。

——面向经济主战场。突破国家经济社会发展的瓶颈制约，能够产生显著经济社会效益的领域，包括高速列车、移动通信、智能电网、集成电路、智能制造、新材料、煤炭清洁高效利用、油气勘探与开发、生物种业、生物医药、医疗器械、环境综合治理等。

——面向国家重大需求。涉及国家安全和重大利益，关系国计民生和产业命脉的问题，包括航空发动机及燃气轮机、大型飞机、核心电子器件、核电、深海装备等。

围绕落实“一带一路”建设，京津冀协同发展、长江经济带发展等区域协调发展战略，以及北京、上海科技创新中心建设等国家重大创新战略，统筹考虑区域布局。

（二）组建模式

依托企业、高校、科研院所建设国家技术创新中心，各级政府参与和支持国家技术创新中心建设工作。根据相关产业领域创新发展实际，可采取多种组建模式，“一中心一方案”。一般以三年为建设周期。

——在龙头企业优势地位突出、行业集中度高的领域，主要由龙头企业牵头，产业链有关企业、高校、科研院所等参与建设。

——在多家企业均衡竞争、行业集中度较低的领域，可以由多家行业骨干企业联合相关高校、科研院所，通过组建平台型公司或产业技术创新战略联盟等方式，共同投资建设。

——在主要由技术研发牵引推动、市场还未培育成熟的领域，可以由具有技术优势的高校、科研院所牵头，有关企业作为重要的主体参与建设。

（三）建设主体

国家技术创新中心牵头组建单位应当具有行业公认的技术研发优势、领军人才和团队，具有广泛联合产学研各方、整合创新资源、形成创新合作网络的优势和能力。发挥好相关领域国家工程技术研究中心等科研基地的功能作用，对符合条件的整合组建为国家技术创新中心。国家技术创新中心所在地方政府应积极发挥支撑保障作用，在政策、资金、土地、基础设施等方面给予支持。

四、重点建设任务

（一）服务国家战略，开展技术研发和产业化

面向新一轮科技革命与产业变革，谋划产业技术创新战略规划，提出重大技术创新方向，承担相关领域国家科技项目的组织实施，开展战略技术、前沿技术和关键共性技术研发，为抢占未来产业制高点提供政策和技术支撑。面向国家重点产业

发展需求，推动重大科技成果熟化、产业化，加快共性关键技术转移扩散。

（二）集聚开放创新资源，打造创新型产业集群

突出开放创新，协同相关领域上、中、下游企业和高校、科研院所等创新力量，打造创新型产业集群。加强与国家自主创新示范区、高新技术产业开发区的深度融合，发挥对区域创新的辐射带动作用，形成产业发展与区域发展协同推进的格局。积极融入全球创新网络，探索科技开放合作新模式新体制，促进创新资源双向开放和流动。

（三）发展科技型创新创业，搭建专业化创新创业平台

充分利用国内外创新资源，搭建专业化众创空间和各类孵化服务载体，加强资源开放共享与产学研用合作，打造集大中小企业、高校、科研院所和个人创客协同互动的众创平台，带动一批科技型中小企业发展壮大。

（四）培育和吸引技术创新人才，构筑高端人才集聚地

高起点、高标准建设结构合理的创新人才团队，在全球范围吸纳集聚一批能够发挥“塔尖效应”的科研人员，集聚一批具有全球战略眼光、管理创新能力突出的优秀企业家，培养一批高层次创新创业人才。探索实施更积极、更开放、更有效的创新人才引进政策，营造宜居宜业的工作和生活环境，聚天下英才而用之。

（五）深化改革创新，探索新型体制机制

加强科技体制改革与产业、财税、金融、人才、政府治理等各方面体制改革的衔接联动，在运营管理、项目实施、资金投入、人才培养等方面大胆改革创新。加强中央和地方联动、政产学研用协同，构建多方共建共治共享的管理运行机制，培育风险共担、收益共享的利益共同体。

五、治理结构与管理机制

（一）法律地位

国家技术创新中心原则上应为独立法人实体。目前尚不具备条件的，先行实现

人、财、物相对独立的管理机制，逐步向独立法人过渡。根据组建模式的不同，可以探索组建企业、社会服务机构等不同类型的法人实体。

（二）治理结构

设立董事会或理事会、专家委员会，实行董事会或理事会领导下的总经理或主任负责制，形成企业、高校、科研院所、政府等多方共同建设、共同管理、共同运营、良性互动的治理结构。董事会或理事会由各方选派代表组成，负责重大事项决策。专家委员会主要负责提出国家技术创新中心研发方向、技术路线、团队组建等重大事项建议。国家技术创新中心应坚持党的领导，建立健全各级党组织，发挥党组织的领导核心和政治核心作用。

（三）项目实施

根据国家技术创新战略需求，按照相关管理办法承担国家重点研发计划、国家科技重大专项等任务，并组织有关方面共同实施。自主凝练重大行业技术需求，以市场化方式组织各方参与实施技术攻关及产业化项目。

（四）人才管理

建立合理的科研人员、技术辅助人员和管理人员结构，按需设岗、公开招聘、合理流动。吸引海内外优秀人才到国家技术创新中心交流，开展合作研究与科技成果转化工作。

（五）资金投入

国家技术创新中心可采用会员制、股份制、协议制等方式吸纳各方共同投入，企业承担主要投入责任，引导金融与社会资本参与建设和投资。国家技术创新中心利用自有资金、社会资金、成果转化收益等逐步实现自我运营。按照改革后人才与基地专项管理办法对国家技术创新中心给予支持。

六、组建程序

（一）提出意向

科技部提出国家技术创新中心总体布局要求。符合条件的单位和地方可以向科技部提出建设意向，研究制定建设方案，提出国家技术创新中心的领域和方向、建设模式、重点任务等。

（二）方案论证

科技部会同相关部门组建由技术专家、管理专家、科技政策专家等组成的专家组，对国家技术创新中心建设方案进行咨询论证。有关单位和地方根据咨询论证意见完善建设方案。

（三）启动建设

对于通过咨询论证、各方面条件成熟的，科技部会同相关部门支持启动国家技术创新中心建设。

（四）监督和评估

有关单位和地方将国家技术创新中心年度建设情况书面报科技部。建设期满前，科技部组织开展建设情况总结评估，并根据评估结果决定整改、撤销或后续支持等重大事项。

科技部作为国家技术创新中心建设的牵头管理部门，发挥组织实施与协调作用，负责总体规划布局、监督和评估与运行管理等工作。国务院有关部门提出国家技术创新中心建设布局建议，参与组建及运行管理。

附录 4　国家级生物技术基地平台管理办法目录

序号	基地平台类型管理办法	发文字号
1	国家科技资源共享服务平台管理办法	国科发基〔2018〕48 号
2	科学数据管理办法	国办发〔2018〕17 号
3	国家高新技术产业开发区“十三五”发展规划	国科发高〔2017〕90 号
4	国家临床医学研究中心管理办法	国科发社〔2017〕204 号
5	国家国际科技合作基地管理办法	国科发外〔2011〕316 号
6	国家重点实验室建设与运行管理办法	国科发基〔2008〕539 号
7	国家工程研究中心管理办法	发展改革委令第 52 号（2007）
8	人类遗传资源管理暂行办法	国办发〔1998〕36 号
9	国家大型科学仪器中心管理暂行办法	国科发财字〔1998〕198 号
10	国家工程技术研究中心暂行管理办法	国科发计字〔1993〕60 号

注：按管理办法发文年份排序。

附录 5　中国代表性生物技术基地平台目录

附录 5-1　国家重点实验室目录

序号	名称	主管部门	依托单位	研究领域	所在城市
1	蛋白质与植物基因研究国家重点实验室	教育部	北京大学	基础生物学	北京
2	天然药物与仿生药物国家重点实验室	教育部	北京大学	药学	北京
3	认知神经科学与学习国家重点实验室	教育部	北京师范大学	医学	北京
4	遗传工程国家重点实验室	教育部	复旦大学	基础生物学	上海
5	医学神经生物学国家重点实验室	教育部	复旦大学	基础生物学	上海
6	亚热带农业生物资源保护与利用国家重点实验室	广西壮族自治区科学技术厅、广东省科技厅	广西大学、华南农业大学	农业科学	南宁、广州
7	呼吸疾病国家重点实验室	广东省科技厅	广州医学院	医学	广州
8	杂交水稻国家重点实验室	湖南省科技厅、教育部	湖南杂交水稻研究中心、武汉大学	农业科学	长沙、武汉
9	生物反应器工程国家重点实验室	教育部	华东理工大学	农业科学	上海
10	作物遗传改良国家重点实验室	教育部	华中农业大学	农业科学	武汉
11	农业微生物学国家重点实验室	教育部	华中农业大学	农业科学	武汉
12	食品科学与技术国家重点实验室	教育部	江南大学、南昌大学	农业科学	无锡、南昌
13	草地农业生态系统国家重点实验室	教育部	兰州大学	农业科学	兰州
14	医药生物技术国家重点实验室	教育部	南京大学	医学	南京
15	作物遗传与种质创新国家重点实验室	教育部	南京农业大学	农业科学	南京
16	生殖医学国家重点实验室	江苏省科技厅	南京医科大学	医学	南京
17	药物化学生物学国家重点实验室	教育部	南开大学	药学	天津

续表

序号	名称	主管部门	依托单位	研究领域	所在城市
18	微生物技术国家重点实验室	教育部	山东大学	基础生物学	济南
19	作物生物学国家重点实验室	山东省科技厅	山东农业大学	农业科学	泰安
20	微生物代谢国家重点实验室	教育部	上海交通大学	基础生物学	上海
21	医学基因组学国家重点实验室	教育部	上海交通大学	医学	上海
22	癌基因与相关基因国家重点实验室	国家卫生健康委员会	上海市肿瘤研究所	医学	上海
23	生物治疗国家重点实验室	教育部	四川大学	医学	成都
24	口腔疾病研究国家重点实验室	教育部	四川大学	医学	成都
25	病毒学国家重点实验室	教育部	武汉大学、中国科学院武汉病毒研究所	医学	武汉
26	旱区作物逆境生物学国家重点实验室	教育部	西北农林科技大学	农业科学	杨凌
27	家蚕基因组生物学国家重点实验室	教育部	西南大学	农业科学	重庆
28	细胞应激生物学国家重点实验室	教育部	厦门大学	基础生物学	厦门
29	传染病诊治国家重点实验室	教育部	浙江大学	医学	杭州
30	传染病预防控制国家重点实验室	国家卫生健康委员会	中国疾病预防控制中心	医学	北京
31	干细胞与生殖生物学国家重点实验室	国家卫生健康委员会	中国科学院动物研究所	基础生物学	北京
32	农业虫害鼠害综合治理研究国家重点实验室	中国科学院	中国科学院动物研究所	农业科学	北京
33	膜生物学国家重点实验室	中国科学院	中国科学院动物研究所、清华大学、北京大学	基础生物学	北京
34	生化工程国家重点实验室	中国科学院	中国科学院过程工程研究所	基础生物学	北京
35	遗传资源与进化国家重点实验室	中国科学院	中国科学院昆明动物研究所	基础生物学	昆明

续表

序号	名称	主管部门	依托单位	研究领域	所在城市
36	植物化学与西部植物资源持续利用国家重点实验室	中国科学院	中国科学院昆明植物研究所	农业科学	昆明
37	植物分子遗传国家重点实验室	中国科学院	中国科学院上海生命科学研究院	基础生物学	上海
38	细胞生物学国家重点实验室	中国科学院	中国科学院上海生命科学研究院	基础生物学	上海
39	神经科学国家重点实验室	中国科学院	中国科学院上海生命科学研究院	基础生物学	上海
40	分子生物学国家重点实验室	中国科学院	中国科学院上海生命科学研究院	基础生物学	上海
41	新药研究国家重点实验室	中国科学院	中国科学院上海药物研究所	药学	上海
42	生物大分子国家重点实验室	中国科学院	中国科学院生物物理研究所	基础生物学	北京
43	脑与认知科学国家重点实验室	中国科学院	中国科学院生物物理研究所	医学	北京
44	淡水生态与生物技术国家重点实验室	中国科学院	中国科学院水生生物研究所	农业科学	武汉
45	微生物资源前期开发国家重点实验室	中国科学院	中国科学院微生物研究所	基础生物学	北京
46	真菌学国家重点实验室	中国科学院	中国科学院微生物研究所	农业科学	北京
47	植物基因组学国家重点实验室	中国科学院	中国科学院微生物研究所、中国科学院遗传与发育生物学研究所	基础生物学	北京
48	植物细胞与染色体工程国家重点实验室	中国科学院	中国科学院遗传与发育生物学研究所	基础生物学	北京
49	分子发育生物学国家重点实验室	中国科学院	中国科学院遗传与发育生物学研究所	基础生物学	北京
50	系统与进化植物学国家重点实验室	中国科学院	中国科学院植物研究所	基础生物学	北京
51	林木遗传育种国家重点实验室	国家林业局	中国林业科学研究院、东北林业大学	农业科学	北京
52	农业生物技术国家重点实验室	教育部	中国农业大学	农业科学	北京
53	植物生理学与生物化学国家重点实验室	教育部	中国农业大学、浙江大学	基础生物学	北京

续表

序号	名称	主管部门	依托单位	研究领域	所在城市
54	动物营养学国家重点实验室	农业农村部	中国农业大学、中国农业科学院北京畜牧兽医研究所	农业科学	北京
55	兽医生物技术国家重点实验室	农业农村部	中国农业科学院哈尔滨兽医研究所	农业科学	哈尔滨
56	家畜疫病病原生物学国家重点实验室	农业农村部	中国农业科学院兰州兽医研究所	农业科学	兰州
57	棉花生物学国家重点实验室	农业农村部、河南省科技厅	中国农业科学院棉花研究所、河南大学	农业科学	安阳
58	植物病虫害生物学国家重点实验室	农业农村部	中国农业科学院植物保护研究所	农业科学	北京
59	医学免疫学国家重点实验室	军委后勤保障部	中国人民解放军海军军医大学	医学	上海
60	病原微生物生物安全国家重点实验室	军委后勤保障部	中国人民解放军军事医学科学院	基础生物学	北京
61	蛋白质组学国家重点实验室	军委后勤保障部	中国人民解放军军事医学科学院	基础生物学	北京
62	肿瘤生物学国家重点实验室	军委后勤保障部	中国人民解放军空军军医大学	医学	西安
63	创伤、烧伤与复合伤研究国家重点实验室	军委后勤保障部	中国人民解放军陆军军医大学	医学	重庆
64	肾脏疾病国家重点实验室	军委后勤保障部	中国人民解放军总医院	医学	北京
65	水稻生物学国家重点实验室	农业农村部	中国水稻研究所、浙江大学	农业科学	北京、杭州
66	天然药物活性组分与药效国家重点实验室	教育部	中国药科大学	药学	南京
67	心血管疾病国家重点实验室	国家卫生健康委员会	中国医学科学院阜外心血管病医院	医学	北京
68	医学分子生物学国家重点实验室	国家卫生健康委员会	中国医学科学院基础医学研究所	基础生物学	北京
69	实验血液学国家重点实验室	国家卫生健康委员会	中国医学科学院血液病医院血液学研究所	医学	天津
70	天然药物活性物质与功能国家重点实验室	国家卫生健康委员会	中国医学科学院药物研究所	药学	北京

续表

序号	名称	主管部门	依托单位	研究领域	所在城市
71	分子肿瘤学国家重点实验室	国家卫生健康委员会	中国医学科学院肿瘤医院肿瘤研究所	医学	北京
72	眼科学国家重点实验室	教育部	中山大学	医学	广州
73	华南肿瘤学国家重点实验室	教育部	中山大学	医学	广州
74	有害生物控制与资源利用国家重点实验室	教育部	中山大学	农业科学	广州

注：按依托单位汉语拼音排序。

附录 5-2　国际联合研究中心目录

序号	名称	依托单位	推荐部门	研究领域	所在地区
1	干细胞国际联合研究中心	北京大学	教育部科技司	医学	北京市
2	口腔医学国际联合研究中心	北京大学口腔医学院	教育部科技司	医学	北京市
3	转化医学与临床研究国际联合研究中心	北京大学医学部	教育部科技司	医学	北京市
4	蛋白质组学国际联合研究中心	北京蛋白质组研究中心	北京市科学技术委员会	生物学	北京市
5	空天生物工程国际联合研究中心	北京航空航天大学生物与医学工程学院	工业和信息化部科技司	生物医学工程	北京市
6	中美口腔干细胞国际联合研究中心	北京泰盛生物科技有限公司	北京市科学技术委员会	生物医学工程	北京市
7	中医药防治糖尿病国际联合研究中心	北京中医药大学	教育部科技司	医学	北京市
8	卫生部肝胆肠外科研究中心	长沙人卫医药科技有限公司（属中南大学）	国家卫生健康委国际合作司（原卫生部国际合作司）	医学	湖南省
9	基因工程模式动物国际联合研究中心	大连医科大学	辽宁省科学技术厅	医学	辽宁省
10	人类干细胞库国际联合研究中心	东北师范大学	吉林省科学技术厅	生物医学工程	吉林省
11	发育与疾病国际联合研究中心	复旦大学	上海市科学技术委员会	医学	上海市
12	生物靶向诊治国际联合研究中心	广西医科大学	广西壮族自治区科学技术厅	医学	广西壮族自治区
13	中—缅区域性重大疾病防治联合研究中心	海南医学院第一附属医院	海南省科学技术厅	医学	海南省
14	动物免疫学国际联合研究中心	河南农业大学牧医学院	河南省科学技术厅	兽医科学	河南省
15	催化技术国际联合研究中心	黑龙江大学	黑龙江省科学技术厅	化学	黑龙江省
16	亚欧水资源研究利用国际联合研究中心	湖南省水资源研究和利用合作中心筹建办公室	湖南省科学技术厅	环境科学	湖南省

续表

序号	名称	依托单位	推荐部门	研究领域	所在地区
17	感知生物技术国际联合研究中心	华中科技大学分子生物物理教育部重点实验室	湖北省科学技术厅	生物技术	湖北省
18	动物遗传育种与繁殖国际联合研究中心	华中农业大学动物科技学院	湖北省科学技术厅	农业科学	湖北省
19	智能生物传感技术与健康国际联合研究中心	华中师范大学化学学院	驻澳大利亚悉尼总领事馆	生物医学工程	湖北省
20	微结构化学国际联合研究中心	吉林大学	吉林省科学技术厅	化学	吉林省
21	表观遗传医药与人类疾病动物模型国际联合研究中心	吉林大学第一医院	吉林省科学技术厅	医学	吉林省
22	食用菌新种质资源创制国际联合研究中心	吉林农业大学	吉林省科学技术厅	食品科学	吉林省
23	益生菌与肠道健康国际联合研究中心	江南大学食品学院	江苏省科学技术厅	食品科学	江苏省
24	环境与人类健康国际联合研究中心	南京医科大学	江苏省科学技术厅	医学	江苏省
25	生物催化技术国际联合研究中心	青岛蔚蓝生物集团有限公司	青岛市科学技术局	生物工程	山东省
26	分子中医药学国际联合研究中心	山西中医学院	山西省科学技术厅	药物	山西省
27	系统生物医学国家级国际联合研究中心	上海交通大学系统生物医学研究院（上海系统生物医学研究中心）	上海市科学技术委员会	医学	上海市
28	上海转化医学国际联合研究中心	上海交通大学医学院	上海市科学技术委员会	医学	上海市
29	上海中医药国际创新园	上海市生物医药科技产业促进中心	上海市科学技术委员会	医学	上海市
30	儿童健康发展国际联合研究中心	首都医科大学附属北京儿童医院	北京市科学技术委员会	医学	北京市
31	口腔疾病国际联合研究中心	四川大学华西口腔医学院	四川省科学技术厅	医学	四川省

续表

序号	名称	依托单位	推荐部门	研究领域	所在地区
32	基因组资源国际联合研究中心	苏州大学剑桥—苏大基因组资源中心	江苏省科学技术厅	医学	江苏省
33	创新药物国际联合研究中心	天津天士力集团有限公司	天津市科学技术委员会	药物	天津市
34	干细胞与再生医学国际联合研究中心	同济大学	上海市科学技术委员会	医学	上海市
35	再生医学与神经遗传国际联合研究中心	温州医科大学	驻美国大使馆	医学	浙江省
36	中亚区域跨境有害生物联合控制国际联合研究中心	新疆师范大学	新疆维吾尔自治区科学技术厅	环境科学	新疆维吾尔自治区
37	新疆肿瘤学国际合作研究中心	新疆医科大学附属肿瘤医院	新疆维吾尔自治区科学技术厅	医学	新疆维吾尔自治区
38	细胞与基因治疗国际联合研究中心	郑州大学	河南省科学技术厅	医学	河南省
39	艾滋病和新发再发传染病合作基地	中国疾病预防控制中心	国家卫生健康委国际合作司（原卫生部国际合作司）	医学	北京市
40	热带病国际联合研究中心	中国疾病预防控制中心寄生虫预防控制所	国家卫生健康委员会	医学	上海市
41	系统生物学与中药国际合作研发中心	中国科学院大连化学物理研究所	中国科学院国际合作局	药物	辽宁省
42	细胞治疗国际联合研究中心	中国科学院动物研究所	中国科学院国际合作局	医学	北京市
43	生物医药与健康国际联合研究中心	中国科学院广州生物医药与健康研究院	广东省科学技术厅	药物	广东省
44	生命科学国际研发中心	中国科学院上海生命科学研究院上海巴斯德研究所	上海市科学技术委员会	生物学	上海市
45	微生物国际研发中心	中国科学院微生物研究所	中国科学院国际合作局	生物学	北京市
46	新生疾病和病毒与病理学国际研发中心	中国科学院武汉病毒研究所	湖北省科学技术厅	医学	湖北省
47	精准医学生物治疗国际联合研究中心	中国人民解放军陆军军医大学	重庆市科学技术委员会	医学	重庆市

续表

序号	名称	依托单位	推荐部门	研究领域	所在地区
48	心血管疾病国际联合研究中心	中国人民解放军陆军军医大学第三附属医院	重庆市科学技术委员会	医学	重庆市
49	机器人微创心血管外科国际联合研究中心	中国人民解放军总医院	军委后勤保障部	医学	北京市
50	中德发酵酒品质与安全国际联合研究中心	中国食品发酵工业研究院	中国轻工集团公司	食品科学	北京市
51	食品真实性技术国际联合研究中心	中国食品发酵工业研究院	中国轻工集团公司	食品科学	北京市
52	中德分子生物学合作研究基地	中国医学科学院阜外心血管病医院	国家卫生健康委国际合作司（原卫生部国际合作司）	医学	北京市
53	中澳中医药国际联合研究中心	中国中医科学院西苑医院	北京市科学技术委员会	药物	北京市
54	生物物理国际联合研究中心	中科院生物物理所	中国科学院国际合作局	生物学	北京市
55	癌症化学预防国际联合研究中心	中美（河南）荷美尔肿瘤研究院	河南省科学技术厅	医学	河南省
56	医学代谢组学国际联合研究中心	中南大学湘雅医院	驻美国休斯敦总领事馆	医学	湖南省
57	转化医学国际联合研究中心	中山大学	广东省科学技术厅	医学	广东省
58	中意中医药联合实验室	中意中医药联合实验室	天津市科学技术委员会	药物	天津市

注：按依托单位汉语拼音排序。

附录 5-3　国家工程技术研究中心目录

序号	名称	依托单位	研究领域	所在城市
1	国家蛋品工程技术研究中心	北京德青源农业科技股份有限公司	食品科学	北京
2	国家花卉工程技术研究中心	北京林业大学	林学	北京
3	国家母婴乳品健康工程技术研究中心	北京三元股份有限公司	食品科学	北京
4	国家蔬菜工程技术研究中心	北京市农林科学院	农业科学	北京
5	国家淡水渔业工程技术研究中心	北京市水产科学研究所、中国科学院水生生物研究所	水产学	北京
6	国家奶牛胚胎工程技术研究中心	北京首都农业集团公司	农业科学	北京
7	国家作物分子设计工程技术研究中心	北京未名凯拓农业生物技术有限公司	农业科学	北京
8	国家海洋食品工程技术研究中心	大连工业大学	食品科学	大连
9	国家乳业工程技术研究中心	东北农业大学	食品科学	哈尔滨
10	国家大豆工程技术研究中心	东北农业大学、吉林省农业科学院	农业科学	哈尔滨、长春
11	国家数字化医学影像设备工程技术研究中心	东软集团股份有限公司	生物医学工程	沈阳
12	国家茶叶质量安全工程技术研究中心	福建安溪铁观音集团股份有限公司	农业科学	泉州
13	国家甘蔗工程技术研究中心	福建农林大学	农业科学	福州
14	国家菌草工程技术研究中心	福建农林大学	食品科学	福州
15	国家脐橙工程技术研究中心	赣南师范学院	农业科学	赣州
16	国家医疗保健器具工程技术研究中心	广东省医疗器械研究所	生物医学工程	广州
17	国家非粮生物质能源工程技术研究中心	广西科学院	农业科学	南宁
18	国家中药现代化工程技术研究中心	广州中医药大学、珠海丽珠医药集团股份有限公司	药物	广州、珠海
19	国家苗药工程技术研究中心	贵州益佰制药股份有限公司	药物	贵阳
20	国家小麦工程技术研究中心	河南农业大学	农业科学	郑州
21	国家杂粮工程技术研究中心	黑龙江省八一农垦大学、大庆中禾粮食股份有限公司	农业科学	大庆
22	国家生物农药工程技术研究中心	湖北省农业科学院	农业科学	武汉
23	国家药用辅料工程技术研究中心	湖南尔康制药股份有限公司	药物	长沙
24	国家农药创制工程技术研究中心	湖南化工研究院	农业科学	长沙
25	国家植物功能成分利用工程技术研究中心	湖南农业大学	农业科学	长沙

续表

序号	名称	依托单位	研究领域	所在城市
26	国家油茶工程技术研究中心	湖南省林业科学院	农业科学	长沙
27	国家杂交水稻工程技术研究中心	湖南杂交水稻研究中心	农业科学	长沙
28	国家生化工程技术研究中心	华东理工大学	生物工程	上海
29	国家人体组织功能重建工程技术研究中心	华南理工大学	生物医学工程	广州
30	国家植物航天育种工程技术研究中心	华南农业大学	农业科学	广州
31	国家生猪种业工程技术研究中心	华南农业大学、广东温氏食品集团有限公司	农业科学	广州、云浮
32	国家纳米药物工程技术研究中心	华中科技大学	药物	武汉
33	国家家畜工程技术研究中心	华中农业大学、湖北省农业科学院	农业科学	武汉
34	国家油菜工程技术研究中心	华中农业大学、中国农业科学院油料作物研究所	农业科学	武汉
35	国家玉米工程技术研究中心	吉林省农业科学院、山东登海种业股份有限公司	农业科学	长春、莱州
36	国家功能食品工程技术研究中心	江南大学	食品科学	无锡
37	国家靶向药物工程技术研究中心	江苏恒瑞医药股份有限公司	药物	连云港
38	国家兽用生物制品工程技术研究中心	江苏省农业科学院、南京天邦生物科技公司	农业科学	南京
39	国家有机类肥料工程技术研究中心	江苏新天地生物肥料工程中心有限公司、南京农业大学	农业科学	南京
40	国家单糖化学合成工程技术研究中心	江西师范大学	食品科学	南昌
41	国家生物防护装备工程技术研究中心	军事医学科学院	生物医学工程	北京
42	国家应急防控药物工程技术研究中心	军事医学科学院	药物	北京
43	国家马铃薯工程技术研究中心	乐陵希森马铃薯产业集团有限公司	农业科学	乐陵
44	国家心脏病植介入诊疗器械及设备工程技术研究中心	乐普（北京）医疗器械股份有限公司	生物医学工程	北京
45	国家中成药工程技术研究中心	辽宁华润本溪三药有限公司	药物	本溪
46	国家固态酿造工程技术研究中心	泸州老窖股份有限公司	食品科学	泸州
47	国家手性制药工程技术研究中心	鲁南制药集团股份有限公司	药物	济南
48	国家兽用药品工程技术研究中心	洛阳惠中兽药有限公司	药物	临沂
49	国家生化工程技术研究中心	南京工业大学	生物工程	南京

续表

序号	名称	依托单位	研究领域	所在城市
50	国家肉品质量安全控制工程技术研究中心	南京农业大学、江苏雨润食品产业集团有限公司	食品科学	南京
51	国家经济林木种苗快繁工程技术研究中心	宁夏林业研究所股份有限公司	林学	银川
52	国家枸杞工程技术研究中心	宁夏农林科学院	农业科学	银川
53	国家动物用保健品工程技术研究中心	青岛蔚蓝生物股份有限公司	生物工程	青岛
54	国家辅助生殖与优生工程技术研究中心	山东大学	生物医学工程	济南
55	国家糖工程技术研究中心	山东大学	食品科学	济南
56	国家胶类中药工程技术研究中心	山东东阿阿胶股份有限公司	药物	东阿
57	国家海藻与海参工程技术研究中心	山东东方海洋科技股份有限公司	水产学	烟台
58	国家苹果工程技术研究中心	山东农业大学	农业科学	泰安
59	国家花生工程技术研究中心	山东省花生研究所	农业科学	青岛
60	国家抗艾滋病病毒工程技术研究中心	上海迪赛诺药业有限公司	药物	上海
61	国家家禽工程技术研究中心	上海市家禽育种有限公司	农业科学	上海
62	国家食用菌工程技术研究中心	上海市农业科学院	农业科学	上海
63	国家中药制药工程技术研究中心	上海市中药制药技术有限公司	药物	上海
64	国家生化工程技术研究中心	深圳大学	生物工程	深圳
65	国家医用诊断仪器工程技术研究中心	深圳迈瑞生物医疗电子股份有限公司	生物医学工程	深圳
66	国家眼科诊断与治疗设备工程技术研究中心	首都医科大学附属北京同仁医院	生物医学工程	北京
67	国家生物医学材料工程技术研究中心	四川大学	生物医学工程	成都
68	国家大容量注射剂工程技术研究中心	四川科伦药业股份有限公司	生物医学工程	成都
69	国家粳稻工程技术研究中心	天津天隆农业科技有限公司	农业科学	天津
70	国家卫生信息共享技术及应用工程技术研究中心	万达信息股份有限公司、上海申康医院发展中心	医学	上海
71	国家海产贝类工程技术研究中心	威海长青海洋科技股份有限公司	水产学	威海
72	国家眼视光工程技术研究中心	温州医科大学	医学	温州
73	国家联合疫苗工程技术研究中心	武汉生物制品研究所有限责任公司	药物	武汉
74	国家微检测工程技术研究中心	西北大学、陕西北美基因股份有限公司	药物	西安

续表

序号	名称	依托单位	研究领域	所在城市
75	杨凌农业生物技术育种中心	西北农林科技大学	农业科学	杨凌
76	国家传染病诊断试剂与疫苗工程技术研究中心	厦门大学、养生堂有限公司	药物	厦门
77	国家棉花工程技术研究中心	新疆农业科学院、新疆农垦科学院	农业科学	乌鲁木齐、石河子
78	国家瓜类工程技术研究中心	新疆西域实业集团有限责任公司	农业科学	昌吉
79	国家桑蚕茧丝产业工程技术研究中心	鑫缘茧丝绸集团股份有限公司	农业科学	南通
80	国家观赏园艺工程技术研究中心	云南省农业科学院	农业科学	昆明
81	国家化学原料药合成工程技术研究中心	浙江工业大学	药物	杭州
82	国家海洋药物工程技术研究中心	中国海洋大学	药物	青岛
83	国家天然药物工程技术研究中心	中国科学院成都生物研究所、成都地奥制药集团有限公司	药物	成都
84	国家生化工程技术研究中心	中国科学院过程工程研究所	生物工程	北京
85	国家果蔬加工工程技术研究中心	中国农业大学	农业科学	北京
86	国家饲料工程技术研究中心	中国农业大学、中国农业科学院饲料研究所	农业科学	北京
87	国家茶产业工程技术研究中心	中国农业科学院茶叶研究所	农业科学	杭州
88	国家柑桔工程技术研究中心	中国农业科学院柑桔研究所、重庆三峡建设集团有限公司	农业科学	重庆
89	国家免疫生物制品工程技术研究中心	中国人民解放军陆军军医大学	药物	重庆
90	国家肉类加工工程技术研究中心	中国肉类食品综合研究中心	食品科学	北京
91	国家黄酒工程技术研究中心	中国绍兴黄酒集团有限公司	食品科学	绍兴
92	国家干细胞工程技术研究中心	中国医学科学院血液学研究所	生物医学工程	天津
93	国家新药开发工程技术研究中心	中国医学科学院药物研究所	药物	北京
94	国家棉花加工工程技术研究中心	中棉工业有限责任公司	农业科学	北京

注：按依托单位汉语拼音排序。

附录 5-4 国家工程研究中心目录

序号	名称	依托单位	研究领域	所在城市
1	发酵技术国家工程研究中心	安徽丰原集团有限公司、江南大学等	生物工程	蚌埠、无锡
2	生物芯片北京国家工程研究中心	北京博奥生物芯片公司	生物工程	北京
3	病毒生物技术国家工程研究中心	北京凯因生物技术公司	生物工程	北京
4	新型疫苗国家工程研究中心	北京微谷生物医药有限公司	药物	北京
5	蛋白质药物国家工程研究中心	北京正旦国际科技公司	药物	北京
6	中药复方新药开发国家工程研究中心	北京中研同仁堂医药公司	药物	北京
7	手性药物国家工程研究中心	成都凯丽手性技术有限公司	药物	成都
8	基因工程药物国家工程研究中心	广东暨大基因药物公司	药物	广州
9	南海海洋生物技术国家工程研究中心	广东中大南海海洋生物公司	生物技术	广州
10	中药提取分离过程现代化国家工程研究中心	广州汉方现代中药公司	药物	广州
11	人类干细胞国家工程研究中心	湖南海利惠霖生命科技公司	生物医学工程	长沙
12	微生物药物国家工程研究中心	华北制药集团新药公司	药物	石家庄
13	微生物农药国家工程研究中心	华中农业大学	农业	武汉
14	大豆国家工程研究中心	吉林东创大豆科技发展公司	农业	长春
15	中药固体制剂制造技术国家工程研究中心	江西中医药大学	药物	南昌
16	中药制药工艺技术国家工程研究中心	南京海陵中药制药工艺公司	药物	南京
17	组织工程国家工程研究中心	上海国睿生命科技有限公司	生物技术	上海
18	抗体药物国家工程研究中心	上海抗体药物国家工程研究中心有限公司	药物	上海
19	纳米技术及应用国家工程研究中心	上海纳米技术及应用公司	生物工程	上海
20	生物芯片上海国家工程研究中心	上海生物芯片有限公司	生物技术	上海

续表

序号	名称	依托单位	研究领域	所在城市
21	药物制剂国家工程研究中心	上海现代药物制剂有限公司	药物	上海
22	细胞产品国家工程研究中心	天津昂赛细胞基因工程公司	生物医学工程	天津
23	农业生物多样性应用技术国家工程研究中心	云南农业大学	农业	昆明
24	动物用生物制品国家工程研究中心	中国农业科学院哈尔滨兽医研究所等	农业	哈尔滨
25	生物饲料开发国家工程研究中心	中国农业科学院饲料研究所等	农业	北京

注：按依托单位汉语拼音排序。

附录 5–5　国家临床医学研究中心目录

序号	依托单位	疾病领域	所在城市
1	中国医学科学院阜外心血管病医院	心血管疾病	北京
2	首都医科大学附属北京安贞医院		北京
3	首都医科大学附属北京天坛医院	神经系统疾病	北京
4	中国人民解放军南京军区南京总医院	慢性肾病	南京
5	中国人民解放军总医院		北京
6	南方医科大学南方医院		广州
7	中国医学科学院肿瘤医院	恶性肿瘤	北京
8	天津医科大学附属肿瘤医院		天津
9	广州医学院第一附属医院	呼吸系统疾病	广州
10	北京医院		北京
11	首都医科大学附属北京儿童医院		北京
12	中南大学湘雅二医院	代谢性疾病	长沙
13	上海交通大学医学院附属瑞金医院		上海
14	北京大学第六医院	精神心理疾病	北京
15	中南大学湘雅二医院		长沙
16	首都医科大学附属北京安定医院		北京
17	中国医学科学院北京协和医院	妇产疾病	北京
18	华中科技大学同济医学院附属同济医院		武汉
19	北京大学第三医院		北京
20	中国人民解放军空军军医大学西京医院	消化系统疾病	西安
21	首都医科大学附属北京友谊医院		北京
22	中国人民解放军海军军医大学长海医院		上海
23	上海交通大学医学院附属第九人民医院	口腔疾病	上海
24	四川大学华西口腔医院		成都
25	北京大学口腔医院		北京
26	中国人民解放军空军军医大学口腔医院		西安
27	中国人民解放军总医院	老年疾病	北京
28	中南大学湘雅医院		长沙
29	四川大学华西医院		成都
30	北京医院		北京
31	复旦大学附属华山医院		上海
32	首都医科大学宣武医院		北京

续表

序号	依托单位	疾病领域	所在城市
33	浙江大学附属第一医院	感染性疾病	杭州
34	中国人民解放军总医院第五医学中心		北京
35	深圳市第三人民医院		深圳
36	浙江大学医学院附属儿童医院	儿童健康与疾病	杭州
37	重庆医科大学附属儿童医院		重庆
38	中国人民解放军总医院	骨科与运动康复	北京
39	温州医科大学附属眼视光医院	眼耳鼻喉疾病	温州
40	上海市第一人民医院		上海
41	中国人民解放军总医院		北京
42	北京大学第一医院	皮肤与免疫疾病	北京
43	中国医学科学院北京协和医院		北京
44	苏州大学附属第一医院	血液系统疾病	苏州
45	北京大学人民医院		北京
46	中国医学科学院血液病医院		天津
47	中国中医科学院西苑医院	中医	北京
48	天津中医药大学第一附属医院		北京
49	中国医科大学附属第一医院	医学检验	沈阳
50	复旦大学附属中山医院	放射与治疗	上海

注：按疾病领域排序。

附录 5-6 示范型国际科技合作基地目录

序号	名称	依托单位	推荐部门	研究领域	所在地区
1	抗体及治疗性疫苗产业化国际科技合作基地	百泰生物药业有限公司	北京市科学技术委员会	药物	北京市
2	新型抗体及治疗性蛋白药物前沿技术国际科技合作基地	北京东方百泰生物科技有限公司	北京市科学技术委员会	药物	北京市
3	孕妇个体营养国际科技合作基地	北京四海华辰科技有限公司	北京市科学技术委员会	食品科学	北京市
4	中医药防治重大疾病国际合作研究基地	北京中医药大学	教育部科技司	医学	北京市
5	中医药防治疑难疾病国际合作研究基地	北京中医药大学生命科学学院	驻美国大使馆	医学	北京市
6	现代中药国际科技合作基地	长春中医药大学	吉林省科学技术厅	药物	吉林省
7	超声医疗国际科技合作基地	重庆海扶（HIFU）技术有限公司	重庆市科学技术委员会	医学	重庆市
8	儿童发育重大疾病国际科技合作基地	重庆医科大学附属儿童医院	重庆市科学技术委员会	医学	重庆市
9	大熊猫保护研究与教育国际科技合作基地	成都大熊猫繁育研究基地	四川省科学技术厅	动物学	四川省
10	成都中医药大学国际科技合作基地	成都中医药大学	四川省科学技术厅	药物	四川省
11	中药化学领域国际科技合作基地	大连富生天然药物开发有限公司	大连市科学技术局	药物	辽宁省
12	海珍品精深加工国际科技合作创新基地	大连工业大学	大连市科学技术局	食品科学	辽宁省
13	大连海晏堂国际科技合作基地	大连海晏堂生物有限公司	大连市科学技术局	食品科学	辽宁省
14	肿瘤治疗转化医学国际科技合作基地	大连医科大学	辽宁省科学技术厅	医学	辽宁省
15	干细胞移植与再生医学国际科技合作基地	大连医科大学附属第一医院中英再生医学应用研究中心	大连市科学技术局	生物医学工程	辽宁省
16	生物医药研发动物实验国际科技合作基地	东莞松山湖明珠实验动物科技有限公司	广东省科学技术厅	药物	广东省
17	现代人类学国际科技合作基地	复旦大学	上海市科学技术委员会	生命科学	上海市
18	医学表观遗传与分子代谢国际科技合作基地	复旦大学生物医学研究院	上海市科学技术委员会	医学	上海市

续表

序号	名称	依托单位	推荐部门	研究领域	所在地区
19	西北地区肉羊肉牛遗传改良国际科技合作基地	甘肃农业大学	甘肃省科学技术厅	农业科学	甘肃省
20	中医药防治慢性病国际科技合作基地	甘肃中医学院	甘肃省科学技术厅	医学	甘肃省
21	广东省中医院中医药示范型国际科技合作基地	广东省中医院	国家中医药管理局合作司	药物	广东省
22	亚热带农业生物资源保护与利用国际科技合作基地	广西大学	广西壮族自治区科学技术厅	农业科学	广西壮族自治区
23	广西林业国际科技合作基地	广西壮族自治区林业科学研究院	广西壮族自治区科学技术厅	林学	广西壮族自治区
24	广州中医药大学国际科技合作基地	广州中医药大学	广东省科学技术厅	药物	广东省
25	贵阳医学院国际科技合作基地	贵阳医学院	贵州省科学技术厅	医学	贵州省
26	贵州大学国际科技合作基地	贵州大学绿色农药与农业生物工程国家重点实验室	贵州省科学技术厅	农业科学	贵州省
27	国家传染病诊断试剂与疫苗工程技术研究中心	国家传染病诊断试剂与疫苗工程技术研究中心	厦门市科学技术局	药物	福建省
28	生物医用材料国际科技合作基地	国家生物医学材料工程技术研究中心（四川大学）	四川省科学技术厅	生物医学工程	四川省
29	寒地重大心血管疾病国际科技合作基地	哈尔滨医科大学	黑龙江省科学技术厅	医学	黑龙江省
30	热带特色医疗国际科技合作基地	海口市人民医院	海南省科学技术厅	医学	海南省
31	老年医学国际科技合作基地	河北联合大学	河北省科学技术厅	医学	河北省
32	河北医科大学第四医院国际科技合作基地	河北医科大学第四医院	河北省科学技术厅	医学	河北省
33	生物技术应用研究国际科技合作基地	合肥天麦生物科技发展有限公司	安徽省科学技术厅	生物工程	安徽省
34	超级小麦遗传育种国际合作研究试验站	河南天民种业有限公司	河南省科学技术厅	农业科学	河南省

续表

序号	名称	依托单位	推荐部门	研究领域	所在地区
35	河南中医学院国际合作基地	河南中医学院	河南省科学技术厅	医学	河南省
36	黑龙江中医药国际科技合作基地	黑龙江中医药大学	黑龙江省科学技术厅	药物	黑龙江省
37	湖北广济药业股份有限公司国际科技合作基地	湖北广济药业股份有限公司	湖北省科学技术厅	药物	湖北省
38	湖北省科技信息研究院国际科技合作基地	湖北省科技信息研究院	湖北省科学技术厅	生命科学	湖北省
39	生物医学和生命分析化学国际科技合作基地（湖南大学）	湖南大学	湖南省科学技术厅	医学	湖南省
40	湖南药用植物资源国际合作研发中心	湖南农业大学	湖南省科学技术厅	药物	湖南省
41	洞庭湖流域生态系统管理与水资源可持续利用国际科技合作基地	湖南省林业科学院	湖南省科学技术厅	环境科学	湖南省
42	微生物和生物技术创新药物研发国际科技合作基地	华北制药集团新药研究开发有限责任公司	河北省科学技术厅	药物	河北省
43	热带特色健康食品国际科技合作基地	华南理工大学	广东省科学技术厅	食品科学	广东省
44	华中科技大学基因工程国际科技合作基地	华中科技大学生命科学与技术学院	湖北省科学技术厅	生物工程	湖北省
45	鹿业工程国际科技合作基地	吉林省中韩动物科学研究院	吉林省科学技术厅	动物学	吉林省
46	暨南大学－香港中文大学再生医学联合重点实验室	暨南大学	广东省科学技术厅	医学	广东省
47	中药国际科技合作基地	江苏康缘药业股份有限公司	江苏省科学技术厅	药物	江苏省
48	先声创新药物研发国际科技合作基地	江苏先声药业有限公司	江苏省科学技术厅	药物	江苏省
49	生物医药医疗国际科技合作基地	江西桑海生物医药孵化器发展有限公司	江西省科学技术厅	药物	江西省
50	中国（云南）灵长类实验动物与动物实验国际合作基地	昆明亚灵生物科技有限公司	云南省科学技术厅	动物学	云南省

续表

序号	名称	依托单位	推荐部门	研究领域	所在地区
51	兰州大学生物制药国际科技合作基地	兰州大学	甘肃省科学技术厅	药物	甘肃省
52	洛阳高新区国际科技合作基地	洛阳高新技术产业开发区管委会	河南省科学技术厅	药物	河南省
53	南昌大学食品安全国家国际科技合作基地	南昌大学	江西省科学技术厅	食品科学	江西省
54	南京艾德凯腾生物医药有限责任公司科技部国际合作基地	南京艾德凯腾生物医药有限责任公司	江苏省科学技术厅	药物	江苏省
55	肿瘤免疫与生物疫苗国际科技合作基地	南开大学	天津市科学技术委员会	药物	天津市
56	光学与光子学国际科技合作基地	南开大学	天津市科学技术委员会	生物物理	天津市
57	青岛动物用保健品国际科技合作基地	青岛康地恩药业股份有限公司	青岛市科学技术局	畜牧学	山东省
58	青海大学高原医学国际科技合作基地	青海大学	青海省科学技术厅	医学	青海省
59	青海高原体育科学国际科技合作基地	青海省体育科学研究所	青海省科学技术厅	人口与健康	青海省
60	青海省畜牧兽医科学院国际科技合作基地	青海省畜牧兽医科学院	青海省科学技术厅	畜牧学	青海省
61	创新药物国际科技合作基地	山东绿叶制药有限公司	山东省科学技术厅	药物	山东省
62	上海中药创新研究中心国际科技合作基地	上海中药创新研究中心	上海市科学技术委员会	药物	上海市
63	Carson 国际肿瘤干细胞疫苗研发基地	深圳大学	驻美国洛杉矶总领事馆	药物	深圳市
64	基因组学国际科技合作基地	深圳华大基因研究院	深圳市科技创新委员会	基础生物学	广东省
65	眼科医药生物技术国际科技合作基地	沈阳绿谷生物技术产业有限公司	辽宁省科学技术厅	药物	辽宁省
66	新疆地方性高发病国际科技合作基地	石河子大学	新疆生产建设兵团	医学	新疆维吾尔自治区
67	中医药国际科技合作基地	石家庄以岭药业股份有限公司	河北省科学技术厅	药物	河北省
68	多糖类生物医学材料国际科技合作基地	石家庄亿生堂医用品有限公司	河北省科学技术厅	生物医学工程	河北省
69	石药集团新型制剂与生物医药国际科技合作基地	石药集团有限责任公司	河北省科学技术厅	药物	河北省

续表

序号	名称	依托单位	推荐部门	研究领域	所在地区
70	国际心血管疾病研究基地	首都医科大学附属北京安贞医院	北京市科学技术委员会	医学	北京市
71	儿童重大疾病国际科技合作基地	首都医科大学附属北京儿童医院	北京市科学技术委员会	医学	北京市
72	苏州高新区国际科技合作基地	苏州国家高新技术产业开发区	江苏省科学技术厅	生物医药	江苏省
73	泰州医药高新区国际科技合作基地	泰州医药高新技术产业园区	江苏省科学技术厅	药物	江苏省
74	合成生物技术国际科技合作基地	天津大学	天津市科学技术委员会	生物工程	天津市
75	食品营养与安全和药物化学国际科技合作基地	天津科技大学	天津市科学技术委员会	食品科学	天津市
76	大健康生物技术国际科技合作基地	天津科技大学	天津市科学技术委员会	生命科学	天津市
77	天津国际生物医药联合研究院国际科技合作基地	天津市国际生物医药联合研究院	天津市科学技术委员会	药物	天津市
78	脊髓损伤国际科技合作基地	天津医科大学总医院	天津市科学技术委员会	医学	天津市
79	温州医学院生物医药国际科技合作基地	温州医科大学	浙江省科学技术厅	药物	浙江省
80	无锡生物医药国际科技合作基地	无锡生物医药研发服务外包区	江苏省科学技术厅	药物	江苏省
81	环境影响早期个体发育国际科技合作基地	厦门大学附属东方医院	福建省科学技术厅	医学	福建省
82	新希望农产品加工国际科技合作示范基地	新希望集团有限公司	四川省科学技术厅	农业科学	四川省
83	徐州内镜与微创医学国际科技合作基地	徐州市中心医院	江苏省科学技术厅	医学	江苏省
84	人用疫苗研发生产国际合作基地	云南沃森生物技术股份有限公司	云南省科学技术厅	药物	云南省
85	肝病和肝移植研究国际科技合作基地	浙江大学医学院附属第一医院	浙江省科学技术厅	医学	浙江省
86	出生缺陷诊治国际科技合作基地	浙江大学医学院附属儿童医院	驻美国休斯敦总领事馆	医学	浙江省
87	检验检疫国际科技合作基地	中国检疫检验科学研究院	国家质量监督检验检疫总局科技司	生物安全	北京市
88	广东省干细胞与再生医学国际科技合作基地	中国科学院广州生物医药与健康研究院	广东省科学技术厅	生物医学工程	广东省

续表

序号	名称	依托单位	推荐部门	研究领域	所在地区
89	中—德计算生物学国际研究基地	中国科学院—马普学会计算生物学伙伴研究所	上海市科学技术委员会	计算生物学	上海市
90	天津工业生物技术国际科技合作基地	中国科学院天津工业生物技术研究所	中国科学院国际合作局	生物工程	天津市
91	中亚民族药创新药物研发国际科技合作基地	中国科学院新疆理化技术研究所	新疆维吾尔自治区科学技术厅	药物	新疆维吾尔自治区
92	动物用生物制剂研究国际科技合作基地	中国农科院哈尔滨兽医研究所	中国农业科学院	畜牧学	黑龙江省
93	油料作物品质改良与质量安全国际科技合作基地	中国农科院油料作物研究所	中国农业科学院	农业科学	湖北省
94	食品生物技术国家国际科技合作基地	中国食品发酵工业研究院	中国轻工集团公司	食品科学	北京市
95	南药资源可持续利用国际科技合作基地	中国医学科学院药用植物研究所海南分所	海南省科学技术厅	药物	海南省
96	传染病疫苗研发与产业化国际科技合作基地	中国医学科学院医学生物学研究所	云南省科学技术厅	药物	云南省
97	四川抗菌素工业研究所国际科技合作基地	中国医药集团总公司四川抗菌素工业研究所	四川省科学技术厅	药物	四川省
98	中国中医科学院国际科技合作基地	中国中医科学院	国家中医药管理局合作司	医学	北京市
99	长非编码 RNA 与重大疾病国际科技合作基地	中山大学孙逸仙纪念医院	教育部科技司	医学	广东省

注：按依托单位汉语拼音排序。

附录 5–7　国家级高新技术产业开发区（含生物医药产业）目录

所在地区	名称
安徽省	合肥高新技术产业开发区
	蚌埠高新技术产业开发区
	芜湖高新技术产业开发区
	马鞍山慈湖高新技术产业开发区
	铜陵狮子山高新技术产业开发区
	淮南高新技术产业开发区
北京市	中关村国家自主创新示范区
重庆市	重庆高新技术产业开发区
	璧山高新技术产业开发区
	荣昌高新技术产业开发区
福建省	福州高新技术产业开发区
	厦门火炬高技术产业开发区
	漳州高新技术产业开发区
	三明高新技术产业开发区
	泉州高新技术产业开发区
甘肃省	兰州高新技术产业开发区
	白银高新技术产业开发区
	酒泉高新技术产业开发区
广东省	中山火炬高技术产业开发区
	广州高新技术产业开发区
	深圳高新技术产业开发区
	佛山高新技术产业开发区
	肇庆高新技术产业开发区
	珠海高新技术产业开发区
	东莞松山湖高新技术产业开发区
	汕头高新技术产业开发区
	江门高新技术产业开发区
	源城高新技术产业开发区
	湛江高新技术产业开发区
	茂名高新技术产业开发区
	清远高新技术产业开发区

续表

所在地区	名称
广西壮族自治区	桂林高新技术产业开发区
	南宁高新技术产业开发区
	北海高新技术产业开发区
贵州省	贵阳高新技术产业开发区
	安顺高新技术产业开发区
海南省	海口高新技术产业开发区
河北省	石家庄高新技术产业开发区
	保定高新技术产业开发区
	唐山高新技术产业开发区
	燕郊高新技术产业开发区
	承德高新技术产业开发区
河南省	郑州高新技术产业开发区
	洛阳高新技术产业开发区
	安阳高新技术产业开发区
	南阳高新技术产业开发区
	新乡高新技术产业开发区
	焦作高新技术产业开发区
黑龙江省	佳木斯高新技术产业开发区
	伊春高新技术产业开发区
	大庆高新技术产业开发区
	牡丹江高新技术产业开发区
	哈尔滨高新技术产业开发区
	齐齐哈尔高新技术产业开发区
湖北省	武汉东湖高新技术开发区
	襄阳高新技术产业开发区
	宜昌高新技术产业开发区
	孝感高新技术产业开发区
	荆门高新技术产业开发区
	仙桃高新技术产业开发区
	黄冈高新技术产业园区
	潜江高新技术产业开发区
	荆州高新技术产业开发区

续表

所在地区	名称
湖北省	黄石大冶湖高新技术产业开发区
	随州高新技术产业园区
湖南省	长沙高新技术产业开发区
	郴州高新技术产业开发区
	湘潭高新技术产业开发区
	益阳高新技术产业开发区
	衡阳高新技术产业开发区
	常德高新技术产业开发区
	怀化高新技术产业开发区
吉林省	通化医药高新技术产业开发区
	长春高新技术产业开发区
	延吉高新技术产业开发区
	长春净月高新技术产业开发区
	吉林高新技术产业开发区
江苏省	泰州医药高新技术产业开发区
	徐州高新技术产业开发区
	苏州高新技术产业开发区
	苏州工业园区
	南京高新技术产业开发区
	淮安高新技术产业开发区
	无锡高新技术产业开发区
	江阴高新技术产业开发区
	常熟高新技术产业开发区
	连云港高新技术产业开发区
	扬州高新技术产业开发区
	昆山高新技术产业开发区
	常州高新技术产业开发区
	武进高新技术产业开发区
	南通高新技术产业开发区
	镇江高新技术产业开发区
	盐城高新技术产业开发区
	宿迁高新技术产业开发区

续表

所在地区	名称
江西省	南昌高新技术产业开发区
	新余高新技术产业开发区
	吉安高新技术产业园区
	鹰潭高新技术产业开发区
	景德镇高新技术产业开发区
	赣州高新技术产业开发区
	九江共青城高新技术产业开发区
	宜春丰城高新技术产业开发区
	抚州高新技术产业开发区
辽宁省	沈阳高新技术产业开发区
	大连高新技术产业开发区
	鞍山高新技术产业开发区
	辽阳高新技术产业开发区
	本溪高新技术产业开发区
	锦州高新技术产业开发区
	营口高新技术产业开发区
	阜新高新技术产业开发区
内蒙古自治区	包头稀土高新技术产业开发区
	呼和浩特金山高新技术产业开发区
	鄂尔多斯高新技术产业开发区
宁夏回族自治区	银川高新技术产业开发区
青海省	青海高新技术产业开发区
山东省	威海火炬高技术产业开发区
	济南高新技术产业开发区
	青岛高新技术产业开发区
	淄博高新技术产业开发区
	潍坊高新技术产业开发区
	济宁高新技术产业开发区
	烟台高新技术产业开发区
	临沂高新技术产业开发区
	泰安高新技术产业开发区
	德州高新技术产业开发区

续表

所在地区	名称
山东省	莱芜高新技术产业开发区
	枣庄高新技术产业开发区
	黄河三角洲农业高新技术产业示范区
山西省	太原高新技术产业开发区
	长治高新技术产业开发区
	晋城经济技术开发区
陕西省	西安高新技术产业开发区
	杨凌农业高新技术产业示范区
	宝鸡高新技术产业开发区
	渭南高新技术产业开发区
	榆林高新技术产业开发区
	咸阳高新技术产业园区
	安康高新技术产业开发区
上海市	上海张江高新技术产业开发区
	上海紫竹高新技术产业开发区
	上海漕河泾新兴技术开发区
四川省	成都高新技术产业开发区
	乐山高新技术产业开发区
	泸州高新技术产业开发区
	德阳高新技术产业开发区
	内江高新技术产业开发区
	绵阳高新技术产业开发区
	自贡高新技术产业开发区
天津市	天津滨海高新技术产业开发区
新疆维吾尔自治区	乌鲁木齐高新技术产业开发区
	昌吉高新技术产业开发区
	新疆生产建设兵团石河子高新技术产业开发区
云南省	昆明高新技术产业开发区
	玉溪高新技术产业开发区
	楚雄高新技术产业开发区

续表

所在地区	名称
浙江省	宁波高新技术产业开发区
	温州高新技术产业开发区
	衢州高新技术产业开发区
	湖州莫干山高新技术产业园区
	杭州高新技术产业开发区
	绍兴高新技术产业开发区
	萧山临江高新技术产业开发区
	嘉兴秀洲高新技术产业开发区

注：按所在地区汉语拼音排序。

附录 5-8　国家中药现代化科技产业基地目录

序号	名称	批准建立年份
1	国家中药现代化科技产业（四川）基地	1998 年
2	国家中药现代化科技产业（吉林）基地	2000 年
3	国家中药现代化科技产业（贵州）基地	2001 年
4	国家中药材规范化种植示范（河北）基地	2001 年
5	国家中药现代化科技产业（河南）基地	2001 年
6	国家中药材规范化种植示范（黑龙江）基地	2001 年
7	国家中药现代化科技产业（湖北）基地	2001 年
8	国家中药材规范化种植示范（湖南）基地	2001 年
9	国家中药现代化科技产业（江苏）基地	2001 年
10	国家中药现代化科技产业（山东）基地	2001 年
11	国家中药现代化科技产业（云南）基地	2001 年
12	国家中药现代化科技产业（广东）基地	2003 年
13	国家中药现代化科技产业（广西）基地	2005 年
14	国家中药现代化科技产业（江西）基地	2005 年
15	国家中药现代化科技产业（陕西）基地	2005 年
16	国家中药现代化科技产业（天津）基地	2005 年
17	国家中药现代化科技产业（浙江）基地	2005 年
18	国家中药现代化科技产业（重庆）基地	2007 年
19	国家中药现代化科技产业（福建）基地	2007 年
20	国家中药现代化科技产业（内蒙古）基地	2007 年
21	国家中药现代化科技产业（甘肃）基地	2009 年
22	国家中药现代化科技产业（宁夏）基地	2009 年
23	国家中药现代化科技产业（山西）基地	2009 年
24	国家中药现代化科技产业（海南）基地	2010 年
25	国家中药现代化科技产业（安徽）基地	2011 年

注：按建立年份排序，年份相同按省份汉语拼音排序。

附录 5-9　人类遗传资源库目录

序号	依托单位	样本类型		样本量		所在地区
		实体样本	数据信息	实体样本 / 份	数据信息 /GB	
1	安徽医科大学	DNA、血清、单核淋巴细胞、液氮快速冻存组织、石蜡包埋组织	—	1.50×10^5	—	安徽省
2	北京大学	全血	—	2.00×10^3	—	北京市
3	北京大学第六医院	DNA、cDNA、全血、唾液、尿液、脑脊液	—	7.60×10^4	—	北京市
4	北京大学第三医院	血清、血浆、脐带血、胎盘组织、尿液、孕妇头发、新生儿头发	—	4.90×10^4	—	北京市
5	北京大学第一医院	DNA、全血、血浆	—	1.20×10^5	—	北京市
6	北京大学口腔医学院	全血、颌骨组织样本、病变组织样本	—	1.62×10^4	—	北京市
7	北京大学人民医院	DNA、cDNA、血清、尿液、粪便、蛋白	—	1.05×10^5	—	北京市
8	北京积水潭医院	全血、血清、血浆、细胞、软骨组织、骨组织、肌腱组织、韧带组织、各种衍生物	—	5.00×10^6	—	北京市
9	北京肿瘤医院	恶性肿瘤组织样本、恶性肿瘤液体样本	—	1.00×10^4	—	北京市
10	大连市第六人民医院	组织、血清、血浆、全血、核酸、蛋白质、细胞	—	1.50×10^5	—	辽宁省
11	大连医科大学附属第一医院	组织、血清、血浆、血凝块、白细胞、尿液、分泌物、骨髓、脑脊液	—	3.99×10^5	—	辽宁省
12	复旦大学	全血、唾液、尿液、粪便、脑脊液、头发、肿瘤组织块、癌旁组织块、肝穿刺组织块、肺穿刺组织块	—	5.70×10^6	—	上海市

续表

序号	依托单位	样本类型		样本量		所在地区
		实体样本	数据信息	实体样本 / 份	数据信息 /GB	
13	复旦大学附属儿科医院	RNAlater 保存组织、OCT 包埋组织、蜡块组织、全血、血浆、DNA、RNA	测序数据、芯片数据、临床病例信息和随访、知情同意等	1.95×10^5	4.02×10^5	上海市
14	复旦大学附属华山医院	血浆、脑脊液、唾液、尿液、粪便、血清、血细胞、中枢神经系统疾病组织	数据信息	8.50×10^5	2.44×10^4	上海市
15	复旦大学附属肿瘤医院	外周血、DNA、肿瘤组织、正常组织、组织芯片、淋巴瘤样本、胸水、腹水、尿液、临床资料、实验结果、人源性肿瘤异种移植瘤	—	3.94×10^5	—	上海市
16	复旦大学泰州健康科学研究院	血浆、血清、白细胞、红细胞、血细胞、血凝块、非抗凝血样、抗凝血样、癌组织样本、癌旁组织样本、正常组织样本、唾液、尿液、粪便、龈沟液、牙菌斑、脑发、指甲、DNA、RNA	—	1.39×10^6	—	上海市
17	广东省肺癌研究所	血浆、血清、有核细胞、尿液、组织蜡块、胸腹水、脑脊液、骨髓、组织样本	—	9.95×10^5	—	广东省
18	广东省人民医院	正常组织、肿瘤组织、癌旁组织、血浆、血清、有核细胞、白细胞、尿液、正常组织蜡块、肿瘤组织蜡块、胸腹水、骨髓、脑脊液	—	1.06×10^6	—	广东省

续表

序号	依托单位	样本类型		样本量		所在地区
		实体样本	数据信息	实体样本 / 份	数据信息 /GB	
19	广东省心血管病研究所	血清、血浆、白细胞、尿液、组织	—	1.15×10^6	—	广东省
20	广西医科大学附属肿瘤医院	肿瘤组织、癌旁组织、切缘远端非癌组织、石蜡组织、血液淋巴细胞、血清、血浆	—	2.35×10^5	—	广西壮族自治区
21	国家心血管病中心	白细胞、血浆、血细胞、红细胞、RNA 血、血清、唾液、尿液	—	1.71×10^4	—	北京市
22	哈尔滨工业大学	外周血	组学数据	1.00×10^5	1.00×10^8	黑龙江省
23	河北省计划生育科学技术研究院	DNA、血清、全血、膜样组织、血管样组织	—	9.50×10^4	—	河北省
24	河南省华隆生物技术有限公司	脐带间充质干细胞、脐血干细胞、胎盘多能干细胞、子宫内膜干细胞、脂肪干细胞	—	5.40×10^4	—	河南省
25	济宁医学院	DNA、血浆、血清、尿液、石蜡包埋组织、冰冻组织、RNAlater 保存组织、胎儿足底血血片	—	1.83×10^5	—	山东省
26	兰州大学第一医院	血清、血浆、白细胞、液氮快速冻存组织	—	1.50×10^5	—	甘肃省
27	南昌大学第二附属医院	DNA、RNA、血清、血浆、白细胞、尿液、液氮快速冻存组织、RNAlater 保存组织、石蜡包埋组织、脑脊液、囊液、腹腔灌洗液	数据信息	5.00×10^5	2441.00	江西省

续表

序号	依托单位	样本类型		样本量		所在地区
		实体样本	数据信息	实体样本 / 份	数据信息 /GB	
28	南方医科大学珠江医院	DNA、RNA、血清、血浆、全血、白细胞、尿液、脑脊液、腹水、病理切片、血凝块、胸水	病理诊断、血液检测、心电图、CT 等	3.90×10^5	488.28	广东省
29	南京大学医学院附属鼓楼医院	血浆、血清、白细胞、血凝块、组织样本、石蜡组织	病例信息	1.60×10^5	1953.00	江苏省
30	南京医科大学第一附属医院	DNA、RNA、全血、血清、血浆、血凝块、血细胞、组织、石蜡标本、尿液	基本信息、疾病相关资料、心电图、CT 图、病理报告	9.57×10^5	9765.00	江苏省
31	宁波市第二医院	全血、肿瘤组织	—	7.35×10^4	—	浙江省
32	宁夏医科大学总医院	脐带血、血清、血浆、红细胞、白细胞、淋巴细胞、尿液、胰液、胆汁、胃液肠液、骨髓、脑脊液、重组脱氧核糖核酸（DNA）构建体、皮肤组织、骨、脑组织、硬脑膜、眼球、肺组织、心脏、胃、肠道组织、肝脏、胰腺、肾脏、膀胱组织、精子、卵巢、卵母细胞、胚胎、子宫、胎盘组织、乳腺组织、淋巴结组织、肌腱、半月板、韧带、神经、血管、瓣膜、羊膜、遗体	—	2.49×10^4	—	宁夏回族自治区
33	山东大学齐鲁医院	肿瘤组织、正常组织、全血、血清、血浆、白细胞	—	1.30×10^5	—	山东省
34	上海交通大学	全血、DNA、恶性肿瘤组织及癌旁组织	—	1.00×10^6	—	上海市
35	上海交通大学医学院附属仁济医院	组织样本、血浆、血清、血细胞、血凝块、白细胞、DNA、尿液、脑脊液	临床数据	1.30×10^6	117.19	上海市

续表

序号	依托单位	样本类型		样本量		所在地区
		实体样本	数据信息	实体样本 / 份	数据信息 /GB	
36	上海市第六人民医院	血清、尿液、DNA、液氮快速冻存组织	—	8.40×10^5	—	上海市
37	上海市东方医院	DNA、RNA、全血、血清、血浆、白细胞、尿液、粪便、唾液、头发、脑脊液、囊液、腹腔液、液氮快速冷冻组织、RNAlater 保存组织、石蜡包埋组织、细胞	—	7.96×10^5	—	上海市
38	上海市公共卫生临床中心	血清、全血、血浆、血块、尿液、腹水、胸水、组织、细胞、粪便	基本信息、血常规、生化、凝血、免疫功能、临床诊断、影像数据、随访信息和核酸序列数据等	4.00×10^5	3.91×10^4	上海市
39	上海医药临床研究中心	血液、尿液、冰冻—石蜡—癌旁组织、核酸	—	1.41×10^6	—	上海市
40	沈阳军区总医院	组织、血清、血浆、全血	—	4.00×10^4	—	辽宁省
41	首都医科大学附属北京安定医院	DNA、RNA、全血、血细胞	—	2.30×10^4	—	北京市
42	首都医科大学附属北京安贞医院	血浆	—	7.50×10^4	—	北京市
43	首都医科大学附属北京地坛医院	DNA、RNA、血浆、血清、全血、PBMC、肝组织、咽拭子、脑脊液、尿液	—	1.00×10^5	—	北京市

续表

序号	依托单位	样本类型		样本量		所在地区
		实体样本	数据信息	实体样本 / 份	数据信息 /GB	
44	首都医科大学附属北京儿童医院	DNA、RNA、全血、血浆、血清、血细胞、骨髓血、骨髓单个核细胞、肿瘤组织、鼻咽分泌物、淋巴结、脑脊液、灌洗液、尿液、痰	—	5.00×10^5	—	北京市
45	首都医科大学附属北京妇产医院	血液、组织样本	—	1.00×10^5	—	北京市
46	首都医科大学附属北京天坛医院	血清、血浆、白细胞（衍生为核酸）	数据信息	9.00×10^4	1.17×10^4	北京市
47	首都医科大学附属北京胸科医院	核酸、血液、痰、尿液、人体病理腔室积液、人体病理组织、人体细胞	—	1.06×10^5	—	北京市
48	首都医科大学宣武医院	DNA、RNA、血清、血浆、全血、脑脊液、组织样本、组织切片	—	3.10×10^5	—	北京市
49	首都医科大学附属北京友谊医院	冻存组织、石蜡组织、石蜡切片、冰冻切片、RNALater 保存组织、脑脊液、鼻咽分泌物、胆汁、胃液、痰液、泪液、尿液、粪便、全血、血浆、血清、血凝块、血细胞、PBMC、DNA、蛋白质、灌洗液、唾液、房水、组织细胞、RNA、毛发、保存液冻存组织	数据信息	1.00×10^6	1980.00	北京市
50	首都医科大学附属北京佑安医院	血浆、外周血单个核细胞、全血	—	5.62×10^6	—	北京市

续表

序号	依托单位	样本类型		样本量		所在地区
		实体样本	数据信息	实体样本 / 份	数据信息 /GB	
51	四川大学华西医院	肿瘤手术组织、外周血白细胞、血浆	—	3.90×10^{6}	—	四川省
52	泰达国际心血管病医院	全血、液氮快速冻存组织	生物样本相关的临床、病理、治疗等资料	2.00×10^{4}	0.20	天津市
53	天津市第一中心医院	DNA、RNA、血浆、血清、血沉棕黄层、尿液、肝组织	患者基本信息、疾病类型、病理诊断、采集人、记录人、备注及该样本照片	2.95×10^{5}	1170.00	天津市
54	天津医科大学肿瘤医院	血浆、尿液、白细胞、组织、蜡块	—	5.86×10^{5}	—	天津市
55	同济大学附属第一妇婴保健院	血清、血浆、白细胞、血凝块、组织、DNA、羊水	病例资料、病理资料、检验结果、影像学资料、治疗资料、随访资料等有关数据信息	7.60×10^{5}	1953.00	上海市
56	武汉大学中南医院	DNA、RNA、血清、血浆、白细胞、全血、液氮快速冻存组织、RNAlater 保存组织、尿液、胸水、腹水、脑脊液、唾液、其他分泌物、粪便	—	2.10×10^{6}	—	湖北省
57	武汉市妇女儿童医疗保健中心	DNA、RNA、血清、血浆、血细胞、全血、骨髓、骨髓单个核细胞、肿瘤组织、鼻咽分泌物、脑脊液、粪便、尿液、羊水、胎盘、流产组织	—	2.00×10^{5}	—	湖北省

续表

序号	依托单位	样本类型		样本量		所在地区
		实体样本	数据信息	实体样本 / 份	数据信息 /GB	
58	西南医科大学	肿瘤组织、癌旁组织、肿瘤远端组织、血浆、血细胞 DNA、尿液、肾穿组织	—	1.24×10^7	—	四川省
59	新疆医科大学附属肿瘤医院	血清、血浆、血细胞、肿瘤组织	—	6.66×10^4	—	新疆维吾尔自治区
60	浙江省台州医院	血清、血浆、全血、冷冻组织、石蜡组织、口腔颊黏膜样本、滤纸血、指甲、头发、股骨头	—	1.33×10^4	—	浙江省
61	浙江省肿瘤医院	DNA、RNA、血清、血浆、白膜层细胞、尿液、胸水、腹水、尿液、白细胞层、蛋白质、冷冻包埋组织、液氮快速冻存组织、RNAlater 保存组织、石蜡包埋组织	病理诊断、血液检测、心电图、CT 等	4.71×10^6	595.70	浙江省
62	中国科学院北京基因组研究所	血浆、白细胞、红细胞、尿液	—	6.40×10^4	—	北京市
63	中国科学院昆明动物研究所	DNA、血液、组织样本	—	1.00×10^6	—	云南省
64	中国人民解放军总医院第五医学中心	DNA、RNA、血浆、血清、全血、PBMC、肝组织、咽拭子、脑脊液、尿液	—	4.00×10^5	—	北京市
65	中国人民解放军军事医学科学院附属医院	DNA、血浆、血清、白细胞、组织、单个核细胞、尿液、红细胞、淋巴细胞、脑脊液、脑液、鼻腔分泌物	—	1.83×10^5	—	北京市

续表

序号	依托单位	样本类型		样本量		所在地区
		实体样本	数据信息	实体样本 / 份	数据信息 /GB	
66	中国人民解放军南京军区南京总医院	DNA、RNA、血清、血浆、白膜层细胞、尿液上清、尿液沉淀、尿液、石蜡包埋组织、液氮快速冻存组织、树脂包埋组织	—	4.95×10^5	—	江苏省
67	中国人民解放军总医院	DNA、RNA、血浆、白细胞、尿液、唾液、头发、脑脊液、囊液、腹腔灌洗液、液氮快速冻存组织、胆液、粪便、细胞、石蜡包埋组织、RNAlater 保存组织	病历资料、影像学资料、实验室检查、随访资料、核酸序列信息等	8.10×10^6	2.44×10^4	北京市
68	中国医学科学院北京协和医院	DNA、RNA、血清、血浆、红细胞、白细胞层、新鲜冻存组织、石蜡包埋组织、全血、石蜡组织切片、尿液、病原菌株	—	8.17×10^5	—	北京市
69	中国医学科学院血液病医院（血液学研究所）	全血、血浆、血细胞	—	1.14×10^5	—	天津市
70	中国医学科学院医学生物学研究所	高山族人全血、门巴族人全血、珞巴族人全血、保安族人全血、俄罗斯族人全血、塔塔尔族人全血、乌兹别克人全血、毛南族人全血、西族人全血、拉祜族人全血、汉族人全血、傣族等民族支系人全血	—	350	—	云南省
71	中国医学科学院肿瘤医院	全血、组织样本、血浆、外周血白细胞、组织蜡块	—	1.69×10^5	—	北京市

续表

序号	依托单位	样本类型		样本量		所在地区
		实体样本	数据信息	实体样本 / 份	数据信息 /GB	
72	中南大学	DNA、RNA、cDNA、新鲜冻存组织样本、汗液、保存液固定组织标本、切片样本、石蜡保存样本、粪便、血清、血浆、尿液、脑脊液、房水、泪液、唾液、胸水、腹水、羊水、鞘膜积液、浆液、腹腔灌洗液、精液	心电图	5.41×10^{6}	3.17×10^{4}	湖南省
73	中南大学湘雅三医院	全血	—	1.00×10^{4}	—	湖南省
74	中山大学附属第六医院	血清、组织、血浆、全血、血凝块	—	3.00×10^{5}	—	广东省
75	中山大学附属第三医院	血清、血浆、白膜层、PBMC、血凝块、冰冻组织、石蜡切片、尿液、脑脊液、腹水、胸水、核酸	—	1.50×10^{5}	—	广东省
76	中山大学肿瘤防治中心	血浆、血清、白细胞、组织	—	4.03×10^{5}	—	广东省

注：按照依托单位汉语拼音排序。

附录 5–10　微生物菌种保藏量居前 10 位的机构目录

序号	名称	依托单位	库藏资源总量 / 株	保藏资源全国占比 /%
1	中国普通微生物菌种保藏管理中心	中国科学院微生物研究所	55 714	11.14
2	中国药学微生物菌种保藏管理中心	中国医学科学院医药生物技术研究所	45 000	9.00
3	中国典型培养物保藏中心	武汉大学	38 627	7.73
4	中国海洋微生物菌种保藏管理中心	国家海洋局第三海洋研究所	19 381	3.88
5	中国林业微生物菌种保藏管理中心	中国林科院森林生态环境与保护研究所	17 129	3.43
6	中国农业微生物菌种保藏管理中心	中国农业科学院农业资源与农业区划研究所	16 872	3.37
7	中国工业微生物菌种保藏管理中心	中国食品发酵工业研究院	11 594	2.32
8	中国医学细菌保藏管理中心	中国食品药品检定研究院	10 511	2.10
9	广东省微生物菌种保藏中心	广东省微生物研究所	9833	1.96
10	中国兽医微生物菌种保藏管理中心	中国兽医药品检查所	8102	1.62

注：引自《中国生物种质与实验材料资源发展报告（2016）》。

附录 6　美国代表性生物技术基地平台目录

附录 6–1　国家实验室目录

序号	基地平台类型	英文名称	中文名称	隶属单位 / 所在地区
1	国家实验室	Lawrence Berkeley National Laboratory	劳伦斯伯克利国家实验室	美国能源部
2	国家实验室	Oak Ridge National Laboratory	橡树岭国家实验室	美国能源部
3	国家实验室	Los Alamos National Laboratory	洛斯阿拉莫斯国家实验室	美国能源部
4	国家实验室	Pacific Northwest National Laboratory	西北太平洋国家实验室	美国能源部
5	国家实验室	Lawrence Livermore National Laboratory	劳伦斯利弗莫尔国家实验室	美国能源部
6	国家实验室	US Naval Research Laboratory	美国海军研究实验室	美国海军研究所
7	国家实验室	US Air Force Research Laboratory	美国空军研究实验室	美国空军装备司令部
8	国家实验室	US Army Research Laboratory	美国陆军研究实验室	美国陆军作战能力发展司令部
9	国家实验室	Ames National Laboratory	艾姆斯国家实验室	美国能源部
10	国家实验室	National Energy Technology Laboratory	美国国家能源技术实验室	美国能源部
11	国家实验室	Radiological & Environmental Sciences Laboratory	放射与环境科学实验室	美国能源部
12	国家实验室	National Renewable Energy Laboratory	国家可再生能源实验室	美国能源部
13	国家实验室	Savannah River National Laboratory	萨凡纳河国家实验室	美国能源部
14	国家实验室	Idaho National Laboratory	爱达荷国家实验室	美国能源部
15	国家实验室	Argonne National Laboratory	阿贡国家实验室	美国能源部
16	国家实验室	Brookhaven National Laboratory	布鲁克海文国家实验室	美国能源部
17	国家实验室	National Laboratory for Agriculture and the Environment	国家农业环境实验室	美国农业部
18	国家实验室	National Sedimentation Laboratory	国家沉淀实验室	美国农业部

附录 6-2　产业集群目录

序号	基地平台类型	英文名称	中文名称	隶属单位 / 所在地区
1	产业集群	Boston Biotech Cluster	波士顿生物技术产业集群	马萨诸塞州
2	产业集群	San Francisco Biotech Cluster - Bay Area	旧金山湾区生物技术产业集群	加利福尼亚州
3	产业集群	New York City Biotech Cluster	纽约生物技术产业集群	纽约州 / 新泽西州
4	产业集群	San Diego Biotech Cluster	圣地亚哥生物技术产业集群	加利福尼亚州
5	产业集群	Maryland / Virginia / Washington DC Metro Biotech Cluster	马里兰 / 弗吉尼亚 / 华盛顿哥伦比亚特区生物技术产业集群	马里兰州 / 弗吉尼亚州 / 华盛顿哥伦比亚特区
6	产业集群	Philadelphia Biotech Cluster	费城生物技术产业集群	宾夕法尼亚州
7	产业集群	Seattle Biotech Cluster	西雅图生物技术产业集群	华盛顿州
8	产业集群	New Jersey Biotech Cluster	新泽西州生物技术产业集群	新泽西州
9	产业集群	Los Angeles / Orange County Biotech Cluster	洛杉矶 / 橙县生物技术产业集群	加利福尼亚州
10	产业集群	Chicago Biotech Cluster	芝加哥生物技术产业集群	伊利诺伊州
11	产业集群	Stanford Research Park	斯坦福研究园	加利福尼亚州
12	产业集群	Research Triangle Park	三角研究园	北卡罗来纳州
13	产业集群	Virginia Biotech Research Park	弗吉尼亚州生物技术研究园	弗吉尼亚州
14	产业集群	Massachusetts Biotech Research Park	马萨诸塞州生物技术研究园	马萨诸塞州
16	产业集群	Maryland Biotech Research Park	马里兰州生物技术研究园	马里兰州

附录 6–3　资源共享平台目录

序号	基地平台类型	英文名称	中文名称	隶属单位 / 所在地区
1	资源共享平台	National Germplasm Resources Laboratory-Germplasm Resources Information Network	美国国家种质资源实验室—种质资源信息网络	美国农业部
2	资源共享平台	National Center for Genome Resources	国家基因组资源中心	—
3	资源共享平台	Protein Data Bank	蛋白质数据库	世界蛋白质数据库组织
4	资源共享平台	Arctic and Subarctic Plant Genetic Resources Unit	北极和亚北极植物遗传库	美国农业部
5	资源共享平台	Tomato Genetics Resource Center	番茄遗传资源中心	美国农业部
6	资源共享平台	Desert Legume Program	沙漠豆类计划	美国农业部
7	资源共享平台	Genetic Stocks - Oryza Collection	基因库—水稻系列	美国农业部
8	资源共享平台	Maize Genetics Cooperation - Stock Center	玉米遗传合作股份中心	美国农业部
9	资源共享平台	G.A. Marx Pea Genetic Stock Center	G.A. Marx 豌豆遗传资源中心	美国农业部
10	资源共享平台	National Arid Land Plant Genetic Resources Unit	国家旱地植物遗传资源库	美国农业部
11	资源共享平台	National Clonal Germplasm Repository	国家克隆种质资源库	美国农业部
12	资源共享平台	National Clonal Germplasm Repository for Citrus and Dates	国家柑橘和枣克隆种质资源库	美国农业部
13	资源共享平台	National Clonal Germplasm Repository for Tree Fruit/Nut Crops and Grapes	国家树种 / 坚果作物和葡萄克隆种质资源库	美国农业部
14	资源共享平台	National Germplasm Resources Laboratory	美国国家种质资源实验室	美国农业部
15	资源共享平台	National Center for Genetic Resources Preservation	国家遗传资源保护中心	美国农业部
16	资源共享平台	National Small Grains Collection including Barley and Wheat Genetic Stocks	国家小粒粮食收集资源库	美国农业部
17	资源共享平台	National Temperate Forage Legume Genetic Resources Unit	国家温带牧草豆类遗传资源库	美国农业部
18	资源共享平台	North Central Regional Plant Introduction Station	中北地区植物引种站	美国农业部

续表

序号	基地平台类型	英文名称	中文名称	隶属单位 / 所在地区
19	资源共享平台	Ornamental Plant Germplasm Center	观赏植物种质中心	美国农业部
20	资源共享平台	Pecan Breeding & Genetics	山核桃育种与遗传学种质库	美国农业部
21	资源共享平台	Plant Genetic Resources Conservation Unit	植物遗传资源保护单位	美国农业部
22	资源共享平台	Plant Genetic Resources Unit	植物遗传资源单位	美国农业部
23	资源共享平台	Soybean/Maize Germplasm,Pathology, and Genetics Research Unit	大豆 / 玉米种质、病理学和遗传学研究单位	美国农业部
24	资源共享平台	Subtropical Horticulture Research Station	亚热带园艺研究站	美国农业部
25	资源共享平台	Tropical Agriculture Reseach Station	热带农业研究站	美国农业部
26	资源共享平台	Tropical Plant Genetic Resource Management Unit	热带植物遗传资源管理单位	美国农业部
27	资源共享平台	United States Potato Genebank - NRSP-6	美国 NRSP-6 马铃薯基因库	美国农业部
28	资源共享平台	Western Regional Plant Introduction Station	西部地区植物引种站	美国农业部
29	资源共享平台	Woody Landscape Plant Germplasm Repository	木本景观植物种质资源库	美国农业部
30	资源共享平台	National Clonal Germplasm Repository for Citrus	柑橘国家克隆种质资源库	美国农业部
31	资源共享平台	USDA-Plant Gene Expression Center	农业部植物基因表达中心	美国农业部
32	资源共享平台	UB New York State Center of Excellence in Bioinformatics & Life Sciences	布法罗大学纽约州立生物信息学和生命科学卓越中心	美国农业部
33	资源共享平台	National Center for Biotechnology Information	美国国家生物技术信息中心	美国国家医学图书馆
34	资源共享平台	National Agricultural Library	国家农业图书馆	美国农业部
35	资源共享平台	National Library of Medicine	国家医学图书馆	美国国立卫生研究院
36	资源共享平台	Structural Biology Core Facility	结构生物学核心设施平台	布朗大学
37	资源共享平台	NSF/EPSCoR Proteomics Shared Resource Facility	NSF/EPSCoR 蛋白质组学共享仪器设施	布朗大学

续表

序号	基地平台类型	英文名称	中文名称	隶属单位 / 所在地区
38	资源共享平台	Cell / Molecular Biology Resource Facility	细胞 / 分子生物学资源设施	斯坦福大学
39	资源共享平台	Chemistry Resource Facility	化学资源设施	斯坦福大学
40	资源共享平台	Arnold Arboretum of Harvard University: Weld Hill Growth Facilities	哈佛大学阿诺德植物园：威尔德山培育设施	哈佛大学阿诺德植物园
41	资源共享平台	McLean Hospital Animal Care Facility	麦克莱恩医院动物护理设施	哈佛大学
42	资源共享平台	Non-Coding RNA Core Facility	非编码 RNA 核心设施平台	哈佛大学和贝斯以色列女执事医疗中心
43	资源共享平台	PCPGM Bioinformatics Core Facility	PCPGM 生物信息学核心设施平台	哈佛大学
44	资源共享平台	Cell Manipulation Core Facility	细胞操作核心设施平台	哈佛大学
45	资源共享平台	Harvard Stem Cell Institute iPS Core Facility	哈佛干细胞研究所 iPS 核心设施平台	哈佛大学
46	资源共享平台	CBS Electron Microscopy Core Facility	CBS 电子显微镜核心设施平台	哈佛大学
47	资源共享平台	Forsyth Mineralized Tissue Analysis Core Facility	Forsyth 矿化组织分析核心设施平台	哈佛大学
48	资源共享平台	McLean Hospital Microscopy Core Facility	麦克莱恩医院显微镜核心设施平台	哈佛大学
49	资源共享平台	Center for Brain Science - Neuroengineering Core Facility	脑科学 – 神经工程中心核心设施平台	哈佛大学
50	资源共享平台	Human Sample Procurement Core Facility	人类样本采购核心设施平台	哈佛大学
51	资源共享平台	Survey and Data Management Core Facility	调查和数据管理核心设施平台	哈佛大学
52	资源共享平台	Molecular Biology Core Facilities	分子生物学核心设施平台	达纳 – 法伯癌症研究所
53	资源共享平台	Molecular Genetics Core Facility	分子遗传学核心设施平台	波士顿儿童医院
54	资源共享平台	Molecular Biology Core Facilities	分子生物学核心设施平台	达纳 – 法伯癌症研究所
55	资源共享平台	CBS Neuroimaging Core Facility	CBS 神经影像核心设施平台	哈佛大学

续表

序号	基地平台类型	英文名称	中文名称	隶属单位 / 所在地区
56	资源共享平台	Computed Tomography Core Imaging Facilities	计算机断层扫描核心成像设施平台	波士顿儿童医院
57	资源共享平台	High Resolution Peripheral Quantitative Computed Tomography Core Facility	高分辨率外周定量计算机断层扫描核心设施平台	麻省总医院
58	资源共享平台	Longwood Small Animal Imaging Core Facility	Longwood 小动物成像核心设施平台	哈佛大学
59	资源共享平台	Martinos Center for Biomedical Imaging Core Facility	Martinos 生物医学成像核心设施中心	哈佛大学
60	资源共享平台	Molecular Cancer Imaging Facility	分子癌成像设施平台	达纳 – 法伯癌症研究所
61	资源共享平台	Preclinical MRI Core Facility	临床前 MRI 核心设施平台	贝斯以色列女执事医疗中心
62	资源共享平台	Tumor Imaging Metrics Core Facility	肿瘤影像度量核心设施平台	贝斯以色列女执事医疗中心、波士顿儿童医院、布里格姆和妇女医院、达纳 – 法伯癌症研究所、达纳 – 法伯 / 哈佛癌症中心和马萨诸塞州总医院
63	资源共享平台	HSCI-CRM Flow Cytometry Core Facility	哈佛干细胞研究所 CRM 流式细胞仪核心设施平台	哈佛大学
64	资源共享平台	Induced Pluripotent Stem Cell Core	诱导多能干细胞核心设施平台	哈佛大学
65	资源共享平台	Vector Development and Production Core Facility	矢量研发和生产研发核心设施平台	麻省总医院
66	资源共享平台	Genetically Modified NOD Mouse Core Facility	转基因 NOD 小鼠核心设施平台	哈佛大学
67	资源共享平台	Transgenic Core Facility	转基因核心设施平台	贝斯以色列女执事医疗中心
68	资源共享平台	Microarray Core Facility	微阵列核心设施平台	达纳 – 法伯癌症研究所
69	资源共享平台	Tissue Microarray and Imaging Core Facility	组织微阵列和成像核心设施平台	达纳 – 法伯癌症研究所和布莱根妇女医院

续表

序号	基地平台类型	英文名称	中文名称	隶属单位 / 所在地区
70	资源共享平台	DFCI Flow Cytometry Core Facility	达纳－法伯流式细胞仪核心设施平台	达纳－法伯癌症研究所
71	资源共享平台	Forsyth Flow Cytometry Core Facility	福塞斯研究院流式细胞仪核心设施平台	福塞斯研究院
72	资源共享平台	Schepens Eye Research Institute Flow Cytometry Core Facility	斯格本斯眼科研究院流式细胞仪核心设施平台	哈佛大学
73	资源共享平台	MGH Pathology: Flow, Image and Mass Cytometry Cores	MGH 病理学：流动、图像和质量细胞计数核心设施平台	麻省总医院
74	资源共享平台	Advanced Science Research Center	高级科学研究中心	纽约州立大学
75	资源共享平台	New York Structural Biology Center	纽约结构生物中心	洛克菲勒大学在内的九家学术研究机构
76	资源共享平台	Humanized Mouse Core Facility	人源化小鼠核心设施平台	哥伦比亚大学
77	资源共享平台	Radiation Research Core Facility	辐射研究核心设施平台	哥伦比亚大学
78	资源共享平台	Microbiome Core Facility	微生物核心设施平台	哥伦比亚大学
79	资源共享平台	Herbert Irving Comprehensive Cancer Center Proteomics Shared Resource	赫伯特欧文综合癌症中心蛋白质组学共享资源	哥伦比亚大学
80	资源共享平台	Confocal and Specialized Microscopy Shared Resource	共聚焦显微镜和专用显微镜共享资源	哥伦比亚大学
81	资源共享平台	Columbus Center	哥伦布中心	马里兰大学
82	资源共享平台	Biophysics Core Facility	生物物理核心设施平台	普林斯顿大学
83	资源共享平台	Confocal Microscopy Core Facility	共聚焦显微镜核心设施平台	普林斯顿大学
84	资源共享平台	Drosophila Media Core Facility	果蝇媒体核心设施平台	普林斯顿大学
85	资源共享平台	Electron Microscopy Core Facility	电子显微镜核心设施平台	普林斯顿大学

续表

序号	基地平台类型	英文名称	中文名称	隶属单位 / 所在地区
86	资源共享平台	Flow Cytometry Resource Facility	流式细胞仪核心设施平台	普林斯顿大学
87	资源共享平台	Histology Core Facility	组织学核心设施平台	普林斯顿大学
88	资源共享平台	Imaging Core Facility	成像核心设施平台	普林斯顿大学
89	资源共享平台	Macromolecular Crystallography Core Facility	大分子晶体学核心设施平台	普林斯顿大学
90	资源共享平台	Genomics Core Facility	基因组学核心设施平台	普林斯顿大学
91	资源共享平台	Animal Imaging and Pre-Clinical Testing Core Facility	动物成像和临床前测试核心设施平台	麻省理工学院
92	资源共享平台	Functional Genomics Platform	功能基因组学平台	麻省理工学院
93	资源共享平台	Genetically Engineered Models Core Facility	基因工程模型核心设施平台	麻省理工学院
94	资源共享平台	Genome Technology Core	基因组技术仪器平台	麻省理工学院
95	资源共享平台	Genomics: High Throughput Sciences Core Facility	基因组学：高通量科学核心设施平台	麻省理工学院
96	资源共享平台	Hope Babette Tang (1983) Histology Facility	Hope Babette Tang（1983）组织学设施平台	麻省理工学院
97	资源共享平台	iPS Core Facility	诱导性多能干细胞核心设施平台	麻省理工学院
98	资源共享平台	Martinos Imaging Center	Martinos 成像中心	麻省理工学院
99	资源共享平台	Metabolite Profiling Core Facility	代谢物分析核心设施平台	麻省理工学院
100	资源共享平台	Microscopy Core Facility	显微镜核心设施平台	麻省理工学院
101	资源共享平台	Peterson (1957) Nanotechnology Materials Core Facility	彼得森（1957）纳米技术材料核心设施平台	麻省理工学院
102	资源共享平台	Proteomics Core Facility	蛋白质组学核心设施平台	麻省理工学院
103	资源共享平台	Structural Biology Core Facility	结构生物学核心设施平台	麻省理工学院

续表

序号	基地平台类型	英文名称	中文名称	隶属单位 / 所在地区
104	资源共享平台	W.M. Keck Microscopy Facility	W.M. Keck 显微镜设施平台	麻省理工学院
105	资源共享平台	Zebrafish Core Facility	斑马鱼核心设施平台	麻省理工学院
106	资源共享平台	Genomics and Molecular Biology Shared Resources	基因组学和分子生物学共享资源平台	达特茅斯学院
107	资源共享平台	Multiphoton Research Core Facility	多光子研究核心设施平台	罗彻斯特大学
108	资源共享平台	Rochester Genomics Center	罗彻斯特基因组学中心	罗彻斯特大学
109	资源共享平台	Rochester Human Immunology Center	罗彻斯特人类免疫学中心	罗彻斯特大学
110	资源共享平台	Structural Biology Shared Resource	结构生物学共享资源平台	科罗拉多大学
111	资源共享平台	Shared Instrumentation Network	共享仪器网络	科罗拉多大学波德分校
112	资源共享平台	Central Analytical Laboratory and Mass Spectrometry Core Facility	中央分析实验室和质谱核心设施平台	科罗拉多大学波德分校
113	资源共享平台	NCF Nanomaterials Characterization Facility	科罗拉多大学纳米材料表征仪器共享平台	科罗拉多大学波德分校
114	资源共享平台	Boulder EM Services Core Facility	博尔德 EM 服务核心设施平台	科罗拉多大学波德分校
115	资源共享平台	High-Throughput Screening Core Facility	高吞吐量筛选核心设施平台	科罗拉多大学波德分校
116	资源共享平台	Flow Cytometry Facility	流式细胞仪共享中心	科罗拉多大学波德分校
117	资源共享平台	Department of Biological Sciences Core Microscopy Facility	生物科学系显微镜核心设施平台	特拉华大学
118	资源共享平台	Proteomics and Mass Spectrometry Core Facility	蛋白质组学和质谱核心设施平台	特拉华大学
119	资源共享平台	Flow Cytometry/FACS Core Facility	流式细胞仪核心设施平台	特拉华大学
120	资源共享平台	Center for Bioinformatics and Computational Biology Core Facility	生物信息学与计算生物学中心核心设施平台	特拉华大学

续表

序号	基地平台类型	英文名称	中文名称	隶属单位 / 所在地区
121	资源共享平台	Animal Facility	动物仪器	特拉华大学
122	资源共享平台	Integrated Light Microscopy Core Facility	集成光学显微镜核心设施平台	芝加哥大学
123	资源共享平台	Proteomics Core Facility	蛋白质组学核心设施平台	芝加哥大学
124	资源共享平台	Pharmacology Core Facility	药理学核心设施平台	芝加哥大学
125	资源共享平台	Human Tissue Resource Center	人体组织资源中心	芝加哥大学
126	资源共享平台	Cytometry Antibody Technology Facility	流式细胞仪抗体技术设施平台	芝加哥大学
127	资源共享平台	Integrated Light Microscopy Core Facility	集成光学显微镜设施平台	芝加哥大学
128	资源共享平台	Genomics Facility	基因组学设施平台	芝加哥大学
129	资源共享平台	Gnotobiotic Research Animal Facility	限菌动物研究设施平台	芝加哥大学
130	资源共享平台	Imaging, Computing, and Repository Core	成像、计算和存储核心平台	芝加哥大学
131	资源共享平台	Optical Biology Core Facility	光学生物学核心设施平台	加州大学

附录 7　日本代表性生物技术基地平台目录

附录 7–1　国立科研机构目录

序号	基地平台类型	英文名称	中文名称	隶属单位 / 所在地区
1	国立科研机构	National Research Institute of Brewing	国立酒类综合研究所	财务省
2	国立科研机构	National Institute of Advanced Industrial Science and Technology	国立产业技术综合研究所	经济产业省
3	国立科研机构	New Energy and Industrial Technology Development Organization	新能源及产业技术综合开发机构	经济产业省
4	国立科研机构	Agriculture & Livestock Industries Corporation	农畜产业振兴机构	农林水产省
5	国立科研机构	National Agriculture and Food Research Organization	国立农业和食品研究机构	农林水产省
6	国立科研机构	Food and Agricultural Materials Inspection Center	农林水产消费安全技术中心	农林水产省
7	国立科研机构	Forest Research and Management Organization	森林研究与管理机构	农林水产省
8	国立科研机构	Hokkaido National Fisheries Research Institute	北海道区水产研究所	农林水产省水产研究教育机构
9	国立科研机构	Institute for Agro-Environmental Sciences	农业环境技术研究所	农林水产省
10	国立科研机构	National Livestock Breeding Center	国立畜牧养殖中心	农林水产省
11	国立科研机构	National Research Institute of Aquaculture	国立水产养殖研究所	农林水产省水产研究教育机构
12	国立科研机构	National Research Institute of Far Seas Fisheries	国立远洋水产研究所	农林水产省水产研究教育机构
13	国立科研机构	National Research Institute of Fisheries and Environment of Inland Sea	濑户内海区水产研究所	农林水产省水产研究教育机构

续表

序号	基地平台类型	英文名称	中文名称	隶属单位 / 所在地区
14	国立科研机构	National Research Institute of Fisheries Science	国立水产研究所	农林水产省水产研究教育机构
15	国立科研机构	Seikai National Fisheries Research Institute	西海区水产研究所	农林水产省水产研究教育机构
16	国立科研机构	Tohoku National Fisheries Research Institute	东北区水产研究所	农林水产省水产研究教育机构
17	国立科研机构	Japan Fisheries Research and Education Agency	日本水产研究和教育机构	农林水产省
18	国立科研机构	Japan Science and Technology Agency	科学技术振兴机构	文部科学省
19	国立科研机构	Institute of Materials Structure Science	物质构造科学研究所	文部科学省高能加速器研究机构
20	国立科研机构	The Institute of Physical and Chemical Research	理化学研究所	文部科学省
21	国立科研机构	National Institute for Materials Science	日本国立材料研究所	文部科学省
22	国立科研机构	National Institute for Basic Biology	国立基础生物学研究所	文部科学省国立自然科学研究机构
23	国立科研机构	National Institute of Biomedical Innovation,Health and Nutrition	日本国立基础医学、健康、营养研究所	厚生劳动省
24	国立科研机构	National Institute for Biomedical Innovation	国立基础医药研究所	日本国立基础医学、健康、营养研究所
25	国立科研机构	National Institute Health and Nutrition	国立健康营养研究所	日本国立基础医学、健康、营养研究所
26	国立科研机构	National Institute for Environmental Studies	日本国立环境研究所	厚生劳动省
27	国立科研机构	National Institute for Physiological Sciences	国立生理学研究所	文部科学省
28	国立科研机构	National Institute of Genetics	国立遗传学研究所	文部科学省

续表

序号	基地平台类型	英文名称	中文名称	隶属单位 / 所在地区
29	国立科研机构	National Institute of Health Sciences	日本国立医药品食品卫生研究所	厚生劳动省
30	国立科研机构	National Institute of Infectious Diseases	国立传染病研究所	厚生劳动省
31	国立科研机构	National Institute of Informatics	国立信息学研究所	文部科学省
32	国立科研机构	National Institute of Information & Communications Technology	国立信息通信技术研究所	文部科学省
33	国立科研机构	National Institute of Polar Research	国立极地研究所	文部科学省
34	国立科研机构	National Institute of Public Health	日本国立保健医疗科学院	厚生劳动省
35	国立科研机构	National Institutes of Natural Sciences	国立自然科学研究机构	文部科学省
36	国立科研机构	Meteorological Research Institute	日本气象研究所	气象厅
37	国立科研机构	Japan Aerospace Exploration Agency	日本宇宙航空研究开发机构	文部科学省
38	国立科研机构	Japan Agency for Marine-Earth Science & Technology	日本海洋研究开发机构	文部科学省
39	国立科研机构	Japan International Research Center for Agricultural Sciences	日本国际农林水产业研究中心	农林水产省
40	国立科研机构	Institute for Molecular Science	分子科学研究所	国立自然科学研究机构
41	国立科研机构	Forestry & Forest Products Research Institute	森林综合研究所	农林水产省
42	国立科研机构	High Energy Accelerator Research Organization	高能加速器研究机构	文部科学省
43	国立科研机构	National Institutes for Quantum and Radiological Science and Technology	国立量子科学技术开发机构	文部科学省
44	国立科研机构	Japan Agency for Medical Research and Development	日本医疗研究开发机构	文部科学省、厚生劳动省、经济产业省
45	国立科研机构	Institute of Statistical Mathematics	统计数学研究所	文部科学省
46	国立科研机构	National Institute of Occupational Safety and Health	国立劳动安全卫生综合研究所	厚生劳动省

续表

序号	基地平台类型	英文名称	中文名称	隶属单位 / 所在地区
47	国立科研机构	National Institute of Radiological Sciences	国立放射线医学综合研究所	国立量子科学技术开发机构
48	国立科研机构	Institute for the Advanced Study of Human Biology, Kyoto University	京都大学人类生物学高级研究所	文部科学省
49	国立科研机构	International Research Center for Neurointelligence, The University of Tokyo	东京大学国际神经智能研究中心	文部科学省
50	国立科研机构	Nano Life Science Institute, Kanazawa University	金泽大学纳米生命科学研究所	文部科学省
51	国立科研机构	International Institute for Integrative Sleep Medicine, University of Tsukuba	筑波大学国际综合睡眠医学研究所	文部科学省
52	国立科研机构	Earth-Life Science Institute, Tokyo Institute of Technology	东京工业大学地球生命科学研究所	文部科学省
53	国立科研机构	Institute of Transformative Bio-Molecules, Nagoya University	名古屋大学转化生物分子研究所	文部科学省
54	国立科研机构	Institute for Integrated Cell-Material Sciences, Kyoto University	京都大学综合细胞物质科学研究所	文部科学省
55	国立科研机构	Immunology Frontier Research Center, Osaka University	大阪大学免疫学前沿研究中心	文部科学省

附录 7-2　产业园区目录

序号	基地平台类型	英文名称	中文名称	隶属单位 / 所在地区
1	产业园区	Yokohama Life Innovation Platform	横滨生命创新平台	横滨市政府
2	产业园区	Yokohama Kanagawa Bio Business Network	横滨神奈川生物经济区	木原纪念横滨生命科学振兴财团
3	产业园区	Utsukushima (Beautiful Fukushima)Next Generation Medical Industry Agglomeration	福岛下一代医疗产业集聚区	福岛市政府
4	产业园区	Tochigi Prefecture Industrial Technology Center	栃木县产业技术中心区	栃木县政府
5	产业园区	The Biotechnology and Life Sciences Cluster	生物技术与生命科学集群	千叶县政府
6	产业园区	Technology Advanced Metropolitan Area	技术先进首都圈产业聚集区	东京都、神奈川县、埼玉县政府
7	产业园区	Techno Port Fukui	福井技术港	福井县政府
8	产业园区	Kanagawa Science Park	神奈川科技园	神奈川县政府
9	产业园区	Techno Hub Innovation Kawasaki	川崎创新技术中心区	神奈川县政府
10	产业园区	Shin-Kawasaki Forest of Creation	新川崎创造之林	神奈川县政府
11	产业园区	Sendai-Finland Wellbeing Center	仙台健康福利中心区	仙台市政府
12	产业园区	Saito Life Science Park	日本彩都生命科学园	大阪府政府
13	产业园区	Saitama Medical City	埼玉医疗城	埼玉县政府
14	产业园区	Saga Food & Cosmetics Laboratory	佐贺食品化妆品实验基地	佐贺县政府
15	产业园区	Northern Osaka Biomedical Cluster	大阪北部生物医药集群	大阪府政府
16	产业园区	Mie Medical Valley Initiatives	三重县医疗谷	三重县政府
17	产业园区	Kyushu Bio Cluster Project	九州生物产业集群	九州政府
18	产业园区	Kumamoto Food/Medical Products Industry Cluster	熊本食品 / 医疗产品工业园	熊本县政府

续表

序号	基地平台类型	英文名称	中文名称	隶属单位 / 所在地区
19	产业园区	Kobe Biomedical Innovation Cluster	日本神户医药园	神户市政府
20	产业园区	Keihin Waterfront Life Innovation International Strategy Specialized Zone	京滨海滨生命创新国际战略专业园区	神奈川县政府
21	产业园区	Japan Toyama Medical-Bio Cluster	日本富山医疗生物集群	富山县政府
22	产业园区	Hokkaido Biotechnology Industry Cluster Forum	北海道生物技术产业集群	北海道政府
23	产业园区	Scientific Town of Tsukuba	筑波科学城	茨城县政府
24	产业园区	Harima Science Garden City	播磨科学花园城	兵库县政府
25	产业园区	Fukuoka Bio-Valley Project	福冈生物谷	福冈县政府
26	产业园区	Fuji Pharma Valley Initiative	富士山麓药物谷	公益财团法人藤原市医疗城下町推进机构
27	产业园区	Food Valley Tochigi	枥木食物谷	枥木县政府
28	产业园区	Food Science Hills	食品科学园	静冈县政府
29	产业园区	Eastern Kyushu Medical Valley Initiative	东九州医疗谷	宫崎县政府
30	产业园区	Chugai Life Science Park Yokohama	横滨中外生命科学园	横滨市政府
31	产业园区	Chiba Bio Lifescience Cluster	千叶生物生命科学集群	千叶县政府

附录 7–3　资源共享平台目录

序号	基地平台类型	英文名称	中文名称	隶属单位 / 所在地区
1	资源共享平台	Platform for Drug Discovery，Informatic,and Structural Life Science	药物发现、信息学和结构生命科学平台	日本医疗研究开发机构
2	资源共享平台	Protein Data Bank Japan	日本蛋白质结构数据库	文部科学省
3	资源共享平台	NBRP-Zebrafish，Neural Circuit Dynamics of Decision Making, RIKEN Center for Brain Science	理化学研究所脑科学研究中心斑马鱼中心	文部科学省
4	资源共享平台	NBRP-Yeast，Osaka City University	大阪市立大学酵母中心	文部科学省
5	资源共享平台	NBRP-Wheat，Laboratory of Plant Genetics, Graduate School of Agriculture, Kyoto University	京都大学农业研究生院植物遗传学实验室小麦中心	文部科学省
6	资源共享平台	NBRP-*Xenopus tropicalis*，Amphibian Research Center, Hiroshima University	广岛大学两栖动物研究中心热带爪蛙中心	文部科学省
7	资源共享平台	NBRP-Tomato，Tsukuba-Plant Innovation Research Center, University of Tsukuba	筑波大学筑波植物创新研究中心西红柿中心	文部科学省
8	资源共享平台	NBRP-Silkworms，Graduate School of Agriculture, Kyushu University	九州大学农业研究生院蚕中心	文部科学省
9	资源共享平台	NBRP-Rice，Plant Genetics Laboratory, Center for Genetic Resources Information, National Institute of Genetics	国立遗传学研究所遗传资源信息中心稻米中心	文部科学省
10	资源共享平台	NBRP-Rat，Institute of Laboratory Animals, Graduate School of Medicine, Kyoto University	京都大学大学院医学系实验动物研究所老鼠中心	文部科学省
11	资源共享平台	NBRP-Prokaryotes(*E. coli*)，Microbial Genetics Laboratory, Genetics Strains Research Center, National Institute of Genetics	国立遗传学研究所遗传菌株研究中心微生物遗传实验室原核生物（大肠杆菌）中心	文部科学省
12	资源共享平台	NBRP-Pathogenic eukaryotic microorganisms，Research Center for Pathogenic Fungi and Microbial Toxicoses, Chiba University	千叶大学真菌医学研究中心病原真核微生物中心	文部科学省

续表

序号	基地平台类型	英文名称	中文名称	隶属单位 / 所在地区
13	资源共享平台	NBRP-Pathogenic bacteria，Gifu University Center for Conservation of Microbial Genetic Resource, Organization for Research and Community Development	岐阜大学微生物遗传资源保护中心病原细菌中心	文部科学省
14	资源共享平台	NBRP-*Paramecium*，Graduate School of Sciences and Technology for Innovation, Yamaguchi University	山口大学创新科技研究院草履虫中心	文部科学省
15	资源共享平台	NBRP-*Oxycomanthus japonicus*	筑波大学下田海洋研究中心日本血鸡中心	文部科学省
16	资源共享平台	NBRP-Morning glory，Department of Biology, Faculty of Science, Kyushu University	九州大学理学院生物系牵牛花中心	文部科学省
17	资源共享平台	NBRP-Mice，Experimental Animal Division, RIKEN BioResource Research Center	理化学研究所生物资源中心实验动物开发室小鼠中心	文部科学省
18	资源共享平台	NBRP-Medaka，National Institute for Basic Biology, Evolutionarry Biology and Biodiversity, Laboratory of Bioresources	国立基础生物学研究所生物资源研究室青鳉鱼中心	文部科学省
19	资源共享平台	NBRP-Lotus/Glycine，Frontier Science Research Center, University of Miyazaki	宫崎大学前沿科学研究中心荷花 / 甘氨酸中心	文部科学省
20	资源共享平台	NBRP-Japanese macaques，Primate Research Institute, Kyoto University	京都大学灵长类研究所猴中心	文部科学省
21	资源共享平台	NBRP-Human embryonic stem cells，Institute for Frontier Medical Sciences, Kyoto University	京都大学再生医科学研究所人类胚胎干细胞中心	文部科学省
22	资源共享平台	NBRP-Human and animal cells，Cell Engineering Division, RIKEN BioResource Research Center	理化学研究所生物资源研究中心细胞材料开发室人 / 动物细胞中心	文部科学省

续表

序号	基地平台类型	英文名称	中文名称	隶属单位 / 所在地区
23	资源共享平台	NBRP-General microbes， Microbe Division, Japan Collection of Microorganisms, RIKEN BioResource Research Center	理化学研究所生物资源中心微生物材料开发室一般微生物中心	文部科学省
24	资源共享平台	NBRP-*Drosophila*, Center for Genetic Resources Information, National Institute of Genetics	国立遗传学研究所生物遗传资源中心果蝇中心	文部科学省
25	资源共享平台	NBRP-DNA material, DNA Bank, RIKEN BioResource Research Center	理化学研究所生物资源研究中心基因库基因材料中心	文部科学省
26	资源共享平台	NBRP-Cord blood stem cells for research， Department of Cell Processing and Transfusion, IMSUT Hospital, The Institute of Medical Science, The University of Tokyo	东京大学医学科学研究所附属医院细胞加工与输血研究室研究用脐血干细胞中心	文部科学省
27	资源共享平台	NBRP-*Ciona intestinalis*， Shimoda Marine Research Center, University of Tsukuba	筑波大学下田海洋研究中心海鞘中心	文部科学省
28	资源共享平台	NBRP-*Chrysanthemum*， Laboratory of Plant Chromosome and Gene Stock, Graduate School of Sciences, Hiroshima University	广岛大学大学院理学研究科植物染色体与基因库菊花中心	文部科学省
29	资源共享平台	NBRP-Chicken/Quail， Nagoya University Graduate School of Bioagricultural Sciences, Avian Bioscience Research Center	名古屋大学生命农学院鸟类生物科学研究中心鸡 / 鹌鹑中心	文部科学省
30	资源共享平台	NBRP-Cellular slime molds， Laboratory for Cell Signaling Dynamics, Center for Biosystems Dynamics Research, RIKEN	理化学研究所生物系统动力学研究中心细胞信号动力学实验室细胞黏菌中心	文部科学省
31	资源共享平台	NBRP-*C.elegans*, Department of Physiology, Tokyo Women's Medical University School of Medicine	东京女子医科大学医学院生理学系线虫中心	文部科学省
32	资源共享平台	NBRP-Barley， Group of Diversity, Institute of Plant Science and Resources, Okayama University	冈山大学植物科学与资源研究所多样性小组大麦中心	文部科学省

续表

序号	基地平台类型	英文名称	中文名称	隶属单位 / 所在地区
33	资源共享平台	NBRP-*Arabidopsis*/Cultured plant cells, genes，Experimental Plant Division, RIKEN BioResource Research Center	理化学研究所生物资源研究中心实验植物开发室拟南芥 / 植物细胞、基因中心	文部科学省
34	资源共享平台	NBRP-Algae，Center for Enviromental Biology and Ecosystem Studies, National Institute for Environmental Studies	国立环境研究所环境生物学与生态系统研究中心藻类中心	文部科学省
35	资源共享平台	National Bioscience Database Center	日本国家生物科学数据库中心	日本科学技术振兴机构
36	资源共享平台	NARO Genebank	农业生物资源基因数据库	国立农业和食品研究机构
37	资源共享平台	Japan Collection of Microorganisms	日本微生物收集中心	理化学研究所生物资源研究中心微生物材料开发室
38	资源共享平台	Genome Network Platform	基因组网络平台	文部科学省
39	资源共享平台	DNA Data Bank of Japan	日本基因库	文部科学省
40	资源共享平台	Database Center for Life Science	生命科学综合数据库中心	文部科学省
41	资源共享平台	Basis for Supporting Innovative Drug Discovery and Life Science Research	创新药物发现和生命科学研究支持平台	日本医疗研究开发机构
42	资源共享平台	Biobank Japan	日本生物资源库	日本医疗研究开发机构
43	资源共享平台	Tohoku University Tohoku Medical Megabank Organization	东北大学东北医疗资源库机构	日本东北大学
44	资源共享平台	Medical Genomics Japan Variant Database	日本医学基因组学变异数据库	京都大学
45	资源共享平台	National Center Biobank Network	国家中心生物样本数据库网络	厚生劳动省

附录 8 瑞士代表性生物技术基地平台目录

附录 8-1 国立科研机构目录

序号	基地平台类型	英文名称	中文名称	隶属单位 / 所在地区
1	国立科研机构	Paul Scherrer Institute	保罗谢尔研究所	保罗谢尔研究所
2	国立科研机构	Swiss Federal Institute of Aquatic Science & Technology	瑞士联邦水科学和技术研究所（EAWAG）	瑞士联邦水科学和技术研究所（EAWAG）
3	国立科研机构	Swiss Federal Institute for Forest, Snow and Landscape Research	瑞士联邦森林、雪和景观研究所	瑞士联邦森林、雪和景观研究所
4	国立科研机构	Swiss Federal Laboratories for Materials Science and Technology on Materials Science	瑞士联邦材料试验和科研研究所	瑞士联邦材料试验和科研研究所
5	国立科研机构	Institute of Bioengineering	生物工程研究所	洛桑联邦理工学院
6	国立科研机构	Swiss Institute Experimental Cancer Research	瑞士实验癌症研究所	洛桑联邦理工学院
7	国立科研机构	Global Health Institute	全球健康研究所	洛桑联邦理工学院
8	国立科研机构	Neuroscience - Brain Mind Institute	神经科学—脑力研究所	洛桑联邦理工学院
9	国立科研机构	Institute of Biochemistry	生物化学研究所	苏黎世联邦理工学院
10	国立科研机构	Institute of Microbiology	微生物研究所	苏黎世联邦理工学院
11	国立科研机构	Institute of Molecular Biology and Biophysics	分子生物学和生物物理学研究所	苏黎世联邦理工学院
12	国立科研机构	Institute of Molecular Health Sciences	分子健康科学研究所	苏黎世联邦理工学院
13	国立科研机构	Institute of Molecular Plant Biology	分子植物生物学研究所	苏黎世联邦理工学院
14	国立科研机构	Institute of Molecular Systems Biology	分子系统生物学研究所	苏黎世联邦理工学院
15	国立科研机构	Swiss Institute of Bioinformatics	瑞士生物信息研究所	瑞士生物信息研究所

续表

序号	基地平台类型	英文名称	中文名称	隶属单位 / 所在地区
16	国立科研机构	Friedrich Miescher Institute for Biomedical Research	弗里德里希·米舍尔生物医学研究所	巴塞尔大学
17	国立科研机构	Swiss Tropical & Public Health Institute	瑞士热带公共卫生研究所	巴塞尔大学
18	国立科研机构	Institute for Biomedical Engineering	生物医学工程研究所	苏黎世大学
19	国立科研机构	Brain Research Institute	脑科学研究所	苏黎世大学
20	国立科研机构	Institute of Experimental Immunology	实验免疫学研究所	苏黎世大学
21	国立科研机构	Institute of Human Medicine	人类医学研究所	提契诺大学

附录 8–2 医学研究中心目录

序号	基地平台类型	英文名称	中文名称	隶属单位 / 所在地区
1	医学研究中心	University Hospital of Bern	伯尔尼大学医院	伯尔尼大学
2	医学研究中心	Kantonsspital St. Gallen	圣加伦医院	Kantonsspital 圣加仑公司
3	医学研究中心	University Hospital Zurich	苏黎世大学医院	苏黎世大学
4	医学研究中心	Lucerne Cantonal Hospital	卢塞恩州医院	卢塞恩州政府
5	医学研究中心	Triemli Hospital	Triemli Hospital	苏黎世市政
6	医学研究中心	Center for Neuroprosthetics	神经修复中心	洛桑联邦理工学院
7	医学研究中心	National Center of Competence in Research（NCCR），RNA & Disease	RNA 与疾病国家研究能力中心	苏黎世联邦理工学院
8	医学研究中心	Neuroscience Center Zurich	苏黎世神经科学中心	苏黎世联邦理工学院
9	医学研究中心	Zurich Center for Structural Biology	苏黎世结构生物学中心	苏黎世联邦理工学院
10	医学研究中心	Paracelsus Clinic	巴拉塞尔医院	巴拉塞尔医院
11	医学研究中心	Center for Applied Biotechnology and Molecular Medicine	应用生物技术与分子医学中心	苏黎世大学
12	医学研究中心	Lausanne University Hospital	洛桑大学医院	洛桑大学
13	医学研究中心	University Hospital Basel	巴塞尔大学医院	巴塞尔大学
14	医学研究中心	Basel University Children's Hospital	巴塞尔儿童医院	巴塞尔大学
15	医学研究中心	Centre de recherche clinique	日内瓦大学医院临床研究中心	日内瓦大学
16	医学研究中心	Center for Biomedical Imaging	生物医学成像研究中心	日内瓦大学
17	医学研究中心	Wyss Center for Bio and Neuroengineering	维斯生物和神经工程中心	维斯生物和神经工程中心
18	医学研究中心	Swiss Institute for Experimental Cancer Research	瑞士实验癌症研究所	洛桑联邦理工学院
19	医学研究中心	Kantonsspital Aarau AG (KSA)	Kantonsspital Aarau AG（KSA）	阿尔高州政府
20	医学研究中心	Institute of Oncology Research (IOR)	肿瘤研究所	提契诺大学

附录 8–3　企业研究中心目录

序号	基地平台类型	英文名称	中文名称	隶属单位 / 所在地区
1	企业研究中心	Roche Holding	罗氏控股	罗氏控股
2	企业研究中心	Novartis	诺华	诺华
3	企业研究中心	Nestle SA	雀巢公司	雀巢公司
4	企业研究中心	Syngenta	先正达公司	先正达公司
5	企业研究中心	Actelion Pharmaceuticals Ltd.	阿克特林制药有限公司	阿克特林制药有限公司
6	企业研究中心	Octapharma	奥克特珐玛	奥克特珐玛
7	企业研究中心	Givaudan SA	奇华顿	奇华顿
8	企业研究中心	STMicroelectronics	ST 半导体	ST 半导体
9	企业研究中心	Firmenich	芬美意	芬美意
10	企业研究中心	Vifor Pharma	维福制药	维福制药
11	企业研究中心	Clariant	科莱恩	科莱恩
12	企业研究中心	Sika AG	西卡	西卡
13	企业研究中心	Glencore Xstrata	嘉能可斯特拉塔	嘉能可斯特拉塔
14	企业研究中心	AC Immune	AC 免疫	AC 免疫
15	企业研究中心	Geistlich Pharma	盖氏制药	盖氏制药
16	企业研究中心	Bachem	巴亨公司	巴亨公司
17	企业研究中心	Idorsia	Idorsia	Idorsia

附录 8–4　产业园区目录

序号	基地平台类型	英文名称	中文名称	隶属单位 / 所在地区
1	产业园区	BioValley Basel	巴塞尔生物谷	巴塞尔城市半州
2	产业园区	BioAlps	日内瓦—洛桑生物科技园区	日内瓦州
3	产业园区	Zurich's Life Sciences Cluster	苏黎世生命科学集群	苏黎世州
4	产业园区	BioPolo Ticino	提契诺生物园区	提契诺州

附录 8–5　资源共享平台目录

序号	基地平台类型	英文名称	中文名称	隶属单位 / 所在地区
1	资源共享平台	SWISS-PROT	蛋白质序列数据库	瑞士生物信息学研究所
2	资源共享平台	SWISS-MODEL Repository	蛋白质三维结构数据库	瑞士生物信息学研究所

致谢

本书在编写的过程中，得到了中国科学院文献情报中心、新药研究国家重点实验室、生物反应器工程国家重点实验室、国家人体组织功能重建工程技术研究中心、生物芯片北京国家工程研究中心、粮食发酵工艺与技术国家工程实验室、国家恶性肿瘤临床医学研究中心（中国医学科学院肿瘤医院）、泰州医药高新技术产业园区、成都高新技术产业开发区、空天生物工程国际联合研究中心、生物催化技术国际联合研究中心、现代人类学国际科技合作基地、基因组学国际科技合作基地、北京脑血管病临床数据和样本资源库、华西生物样本库、张江实验室脑智院/上海脑科学与类脑研究中心等相关单位的大力支持，并为本书编写提供了部分数据，在此一并表示感谢。